Pocket
Reference

[改訂第5版]

C++

ポケットリファレンス

敏彦

田真矢——著

技術評論社

はじめに

本書C++ポケットリファレンスはC++の逆引きリファレンスです。やりたいことからC++でそれを実現する方法を探せるようになっています。

C++ポケットリファレンスは常に最新のC++標準規格に追従して改訂を行い、読者が最新のC++を使って便利に開発できることを目指しています。

今回の改訂ではC++23に含まれる言語機能／ライブラリ機能の解説を追加し、またC++20に対応したコンパイラが普及してきたのに合わせてC++20の機能の解説も拡充しました。

ユーティリティの章に追加したstd::expectedクラスはエラーハンドリングをより容易にし、コンテナの章に新たに追加したレンジのビューを使用すれば大量のデータを扱うコードをより簡潔に書けるようになります。また、言語機能の章に解説を追加したコルーチンはC++でこれまで使用されてきたプログラミング手法をより拡張させるポテンシャルを持っています。

本書は初版が2013年に発売されましたが、それから10年以上が経過し、C++を取り巻く状況も初版の当時から大きく変化しました。それまでC++が担っていた領域がRustやGoなどのより新しい言語によって取って代わられることも多くなりました。

しかし、C++はいまも進化を続けており、幅広い分野で使用されている実用的な言語です。

C++は誕生当初からマルチパラダイムな言語として設計され、決まったプログラミングスタイルに縛られず開発ができるようになっています。これによって、ハードウェアを直接操作するような低レイヤな領域から大規模なアプリケーションまで開発できる効率性と柔軟性を持っています。機械学習のコアな領域やゲーム／マルチメディアなどの高いパフォーマンスが求められるアプリケーションを開発する多くの現場でいまでも主要な言語としてC++が活躍しているのはそのためです。

いまC++を使っている、あるいはこれから使おうとするすべての開発者が本書によって、C++の力を得てよりパワフルに開発できることを願っています。

この10年で著者一同を取り巻く状況もさまざまに変化しましたが、また新たに集って改訂版を執筆できたことをとても嬉しく思っています。

C++の言語とコミュニティがこれからも発展していくことを願って。

2024年初春　著者代表　湯朝剛介

謝辞

本書も第5版となりました。2013年に出版した本書は、C++のアップデートに合わせて11年も改訂を続けています。

執筆環境やレビュー環境は改訂のたびに何回も変わっていますが、レビュアーの方々も編集さんもお付き合いいただいてありがとうございます。

レビュアーの方々には毎回とても助けていただいております。zakさん、伊藤兎さん、近藤貴俊（redboltz）さん、渡邉茂雅（melpon）さん、尾山晃一（DigitalGhost）さん、ありがとうございました。

彼らの協力によって、技術的な問題の調査、日本語の精査、教育的視点からの指摘、さまざまな技術領域を考慮した解説の幅についてのアドバイスなどをいただいたおかげで、本書はより成熟した内容になったと思います。

また、C++コミュニティのさまざまな情報発信も、本書で役立っております。彼らの発信する情報やその反響などを受けて、本書の解説も見直しを行っています。

また、本書の担当編集である山崎香さん、初版のときから継続して傳智之（dentomo）さんには、非常に助けられました。

それから、初版から継続して本書の執筆に参加し、ともに完成に向けてがんばってくれた共著者のみなさんに感謝します。彼らとともに議論を重ねながら技術情報の発信ができることを誇りに思います。

本書の改訂を重ねる間に著者陣や編集さんには、結婚、出産、転職、移住などさまざまなライフステージの変化があり、C++との関わり方が変わったりもしました。そういった中でも変わらず情報発信が続けられていることは、関わってくださる方々の思いの強さと、支えてくれる家族のおかげだと思います。

本書に関わってくださったすべての方に感謝します。

著者を代表して、高橋晶より

本書の構成

本書は、C++の基本文法と、標準ライブラリのリファレンスという構成になっています。各章に文章的な連続性はないので、どの章の、どの項目から読んでいただいても大丈夫です。

ライブラリの解説は、「特定の関数が何を意味するのか」という正引きリファレンスの形式ではなく、「何がしたい」から「どうやって」を調べる逆引きリファレンスの形式をとっています。

各章のかんたんな説明を以下に示します。

● 第1章　C++とは
本書の構成、およびC++言語の概要を解説します。

● 第2章　基本文法
本書のライブラリリファレンスを読み進めるられるように、C++の基本文法を解説します。

● 第3章　エラーハンドリング
エラーハンドリングの方法や、そのためのクラスや関数を解説します。

● 第4章　文字列
文字列処理を解説します。

● 第5章　入出力
標準出力やファイルへの入出力、ファイルシステムライブラリなどを解説します。

● 第6章　ユーティリティ
乱数、リソース管理、時間処理、数学関数といったユーティリティを解説します。

● 第7章　コンテナとアルゴリズム
各種コンテナの扱いと、アルゴリズムを解説します。

● 第8章　スレッドと非同期
スレッドや非同期処理のためのライブラリを解説します。

● 付録A　ライブラリ
標準外のライブラリを紹介します。

● 付録B　言語拡張
　各処理系が提供する言語拡張を紹介します。

● 付録C　開発環境
　C++での開発に役立つツールを紹介します。

● サポートする処理系

　本書は、以下の処理系で検証を行いました。

- Microsoft Visual C++　⇒　2022
- GNU C++ Compiler　⇒　13.1
- Clang　⇒　17.0

　いずれも、本書執筆時点での最新コンパイラを使用しています。これは本書が、制定されて間もないC++23の解説を導入しているためです。これより以前のコンパイラでは、本書で「C++11」「C++14」「C++17」「C++20」「C++23」と記載されている機能の一部が使用できます。

　また、ほかにも処理系によっては対応していないものがあります。使用するコンパイラが、どのバージョンからC++11、C++14、C++17、C++20、C++23の機能を持っているかは、以下のWebページを参照してください。

- コンパイラの実装状況（cpprefjp - C++日本語リファレンス）
  https://cpprefjp.github.io/implementation-status.html

● 本書中のサンプルコード記載ルール

　本書中に記載しているサンプルコードは、特に理由がない限り、以下のルールに従っています。

1. インクルードは省略。必要なインクルードファイルは別途記載しています。
2. main()関数は省略。
3. std名前空間は省略。using namespace std; を暗黙に行っています。
   たとえばstd::vectorクラスの場合、std:: を省略して「vector」と表記しています。
4. 出力にはstd::coutを使用しています。最新環境をお持ちの方は第5章「書式指定で標準出力に書き込む」節で解説しているstd::print()／std::println()関数を使用してください（ 参照 ▶ P.251 第5章「書式指定で標準出力に書き込む」節）。

◉ サンプルコードの入手方法

　本書に掲載しているサンプルコードは、クリエイティブ・コモンズのCC0ライセンスの下、以下のGitHubリポジトリで公開しています。GitHub上のサンプルコードは、コンパイルと実行が可能な形になっています。

　https://github.com/cpp-pocketref/sample-code

　CC0ライセンスは、著者がいかなる権利も所有しない自由なライセンスです。このサンプルコードは、商用／非商用を問わず、自由に使用していただいてかまいません。本書のサンプルコードを一部引用する場合でも、ライセンス表記は必要ありません。

本書の使い方

リファレンス部では、以下に示すような構成で解説しています。

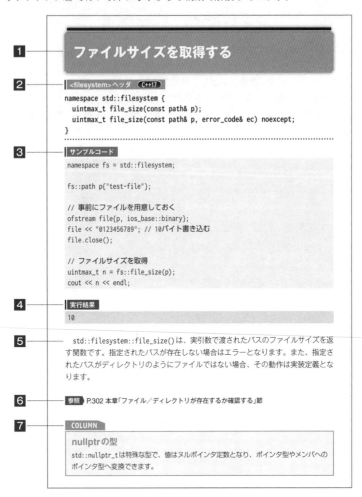

1 ──

ファイルサイズを取得する

2 ──

| `<filesystem>`ヘッダ `C++17`

```
namespace std::filesystem {
  uintmax_t file_size(const path& p);
  uintmax_t file_size(const path& p, error_code& ec) noexcept;
}
```

3 ──

| サンプルコード

```
namespace fs = std::filesystem;

fs::path p{"test-file"};

// 事前にファイルを用意しておく
ofstream file{p, ios_base::binary};
file << "0123456789"; // 10バイト書き込む
file.close();

// ファイルサイズを取得
uintmax_t n = fs::file_size(p);
cout << n << endl;
```

4 ──

| 実行結果

```
10
```

5 ──

std::filesystem::file_size()は、実引数で渡されたパスのファイルサイズを返す関数です。指定されたパスが存在しない場合はエラーとなります。また、指定されたパスがディレクトリのようにファイルではない場合、その動作は実装定義となります。

6 ──

参照 P.302 本章「ファイル/ディレクトリが存在するか確認する」節

7 ──

COLUMN

nullptrの型

std::nullptr_tは特殊な型で、値はヌルポインタ定数となり、ポインタ型やメンバへのポインタ型へ変換できます。

1 目的、用途
2 ヘッダファイルまたは書式
　`C++XX` とあるものは、C++XX対応
　（XXはバージョン番号）
3 サンプルコード

4 実行結果
5 解説
6 関連する内容への参照
7 解説の補足となるコラム

目次

CHAPTER 3 エラーハンドリング   **169**

C++とは

C++ の歴史と特徴

　プログラミング言語C++は、Bjarne Stroustrup（ビャーネ・ストラウストラップ）によって設計された汎用プログラミング言語です。C++は、正式には「シープラスプラス」と読みます。日本では、「シープラプラ」や「シープラ」と呼ばれることが多いです。

　C++は、C言語の拡張として設計され、手続き型プログラミングに加え、オブジェクト指向プログラミング、ジェネリックプログラミング、関数型プログラミングといったパラダイムを備えています。「新たな機能を追加で実装する際に、それがC言語と過去のC++のバージョンに対して影響を及ぼさないようにする」という設計思想により、C++はC言語を使用するべきあらゆる場面で代替できます。

　そういった特徴から、C++は、ハードウェアに近いプログラミングはもちろんのこと、GUIアプリケーション、ゲーム、サーバなど、あらゆる場面で使用されています。

　C++はこれまで、以下の歴史をたどってきています。

- 1998年 ⇒ ISO/IEC 14882:1998（通称C++98）として、C++の標準規格が制定される
- 2003年 ⇒ ISO/IEC 14882:2003（通称C++03）として小さな改訂が行われる
- 2011年 ⇒ ISO/IEC 14882:2011（通称C++11）として改定される
- 2014年 ⇒ ISO/IEC 14882:2014（通称C++14）として小さな改訂が行われる
- 2017年 ⇒ ISO/IEC 14882:2017（通称C++17）として改定される
- 2020年 ⇒ ISO/IEC 14882:2020（通称C++20）として改定される
- 2023年 ⇒ ISO/IEC 14882:2023（通称C++23）として改定される

各バージョンアップの特徴を以下にまとめます。

C++03

　C++03は、C++98に対する規格文面のバグ修正バージョンです。`std::vector`コンテナの要素間について、メモリが連続していることの保証が入りました。

C++11

　C++11は、言語機能と標準ライブラリ両方に対して、巨大な機能拡張が入ったバージョンです。

　言語機能としては、右辺値参照による大幅なパフォーマンスアップ、`auto`キー

ワードによる型推論、範囲for文やラムダ式によるコーディング量の削減、ユーザー定義リテラルなどが特徴的です。

標準ライブラリとしては、コンテナに初期化子リストを使用できるようになり、スレッド、正規表現、ハッシュ表、乱数生成器などが入りました。

● C++14

C++14は、C++11の使用経験に基づいて、小さな機能拡張が入ったバージョンです。

言語機能としては、2進数リテラル、変数テンプレート、ジェネリックラムダ、数値リテラルの桁区切り文字など、プログラムの書きやすさに関するものが入りました。

標準ライブラリとしては、ユーティリティ的な小さい関数がいくつか追加されました。そのなかでも比較的大きなものとしては、<shared_mutex>ヘッダが新設されて「書き込みに比べて読み込みが多い」状況で使用するミューテックスクラスが入りました。

● C++17

C++17は、C++14の制定時に見送られた機能のうち、仕様の固まったものが導入されたバージョンです。

言語機能としては、構造化束縛や、入れ子になった名前空間を簡潔に書ける構文が入り、if文に初期化式と条件式を分けて記述可能になるなど、よりプログラムを書きやすくする変更が入りました。

標準ライブラリとしては、ファイルシステムライブラリが追加され、アルゴリズムに並列実行のオプションが追加されました。

● C++20

C++20は、長期に渡って議論されていた大きな機能がいくつか導入されたバージョンです。

言語機能としては、コンセプトというテンプレート仮引数へ制約を付ける機能や、複数の比較演算を同時に行える三方比較演算子、および演算子の自動定義などが追加されました。

本書のこの版では扱いませんが、インクルードに代わるファイル分割の仕組みとして、モジュールが導入されました。

標準ライブラリとしては、要素の範囲を抽象化して扱うレンジライブラリ、数学定数、カレンダー機能、文字列フォーマットなど、多くの便利な機能が追加されました。

◉ C++23

C++23は、言語機能としては深層学習などで使われる16ビットの浮動小数点数型std::float16_tや、コンパイル時と実行時で実装を分けるためのif consteval構文などが導入されました。

標準ライブラリとしては、文字列フォーマット付きの出力関数std::println()、正常値とエラー値のどちらかを代入できるエラーハンドリングのためのstd::expected型、コルーチンを扱いやすくするstd::generator型など、普段のプログラミングで役に立つ機能が多く追加されました。

C++では、制定された標準仕様に基づき、さまざまな企業やオープンソースコミュニティが、コンパイラと、それに関連するツールを提供しています。ここでは、広く使われているいくつかの処理系を紹介します。

● Clang - C language family frontend for LLVM

Clang(クラン(ク)と読む)は、C言語、C++、Objective-Cなど「C系言語」と呼ばれるプログラミング言語のLLVMフロントエンドです。

LLVMは、Low Level Virtual Machine(低レベル仮想マシン)の略称で、多くの環境に対する中間レイヤーとしてのオープンソースコンパイラ基盤です。Clangは、C系言語を、LLVMの中間表現にコンパイルします。

LLVMは2000年から始まった、勢いのあるプロジェクトです。Clangコンパイラは、C++の最新規格への対応速度が非常に早く、最新の言語／ライブラリ機能をすぐに使用できます。

AppleのmacOS、iOS開発環境XcodeにおいてApple LLVM compilerと呼称されているコンパイラも、その実体はClangです。

https://clang.llvm.org/

C++11の機能を有効にするには、-std=c++11オプションを使用します。

C++14の機能を有効にするには、3.2から3.4までは-std=c++1yオプション、3.5以降は-std=c++14オプションを使用します。

C++17の機能を有効にするには、3.5から4.0までは-std=c++1zオプション、5.0以降は-std=c++17オプションを使用します。

C++20の機能を有効にするには、6.0から9.0までは-std=c++2aオプション、10.0以降は-std=c++20オプションを使用します。

C++23の機能を有効にするには、12.0から16.0までは-std=c++2bオプション、17.0以降は-std=c++23オプションを使用します。

● GNU C++ Compiler

GNU C++ Compilerは、複数の言語をサポートしているオープンソースのコンパイラ群GNU Compiler Collectionに含まれるC++コンパイラです。

GNU C++ Compiler は、g++ や、略称のGCCと呼ばれています。GNU Compiler Collectionの略称もまたGCCであるため、GCCという略称を使用する場合は「C++コンパイラのGCC」のように、C++の文脈であることを伝えることが、ときに必要になります。本書では以降、GNUのC++コンパイラを指してGCC

と呼びます。

　GCCは、C++11制定中の段階で言語機能やライブラリを実験的に実装し、サポートしてきた経緯があることから、規格の参照実装として利用されてきました。

https://gcc.gnu.org/

　C++11の機能を有効にするには、4.3から4.6までは-std=c++0xオプション、4.7以降は-std=c++11オプションを使用します。

　C++14の機能を有効にするには、4.8から4.9までは-std=c++1yオプション、5.1以降は-std=c++14オプションを使用します。

　C++17の機能を有効にするには、6.1から6.5までは-std=c++1zオプション、7.1以降は-std=c++17オプションを使用します。

　C++20の機能を有効にするには、8.1から9.3までは-std=c++2aオプション、10.1以降は-std=c++20オプションを使用します。

　C++23の機能を有効にするには、11.1以降は-std=c++23オプションを使用します。

● Microsoft Visual Studio

　Microsoft Visual Studioは、Microsoftが開発している統合開発環境です。その開発環境にC++コンパイラが含まれています。この開発環境は、Windowsでのアプリケーション開発において広く使われています。

https://visualstudio.microsoft.com/ja/vs/features/cplusplus/

　C++11／C++14の各機能は、コンパイラのオプションを設定することなくデフォルトで使用できます。

　C++17の機能を有効にするには、Visual Studio 2017以降のバージョンで/std:c++17オプションを使用します。

　C++20の機能を有効にするには、Visual Studio 2019以降のバージョンで/std:c++20オプションを使用します。

　本書執筆時点（2024年3月）のVisual StudioでC++23の機能を有効にするには、Visual Studio 2022以降のバージョンで/std:c++latestオプションを使用します。

基本文法

プログラムの例

○ Hello Worldを出力するプログラム

まず文法の例として、"Hello World."を出力するプログラムを以下に示します。

```cpp
#include <iostream>

int main() {
  using namespace std;
  cout << "Hello World." << endl;
}
```

上記のプログラムをHello.cppとします。Hello.cppは、以下の処理を行っています。

- 標準出力へ文字列"Hello World."を出力する（ 参照 P.249 第5章「標準出力に書き込む」節）
- その後、改行文字の出力とバッファのフラッシュを行う（ 参照 P.256 第5章「出力の基本」節の「flushとendl」）

このプログラムは、この章で解説する以下の項目を含んでいます。

- プリプロセッサ(iostreamのインクルード)
- 識別子(int/main/using/namespace/std/cout/endl)
- 予約語(int/using/namespace)
- 関数(main関数)
- 名前空間(std)
- オーバーロード(<<演算子)
- リテラル("Hello World.")

Hello.cppの内容をくわしく見ていきましょう。

まず、プリプロセッサが<iostream>ヘッダをインクルードします（ 参照 P.151本章「プリプロセッサ」節の「ファイルの読み込み」）。iostreamヘッダファイルをインクルードすることで、std::coutおよびstd::endl、さらにオーバーロードされた<<演算子を使用できるようになります（ 参照 P.112 本章「オーバーロード」節）。

int main() {から}までの4行が、main()関数です（ 参照 P.90 本章「関数」節の「main関数」）。通常、プログラムはmain()関数から実行されます。関数は、任意の実引数を受け取り、1つ以下の戻り値を返します。

main()関数の中では、最初にusing namespace std;を行っています。これは、

std名前空間（ 参照 P.158 本章「名前空間」節）で宣言されている関数（ 参照 P.86 本章「関数」節）や、クラス（ 参照 P.91 本章「クラス」節）などを使用する場合に、名前空間の指定（ 参照 P.159 本章「名前空間」節の「名前空間の指定」）を省略して、プログラムを簡潔に書けるようにするためです。

次の cout << "Hello World." << endl; で、文字列 "Hello World." を標準出力へ出力しています。cout（正しくは std::cout）は標準出力ストリームです。その次にある << 演算子は、標準出力ストリームへ、<< の右側にある文字列 "Hello World." を出力します。

<< 演算子で標準出力へ文字列を出力した結果は、cout を返します。

次に、この cout に対し、<< 演算子を使用して、endl を出力します。endl は「マニピュレータ」と呼ばれるもので、改行文字の出力とバッファのフラッシュを行います。

● ソースファイルとヘッダファイルと翻訳単位

前述の Hello.cpp のように、プログラムが記述されたファイルをソースファイルと呼びます。

複数のソースファイルから利用されるクラスの定義や関数の宣言を記述するファイルを、ヘッダファイルと呼びます。ソースファイル内の #include という指定によってヘッダファイルをソースファイルに取り込むと、ヘッダファイル内のクラスや関数がソースファイル内で使用できるようになります。

1つのソースファイルと、そのファイル内に記述されている #include で指定されたファイルがすべて取り込まれたものを、合わせて翻訳単位と呼びます。

識別子

変数、関数、クラス、マクロ、仮引数につける名前を識別子といいます。識別子には以下の文字を使用できます。

- 英数字
- _（アンダースコア）
- ユニバーサルキャラクタ名
- その他の実装で定義された文字

上記の文字を組み合わせて識別子を作ることもできます。ただし、数字は1文字目に使用できません。

さらに、以下の識別子は、言語とコンパイラのために予約されているので、使用できません。

- 2つのアンダースコア（__）を含んでいる
- 先頭がアンダースコア（_）で、その直後が大文字
- グローバル名前空間に存在し、アンダースコア（_）で始まる
- プログラム的に意味のある単語（intやnamespaceなど）

ユニバーサルキャラクタ名とは、ユニコード文字のコードポイントを、以下のルールで表したものです。

- \uに続けて4桁の16進数
- \Uに続けて8桁の16進数

たとえば、「文字」という2文字をユニバーサルキャラクタ名で表すと、以下のようになります。

```
// 文はユニコードで6587、字はユニコードで5b57
\u6587\u5b57
\U00006587\U00005b57
```

識別子として変数名をつけた場合の例を、以下に示します。

```
int a1 = 0; // OK : 英字および数字を使用
int my_id = 1; // OK : 区切り文字としてアンダースコアを使用
```

```
int \u6587\u5b57 = 2; // OK：ユニバーサルキャラクタ名で「文字」
cout << 文字 << endl; // 「2」が出力される

int 2b = 3; // エラー！数字が先頭になってはならない
int _A = 4; // エラーにはならない可能性があるが、規約違反
```

演算子

値に対して演算子を適用することで、計算などの処理を行います。演算子を適用する対象をオペランドと呼びます。C++には演算子として、主に次のものがあります。記述例では演算子を適用する対象をa,b,cとして記述します。

▼ 演算子

種類	記述例	優先順位	結合法則	説明
算術演算子	+a	14	右から左	オペランドの値を返す
算術演算子	-a	14	右から左	符号を反転
算術演算子	a + b	11	左から右	加算
算術演算子	a - b	11	左から右	減算
算術演算子	a * b	12	左から右	乗算
算術演算子	a / b	12	左から右	除算
算術演算子	a % b	12	左から右	剰余演算
ビット演算子	~a	14	右から左	NOT
ビット演算子	a & b	6	左から右	AND
ビット演算子	a | b	4	左から右	OR
ビット演算子	a ^ b	5	左から右	XOR
ビット演算子	a << b	10	左から右	左シフト
ビット演算子	a >> b	10	左から右	右シフト
インクリメント／デクリメント	++a	14	右から左	インクリメント(インクリメント後の値を返す)
インクリメント／デクリメント	--a	14	右から左	デクリメント(デクリメント後の値を返す)
インクリメント／デクリメント	a++	15	左から右	インクリメント(インクリメント前の値を返す)
インクリメント／デクリメント	a--	15	左から右	デクリメント(デクリメント前の値を返す)
論理演算子	!a	14	右から左	論理否定
論理演算子	a && b	3	左から右	論理積
論理演算子	a || b	2	左から右	論理和
比較演算子	a == b	7	左から右	aとbが等しい場合にtrue
比較演算子	a != b	7	左から右	aとbが等しくない場合にtrue
比較演算子	a < b	8	左から右	aがbより小さい場合にtrue
比較演算子	a > b	8	左から右	aがbより大きい場合にtrue
比較演算子	a <= b	8	左から右	aがb以下場合にtrue
比較演算子	a >= b	8	左から右	aがb以上の場合にtrue
比較演算子	a <=> b	9	左から右	aとbの三方比較 `C++20`
代入演算子	a = b	1	右から左	値を代入

種類	記述例	優先順位	結合法則	説明
複合代入演算子	a += b	1	右から左	aとbでの演算結果をaに代入
複合代入演算子	a -= b	1	右から左	aとbでの演算結果をaに代入
複合代入演算子	a *= b	1	右から左	aとbでの演算結果をaに代入
複合代入演算子	a /= b	1	右から左	aとbでの演算結果をaに代入
複合代入演算子	a %= b	1	右から左	aとbでの演算結果をaに代入
複合代入演算子	a &= b	1	右から左	aとbでの演算結果をaに代入
複合代入演算子	a |= b	1	右から左	aとbでの演算結果をaに代入
複合代入演算子	a ^= b	1	右から左	aとbでの演算結果をaに代入
複合代入演算子	a <<= b	1	右から左	aとbでの演算結果をaに代入
複合代入演算子	a >>= b	1	右から左	aとbでの演算結果をaに代入
添字演算子	a[b]	15	左から右	aの中の位置bの要素へアクセス
間接参照演算子	*a	14	右から左	aが指す先の要素へアクセス
アドレス参照演算子	&a	14	右から左	aのアドレスを取得
関数呼び出し演算子	a(b, c, ...)	15	左から右	b, c, ...を引数としてaの関数呼び出し
メンバアクセス演算子	a.b	15	左から右	aのメンバbへアクセス。オーバーロード定義不可
メンバアクセス演算子	a->b	15	左から右	aの参照先のメンバbへアクセス
メンバアクセス演算子	a.*b	13	左から右	メンバポインタbが指すaのメンバへアクセス。オーバーロード定義不可
メンバアクセス演算子	a->*b	13	左から右	メンバポインタbが指すaの参照先のメンバへアクセス
条件演算子	a ? b : c	1	右から左	aが真のときbを、偽のときcを返す。オーバーロード定義不可

● 演算子の優先順位

演算子には優先順位があります。1つの式の中に複数の演算子が記述されている場合、優先順位が大きい順に処理が行われます。ただし、カッコで囲われた箇所は優先順位に関係なく先に処理されます。

優先順位が同じ場合、結合法則で示した並びの順に処理されます。

```
int x;
int y;

// 3 * 5が最初に処理され、次に1の加算、最後にxへ代入される
x = 3 * 5 + 1;

// 5+1が最初に処理され、次に3との乗算、最後にyへ代入される
y = 3 * (5 + 1);
```

```
// yに0が代入され、最後にxに代入される
x = y = 0;
```

● 演算子オーバーロード

　演算子のオーバーロードを定義することで、クラスに対する演算子の挙動を定義できます。詳細はオーバーロードの節を参照してください（ 参照 P.112 本章「オーバーロード」節）。

◉ 三方比較演算子 C++20

　三方比較演算子<=>は、2つの値について「より小さい」「等しい」「より大きい」「比較不能」いずれかの結果を返します。演算子の戻り値を0と比較して結果を判定します。例を以下に示します。

```cpp
#include <iostream>
#include <compare>

template<class T>
void three_way_compare(T lhs, T rhs) {
  if (auto compared_result = lhs <=> rhs; compared_result < 0) {
    cout << "lhs < rhs" << endl;
  } else if (compared_result > 0) {
    cout << "lhs > rhs" << endl;
  } else if (compared_result == 0) {
    cout << "lhs == rhs" << endl;
  } else {
    cout << "比較不能" << endl;
  }
}
```

　三方比較演算子を使用するには、<compare>ヘッダのインクルードが必要です。
　ユーザー定義型の三方比較演算子をオーバーロード定義すると、ほかの比較演算子も使えるようになります。詳細は比較演算子のオーバーロードを参照してください（ 参照 P.116 本章「オーバーロード」節の「比較演算子のオーバーロード」）。
　三方比較演算子は、その見た目から「宇宙船演算子」とも呼ばれます。

コメント

プログラム中には、任意のコメントを記述できます。コメントはプログラムの動作に影響を与えませんが、プログラムの意図や補足説明を記述するために利用できます。

◎2種類のコメント

コメントの書式には以下の2種類があります。

▶ブロックコメント

ブロックコメントは「/*」と「*/」で囲まれている範囲の記述をコメントとみなします。

▶行コメント

行コメントは「//」以降の改行までの記述をコメントとみなします。
改行文字までにある垂直タブ、改ページなどは無視されます。

「/*」と「*/」で囲まれるブロックコメントの中に記述されている「/*」および「//」は、コメント文の一部と解釈されます。
同様に、「//」で開始される行コメントの中に記述されている「//」、「/*」および「*/」も、コメント文の一部と解釈されます。
そのため、ブロックコメント、行コメントは、どちらか先に記述されているコメントが優先され、コメントは入れ子にできません。

◎コメントの例

以下はコメントの記述例です。

▶ブロックコメント

```
/* コメント 1 */

/*
 コメント 2
*/
```

▶行コメント

```
// コメント
```

◉ 基本型

C++における基本型には以下のものがあります。

▼ C++における基本型

型	意味
bool	論理値型。値としてtrueもしくはfalseをとる。論理演算の結果はboolになる
char	文字を表す整数型。sizeof(char)は1となる。最も小さな基本型
short	char以上のサイズを持つ整数型
int	short以上のサイズを持つ整数型。int型のサイズは処理系で自然に扱えるサイズになる
long	int以上のサイズを持つ整数型
long long	64ビット以上のサイズを持つ整数型 **C++11**
float	単精度の浮動小数点数型
double	倍精度の浮動小数点数型。float以上のサイズを持つ
long double	double以上のサイズを持つ浮動小数点数型
char8_t	UTF-8文字コードの文字型 **C++20**
char16_t	UTF-16文字コードの文字型 **C++11**
char32_t	UTF-32文字コードの文字型 **C++11**
wchar_t	ワイド文字の文字型

これらのほかに、関数の戻り値がないことを示すvoid型があります。void型のオブジェクトは作成できません。

char、short、int、long、long longにはunsigned intのようにsigned／unsignedで修飾できます。signedは符号つき、unsignedは符号なしの型とすることを指示します。整数型はデフォルトでsignedが付きますが、charだけは符号指定のありなしで別の型として扱われます。

```cpp
bool b = true; // 論理値
b = false;
if (b) { … }  // bがtrueか判定
if (!b) { … } // bがfalseか判定


char c = 'a';   // 文字
int i = 123;    // 整数
double d = 3.14; // 浮動小数点数
```

● 大きさが規定されている整数型　C++11

C++の基本型は、一部を除いて、大きさの規定がありません。これに対し、標準ライブラリの<cstdint>ヘッダおよび<stdint.h>ヘッダでは、大きさの規定を有した整数型のtypedef（ **参照** P.48 本章「型の別名宣言」節）が定義されています。

▼ <cstdint> ヘッダの整数型

型	ビット長	説明
std::int8_t std::uint8_t	8	そのビット長ちょうどの整数型（符号つき／符号なし）
std::int16_t std::uint16_t	16	
std::int32_t std::uint32_t	32	
std::int64_t std::uint64_t	64	
std::int_least8_t std::uint_least8_t	8	少なくともそのビット長以上ある整数型（符号つき／符号なし）
std::int_least16_t std::uint_least16_t	16	
std::int_least32_t std::uint_least32_t	32	
std::int_least64_t std::uint_least64_t	64	
std::int_fast8_t std::uint_fast8_t	8	少なくともそのビット長以上あり、最も高速に演算できる型（符号つき／符号なし）
std::int_fast16_t std::uint_fast16_t	16	
std::int_fast32_t std::uint_fast32_t	32	
std::int_fast64_t std::uint_fast64_t	64	
std::intmax_t std::uintmax_t	-	その処理系で最大の整数型（符号つき／符号なし）
std::intptr_t std::uintptr_t	-	有効なvoid*の値を表現できる整数型（符号つき／符号なし）

std::intN_t／std::uintN_t およびstd::intptr_t／std::uintptr_tは、該当する整数型が存在する場合のみ定義されます。

● サイズを表す整数型

<cstddef>ヘッダおよび<stddef.h>では、sizeof演算子が返す符号なし整数型である std::size_t 型が定義されています。この型は、コンテナの要素数や添字の型としても使用されます。

● 大きさが規定されている浮動小数点数型　C++23

基本型の float や double といった浮動小数点数型は、内部表現（大きさや精度）がコンパイラごとの実装に任されています。<stdfloat>では拡張浮動小数点数型という、浮動小数点数の国際規格 IEEE 754 の内部表現をもつことが規定された浮動小数点数型が定義されます。

ほとんどの環境で、float と double は IEEE 754 準拠で実装されますが、long double については内部表現がまちまちになっているため std::float128_t で精度を明示できます。また、16ビットの浮動小数点数型は基本型にはないので、こちらの std::float16_t を使用することになります。

std::bfloat16_t は Google の人工知能グループで開発された、16ビット幅の浮動小数点数型です。指数部ビット数が IEEE754 32 ビット浮動小数点数型と同じなので、精度を維持したまま相互変換できます。

▼ <stdfloat> ヘッダの浮動小数点数型

型	ビット長	説明
std::float16_t	16	IEEE754 準拠の 16 ビット浮動小数点数型
std::float32_t	32	IEEE754 準拠の 32 ビット浮動小数点数型
std::float64_t	64	IEEE754 準拠の 64 ビット浮動小数点数型
std::float128_t	128	IEEE754 準拠の 128 ビット浮動小数点数型
std::bfloat16_t	16	Brain 浮動小数点数

● 変数

変数は型のオブジェクトです。変数の宣言は以下の形式で行います。

型名 変数名 《初期化式》;

int 型の変数 var を宣言する例を以下に示します。

```
int var1;      // 変数を未初期化（もしくはデフォルト構築）で宣言
int var2{};    // 変数を値初期化（値ゼロ）で宣言          C++11
int var3 = 3;  // 変数を初期化子をともなって宣言
int var4{3};   // 変数を初期化子（リスト）をともなって宣言  C++11
int var5(3);   // 変数を初期化子（リスト）をともなって宣言
```

var4の波カッコとvar5の丸カッコを使用した初期化はほとんど同じ意味になります。主に複数の値を保持するクラスを初期化するために使用します。

丸カッコ初期化の場合は、状況によって関数宣言構文とあいまいになってしまうことがあります。丸カッコ初期化と波カッコ初期化でどちらを使用するか悩む場合には、基本的には波カッコ初期化を使用することを推奨します。ただし、コンテナの初期化についてはリスト初期化と変換コンストラクタの呼び出しが意図通りに呼び分けられないことがあるため、コンテナの変換コンストラクタでは丸カッコ初期化を推奨します。

◉ 配列

配列は、同じ型の複数の要素を連続した領域に配置できるオブジェクトです。
配列の宣言は、以下の書式で行います。

型名 変数名[要素数] 《初期化式》;

int型の要素を10個格納できる配列arrを宣言する例を以下に示します。

```
int arr[10];
```

配列の要素へのアクセスは、アクセスしたい要素のインデックスを指定することで行えます。インデックスは0から始まることに注意してください。

たとえば、上記のarrの5番目の要素を変数elmへ代入するには、以下のようにします。

```
int elm = arr[4];
```

標準ライブラリには、配列と同じように扱え、配列以上の機能を提供するstd::arrayクラスが用意されています。std::arrayを適用できる箇所では、std::arrayを使用することが望ましいでしょう。

◉ ポインタ

ポインタはアドレスを格納します。ポインタオブジェクトの宣言は、以下のように行います。cv修飾子に関しては、cv修飾子の節を参照してください（ 参照 P.45 本章「cv修飾子」節）。

《cv修飾子》 型名 * 《cv修飾子》 変数名 《初期化式》;

ポインタオブジェクトの前に`*`を付けることで、ポインタオブジェクトの指すアドレスへアクセスできます。

オブジェクトのアドレスを取得するには、`&`演算子を用います。ポインタと`&`演算子の使用例を以下に示します。

```
int a = 0;
int* b = &a;  // bはaのアドレスを保持するポインタオブジェクト
*b = 10;      // aに10が代入される
```

配列の先頭アドレスは、配列のオブジェクト名でも取得できます。また、ポインタは、配列と同じように、`[]`演算子で要素にアクセスできます。

```
int c[10] = {};    // 要素数10個、0で初期化された配列
int* d = c;        // dは配列cの先頭アドレスを保持するポインタオブジェクト
d[4] = 10;         // d[4]に10が代入される
```

ポインタの配列や、ポインタのポインタも宣言できます。

```
int* f[10];        // 「int型へのポインタ」の要素を10個持つ配列
int** e = f;       // 「int型へのポインタ」へのポインタ
e[4] = nullptr;    // f[4]にnullptrを代入
```

● 関数ポインタ

関数を指すポインタも宣言できます。関数ポインタの宣言は以下のように行います。

戻り値の型 (*変数名)(仮引数リスト) 《初期化式》;

関数ポインタの使用例を以下に示します。

```
int square(int v) { return v * v; }

int (*f)(int) = square; // fは関数squareのアドレスを保持する
                        // 関数ポインタオブジェクト
int result = f(5);      // 実引数5でsquareが呼ばれる。結果は25
```

● メンバへのポインタ

クラスの非静的メンバ変数、もしくは非静的メンバ関数へのポインタも宣言できます。

メンバ変数およびメンバ関数へのポインタを宣言するには、変数名の前にクラス

名とスコープ解決演算子が必要です。

メンバ変数へのポインタの宣言は、以下のように行います。

型 クラス名 :: *変数名 《初期化式》;

メンバ関数へのポインタ宣言は、以下のように行います。

戻り値の型 (クラス名 :: *変数名)(仮引数リスト) 《初期化式》;

メンバへのポインタの使用例を以下に示します。

```
struct S {
  int data;
  int square(int v) { return v * v; }
};

int S::*d = &S::data; // dはS::dataを指すメンバポインタ
int (S::*f)(int) = &S::square;

S s1;
S s2;
s1.*d = (s1.*f)(5); // 実引数5でs1.square()が呼ばれ、
                    // 結果がs1.dataに代入される
s2.*d = (s2.*f)(7); // 実引数7でs2.square()が呼ばれ、
                    // 結果がs2.dataに代入される
```

◉ 参照

参照は、オブジェクトの別名のように振る舞います。参照の宣言は以下のように行います。cv修飾子に関しては、別の節を参照してください（ 参照 P.45 本章「cv修飾子」節）。

《cv修飾子》 型名 &変数名 初期化式;

メンバ変数と、関数の仮引数で使用される場合を除き、参照は必ず初期化されねばならず、参照先は変更できません。

```
int a = 10;
int& b = a;  // bはaの参照
int& c;      // エラー。参照は必ず初期化されねばならない
int d = 30;
```

```
b = 20;      // aの値は20になる
b = d;       // 参照先は変更できない。dの値がaに代入され、aの値は30になる
```

参照は、関数の仮引数および戻り値でも使用できます。

```
// ※仮引数と戻り値は参照
const int& max(const int& a, const int& b) {
  if (a > b) {
    return a;
  }
  return b;
}
```

関数の仮引数を参照にすることで、無駄なコピーが発生しません。これは特に大きなオブジェクトを関数へ渡す場合に、コピーによるメモリ消費を抑えられ、コピー処理による時間もかからないため、有効です。

参照は、ポインタと違い、一時オブジェクトや定数もconst参照へ渡せます。以下に例を示します。

```
struct S {
  int data = 0;
};

void fr(S& v);
void fr(int& v);
void fcr(const S& v);
void fcr(const int& v);

S s;
int a = 42;
fr(s); // オブジェクトを参照で渡す
fr(a); // オブジェクトを参照で渡す
// fr(S()); // エラー。一時オブジェクトを参照で渡すことはできない
// fr(42); // エラー。整数リテラルを参照で渡すことはできない
fcr(S()); // 一時オブジェクトをconst参照で渡すことが可能
fcr(42); // 整数リテラルをconst参照で渡すことが可能

void fp(S* v);
void fp(int* v);

// fp(&S()); // エラー。一時オブジェクトのアドレスは取得できない
// fp(&42); // エラー。整数リテラルのアドレスは取得できない
```

◉ 列挙型

列挙型は、名前付きの定数として扱える列挙子の集合を表現する型です。「種別」や「状態」といった有限の集合を定義したい場合に使用することで、可読性が向上します。

また、列挙型は代入できる値を、定義した範囲に制限できるため、定数や#define定義を使用した場合と比べて、バグを生みにくくなります。

たとえば、信号を表す列挙型は、以下のように定義することになるでしょう。

```
enum TrafficLight { Blue, Yellow, Red };
TrafficLight light = Blue;
```

列挙型の各列挙子は、0から順に1ずつ増加した値となります。

列挙型の各列挙子を任意の値にするためには、＝で列挙子の値を定義します。以下は、＝を使って、列挙型の各列挙子を任意の値とする例です。

```
enum TrafficLight { Blue = 1, Yellow = 3, Red };
```

この例では、Blueが1、Yellowが3、Redが4となります。

また、型名で修飾し、TrafficLight::Blueのようにも記述できます。

◉ スコープ付き列挙型　C++11

列挙型は、列挙型の中で定義される列挙子が、ほかの名前と衝突してしまうという問題があります。たとえば以下のプログラムは名前の衝突が発生するため、コンパイルエラーになります。

```
int Blue;
enum TrafficLight { Blue, Yellow, Red }; // Blueが重複しているのでエラー！
```

上記の問題を解決するには、スコープ付き列挙型を使用します。スコープ付き列挙型は、enumに続けてstructもしくはclassを記述して宣言します。

なお、スコープ付き列挙型の宣言において、structとclassに違いはありません。

スコープ付き列挙型は、列挙型と異なり、必ず「型名::値」のように型名による修飾が必要である点に注意してください。ただし、このあとで紹介するスコープ付き列挙型に対するusing宣言を利用すると、型名の修飾を省略できるようになります。スコープ付き列挙型の例を以下に示します。

```
int Blue;
enum struct TrafficLight { Blue, Yellow, Red };
```

```
TrafficLight light = TrafficLight::Blue;
```

● using宣言によるスコープ付き列挙型の型名の省略　`C++20`

　スコープ付き列挙型は、usingを使用することで型名による修飾を省略できます。
　「using 型名::値;」のように宣言すると、その値を型名による修飾なしで使用できるようになります。
　「using enum 型名;」のように宣言すると、そのスコープ付き列挙型のすべての値を型名による修飾なしで使用できるようになります。

```
enum TrafficLight { Blue, Yellow, Red };

// TrafficLight型の値Blueを、型名による修飾なしで使用できるようにする。
using TrafficLight::Blue;

TrafficLight light = Blue;

// TrafficLight型のすべての値を、型名による修飾なしで使用できるようにする。
using enum TrafficLight;

light = Red;
```

● 列挙型の基礎となる型の指定　`C++11`

　スコープ付き列挙型では指定がなければint型、スコープなし列挙型では指定がなければすべての列挙子が収まる符号なし整数型が基礎となります。しかし、必要であれば、明示的にその列挙型の基礎となる整数型を指定できます。
　列挙型の基礎となる型の指定方法を以下に示します。

```
enum struct TrafficLight : unsigned long { Blue, Yellow, Red };
```

　この例では、TrafficLight型の基礎となる型をunsigned longに指定しています。

● 構造体

　構造体は、いくつかのデータを1つにまとめる場合に使用します。
　たとえば個人情報を扱う構造体であれば、以下のようになります。

```
struct Person {
  string name;     // 名前
  int age;         // 年齢
  string address;  // 住所
```

```
};
```

C言語と違い、C++では、構造体のタグ名をそのまま型名として使用できます。つまり、上記Personの変数meは、以下のように宣言できます。

```
Person me;
```

また、C言語と同じように、以下のように宣言することもできます。

```
struct Person me;
```

さらに、typedefと同時に定義することもできます。これもC言語と同じです。

```
typedef struct Name {} Name;
```

◉ ビットフィールド

ビットフィールドは、メンバ変数の特殊な形です。ビットフィールドを使用すると、メンバ変数をビット単位で割り当てられます。

メンバ変数がどのように配置されるかは、実装定義となります。

ビットフィールドのメンバ変数は、以下のように、整数型、メンバ変数名、:、それに続くビット長を表す定数式で宣言します。

整数型 （メンバ変数名） ： ビット長を表す定数式;

メンバ変数名を省略した、無名ビットフィールドも作成できます。

無名ビットフィールドは、指定した長さの領域を確保できますが、その領域へはアクセスできません。これは、ビット位置を合わせる場合などに使用されます。

また、無名ビットフィールドは、ビット長を0に指定できます。ビット長が0の無名ビットフィールドは、指定した型の境界に合わせられるので、無名ビットフィールドに続くメンバ変数のビット位置を、特定の型の境界に合わせたい場合に便利です。

```
struct Bits {
  char  a : 2; // aは2bit長のchar型メンバ変数
  short   : 1; // 1bit長の空きを作る
  short b : 3; // bは3bit長のshort型メンバ変数
  long    : 0; // 次のメンバはlong型の境界に合わせられる
  int   c : 4; // cは4bit長のint型メンバ変数
  bool  d : 1; // dは1bit長のbool型メンバ変数
};
```

ビットフィールドには、以下の制約がある点に注意してください。

- ビットフィールドのアドレスは取得できない
- ビットフィールドを参照として保持する場合は、const参照にのみ保持できる
- staticメンバ変数のビットフィールドは宣言できない

クラス

C++において、クラスは構造体とほぼ変わりません。唯一の違いは、デフォルト
のアクセス指定子です。構造体ではpublicですが、クラスではprivateです。
つまり、以下の宣言は同じものです。

```
// 以下の2つの宣言は等価
struct S {
  int m;
};

class S {
public:
  int m;
};

// 同様に以下の2つの宣言も等価
class C {
  int m;
};

struct C {
private:
  int m;
};
```

クラスの詳細は、本章の「クラス」節を参照してください（ 参照 P.91 本章「クラス」
節）。

共用体

共用体は、異なる型のオブジェクトを、同じアドレスに配置できます。
共用体の宣言は、構造体やクラスと似ていますが、メモリの配置が異なります。
共用体では、メンバ関数を除くすべてのメンバ変数が同じアドレスに配置されます。
たとえば以下の共用体では、iとfが同じアドレスに配置されます。

```
union U {
  int i;       // 整数型の変数
  float f;     // 単精度浮動小数点数型の変数
  void func(); // メンバ関数
};
```

　C++03では、共用体は、コンストラクタやデストラクタを持つクラス（ 参照
P.91 本章「クラス」節）をメンバに持てません。C++11以降は持てるようになっています。

　C++11以降では、共用体はクラスに対して、以下の制限があります。

- 仮想関数を持てない
- 基底クラスを持てない
- 基底クラスになれない
- 静的メンバを持てない

　共用体はクラスオブジェクトをメンバに持てますが、そのクラスが以下のメンバ関数を定義している場合、共用体の対応するメンバ関数は暗黙的に削除されます。

- デフォルトコンストラクタ
- コピーコンストラクタ
- ムーブコンストラクタ
- コピー代入演算子
- ムーブ代入演算子
- デストラクタ

　これらのメンバ関数が必要であるなら、プログラマが明示的に定義しなければなりません。
　また、共用体のメンバ変数であるクラスオブジェクトのクラスに、明示的に定義したコンストラクタがあれば初期化を、デストラクタがあれば破棄を、明示的に行わなければなりません。以下に例を示します。

```
// 自前でコンストラクタおよびデストラクタを持つクラスSを定義
struct S{
  S() {}
  ~S() {}
};
```

```
union U {
  S s;              // Sクラスのオブジェクトs
  vector<int> v;    // vector<int>クラスのオブジェクトv
  U() {}            // Sおよびvectorは、デフォルトコンストラクタを定義している
                    // ので、Uはデフォルトコンストラクタを定義しなければ
                    // ならない
  ~U() {}           // Sおよびvectorは、デストラクタを定義しているので、Uは
                    // デストラクタを定義しなければならない
};

U u; // 共用体のオブジェクト

// 初期化のため、明示的にコンストラクタを呼び出す注1
new (&u.s) S();
// 異なる型のオブジェクトを使用するため明示的にデストラクタを呼び出す
u.s.~S();

// 初期化のため、明示的にコンストラクタを呼び出す
new (&u.v) vector<int>({ 0, 1, 2 });
// 異なる型のオブジェクトを使用するため明示的にデストラクタを呼び出す
u.v.~vector();
```

注1　配置 new に関しては、本章の「動的な生成と破棄」節の「配置 new」を参照（P.59）。

cv 修飾子

cv修飾子は、オブジェクトやメンバ関数のアクセス属性を指定します。

○ const

constは変更できないことを表します。const修飾されたオブジェクトは、生成時に決定された値を変更できません。以下に例を示します。

```
const int a = 1; // constオブジェクトの宣言
a = 2; // エラー：変数は変更できない
```

constオブジェクトは、プログラム中で定数として扱えます。たとえば、以下のように配列の要素数を指定できます。

```
const int count = 10;
int arr[count];    // 要素数10のint型の配列
```

○ constポインタ

constはポインタにも適用できます。

ポインタの指し示す先をconstとして、constポインタを宣言する場合の例を以下に示します。

```
int a = 0;
const int* b = &a;
// int const* b = &a; // 上の行と同義
*b = 1;                // エラー：bはconst intへのポインタ
```

ポインタオブジェクトで、保持するアドレスを不変にしたい場合は、以下のように宣言します。

```
int* const b = &a;
```

この場合「bの保持するアドレスが不変」という宣言になりますから、*bでアクセスするaの保持している値は書き換えることができます。

ポインタオブジェクトが保持するアドレスに加えて、指し示すオブジェクトの値も不変としたいのであれば、以下のように宣言します。

```
const int* const b = &a;
```

● const 参照

const修飾は、参照にも適用できます。ポインタより参照でconstが使用されることのほうが多いでしょう。const参照の例を以下に示します。

```
int a = 10;
const int& b = a;
b = 20; // エラー：bはconst修飾されている
```

● const メンバ関数

const修飾は、クラスのメンバ関数にも適用できます。

const修飾されているメンバ関数は、そのメンバ関数が、クラスの状態を変更しないことを意味します。

クラスオブジェクトがconst宣言されている場合、const修飾されたメンバ関数のみ呼び出せます。

クラスに、同じ名前と同じシグネチャで、異なるcv修飾のメンバ関数が複数定義されている場合、constオブジェクトからは、const修飾されているメンバ関数が呼ばれます。

```
struct S {
  void f1();
  void f2() const;
  void f3();
  void f3() const;
};

const S s;
s.f1(); // エラー：f1はconstメンバ関数ではない
s.f2(); // OK
s.f3(); // const修飾されているf3が呼ばれる
```

const修飾されているメンバ関数の中では、thisポインタがconst修飾されているとみなされます。このため、mutable指定されているメンバ変数を除いて、メンバ変数は変更できません。

また、const修飾されているメンバ関数から自クラスのメンバ関数を呼び出す場合、そのメンバ関数もconst修飾されている必要があります。

なお、staticメンバ関数はconst修飾できません。

● volatile

volatile修飾されたオブジェクトは、プログラムに書かれたとおりにアクセスされます。したがって、volatile修飾されたオブジェクトに対するアクセスでは、コンパイラによる最適化が抑止されます。

```
int a = 10;
volatile int b = 20;
int c = a; // 最適化により、直接10が代入される可能性がある
int d = b; // 必ずbから代入される
a; // 無意味な式なので最適化でなくなる可能性がある
b; // 必ずbがアクセスされる
```

複数スレッドから同時にアクセスされる可能性のあるオブジェクトに対しては、volatileで最適化を抑止するのではなく、std::atomicもしくはミューテックス（ 参照 ▶ P.525 第8章「ロックせずに排他アクセスをする」節）を使用しましょう。

● cv修飾されたオブジェクトのメンバ関数呼び出し

cv修飾された型で宣言されているオブジェクトへアクセスする場合、もしくは、cv修飾された参照もしくはポインタを介してオブジェクトへアクセスする場合には、同等か、それ以上のcv修飾がされているメンバ関数以外は呼び出せません。

● const修飾されたオブジェクトのメンバ変数変更

const修飾された型のオブジェクトは、メンバ変数を書き換えられません。しかし、mutable指定されたメンバ変数に限り、const修飾された型のオブジェクトであっても変更できます。

型の別名宣言

● 型の別名宣言

型には別名を付けられます。たとえばunsigned intにuintという別名を付ける場合、以下のように行います。

```
typedef unsigned int uint;
```

また、以下のように、usingでも別名宣言を行えます。

```
using uint = unsigned int; // C++11
```

● 配列型の別名宣言

配列に対する別名宣言を行う場合は、以下のようにします。

```
typedef int int10[10]; // typedefで要素数10個の配列型int10の宣言
using int10 = int[10]; // usingの場合   C++11
```

この場合、要素数10個のint型の配列が、int10という名前で宣言されます。

● 関数ポインタ型の別名宣言

別名宣言は、関数ポインタに対しても使用できます。関数ポインタは宣言が複雑であるため、別名宣言とともに用いられることが多いです。別名宣言を使用すると、複雑な関数ポインタの宣言が平易になり、可読性も上がります。

戻り値の型がvoidで、int型の実引数を取る関数ポインタ型funcPtrを宣言する例を以下に示します。

```
typedef void (*funcPtr)(int);  // typedefの場合
using funcPtr = void (*)(int); // usingの場合   C++11
```

関数func()へのポインタで初期化し、funcPtr型の変数fを宣言、実引数42でその関数を呼び出すコードは以下のようになります。

```
void func(int);
funcPtr f = func;
f(42);
```

型の自動推論と取得

● 初期化子による型推論（auto） C++11

変数宣言の際、型を記述するところに型の代わりとしてautoキーワードを指定することで、変数の型を自動的に決定できます。その場合、変数の型は初期化子の型によって決まります。

たとえば、以下の関数があったとします。

```
int foo();
```

このとき、以下のようにvを宣言すれば、vの型はintとなります。

```
auto v = foo();
```

そして、以下のようにfを宣言すれば、fの型はint (*)()となります。

```
auto f = foo;
```

また、autoに続けて*を記述することで、ポインタを宣言できます。同じく、autoに続けて&を記述することで、参照を宣言できます。cv修飾子も宣言できます。さらに、static記憶クラス指定子を付けることで、静的なオブジェクトも宣言できます。

これらの例を以下に示します。

```
auto i1 = 1;          // i1はint型
const auto i2 = 2;    // i2はint型定数
static auto d = 3.0;  // dは静的なdouble型
auto p1  = &i1;       // p1はint*型
auto* p2 = &i1;       // p2はint*型
p2 = 1;               // エラー：p2はint*型なので、int型の値を代入できない
```

autoによりプログラムを簡潔に記述できる例として、標準ライブラリを使用しているプログラムにおいてイテレータおよびコンテナの要素型名をautoで記述したものを以下に示します。

```
vector<int> vi(10);

// イテレータの型名を記述
for (vector<int>::iterator it = vi.begin(); it != vi.end(); ++it) *it = 0;
```

```
// イテレータの型名をautoで記述
for (auto it = vi.begin(); it != vi.end(); ++it) *it = 0;

// コンテナの要素型名を記述
for (int v : vi) cout << v << endl;

// コンテナの要素型名をautoで記述
for (auto v : vi) cout << v << endl;
```

● 式から型を取得（decltype）　C++11

decltypeは、与えられた式から型を得ます。
たとえば、以下の関数があったとします。

```
int foo();
```

このとき、以下のようにvを宣言すれば、vの型はintとなります。

```
decltype(foo()) v;
```

decltypeは、テンプレート（ 参照 P.122 本章「テンプレート」節）で以下のように使うと有益でしょう。

```
template <typename T1, typename T2>
auto f(T1 x, T2 y) -> decltype(x + y) {
  return x + y;
}
```

この例では、以下のようにT1とT2の型の組み合わせによって、式が返す適切な型をコンパイル時に決められます。

- int同士　　　⇒　戻り値の型はint
- intとdouble　⇒　戻り値の型はdouble

構造化束縛 `C++17`

構造化束縛は、ペア（ 参照 P.363 第6章「ペアを扱う」節）やタブル（ 参照 P.365 第6章「タブルを扱う」節）、その他クラスや配列などを要素に分解する機能です。これを使用することで、関数から複数の値を返した場合に、戻り値を受け取るのがかんたんになります。

```cpp
// 関数f()は、戻り値として整数値と文字列の2つ値からなるペアを返す
pair<int, string> f() {
  return {3, "Alice"};
}

// 関数f()を呼び出して、戻り値のペアをidとnameに分解して受け取る
auto [id, name] = f(); // idの型はint、nameの型はstring

cout << id << endl;   // 「3」が出力される
cout << name << endl; // 「Alice」が出力される
```

構造化束縛の構文は以下のようになります。

《記憶クラス》 《cv修飾子》 auto 《参照修飾子》 [識別子のリスト] = 分解対象の値;

識別子それぞれに対して、具体的な型の指定はできません。変数名のみを記述し、その型は自動的に推論されます。

分解対象として扱える型には、それぞれ以下のような制限があります。

▼ 型ごとの制限

型	制限内容
ペア	識別子が2つであること
タブル	識別子の数がタブルの要素数と同じであること
その他クラス	publicメンバ変数のみが宣言順に分解される。識別子の数は、publicメンバ変数の数と同じであること
配列	識別子の数が配列の要素数と同じであること

autoに続いて参照修飾をすることで、分解した各要素が、分解元の各要素への参照を持つようになります。

```cpp
pair<int, string> f() {
  return {3, "Alice"};
```

```
}

pair<int, string> p = f();
// idはp.firstへの参照、nameはp.secondへの参照になる
auto& [id, name] = p;

id = 1; // idを書き換えるとp.firstも書き換わる
cout << p.first << endl;  // 「1」が出力される
cout << p.second << endl; // 「Alice」が出力される
```

　以下は、自分で定義したクラスを構造化束縛で分解する例です。

```
// 位置を表す型。X座標とY座標を持つ
struct Point {
  float x = 0;
  float y = 0;
};

// 関数get_point()はPoint型で位置を返す
Point get_point() {
  return {3.0f, 5.0f};
}

// 関数get_point()を呼び出し、返されるPoint型の値を分解する。
// X座標をx変数、Y座標をy変数に代入する
auto [x, y] = get_point();

cout << x << endl; // 「3」が出力される
cout << y << endl; // 「5」が出力される
```

　C++20以降では、構造化束縛の先頭に記憶クラス(参照 P.83 本章「スコープ」節の「関数スコープ」)を指定できます。

```
void f() {
  // 静的記憶クラスの変数に分解した値を代入する
  static const auto [id, name] = f();
}
```

キャスト

キャストは型の変換に用いられます。以下の4つと、C言語スタイルのキャストが用意されています。

▼ キャスト演算子と機能

キャスト演算子	機能
static_cast	intからfloatへの変換など、明示的に型を変換
dynamic_cast	クラスの実行時型情報を利用して、参照もしくはポインタの型を変換
const_cast	const修飾、もしくはvolatile修飾を変更
reinterpret_cast	ポインタもしくは整数値を任意の型へ変換

キャスト式は以下の形式で記述され、exprで与えられた式の評価結果を、type型へ変換します。

```
xxxx_cast<type>(expr);
```

なお、C言語スタイルの以下のキャスト式も使用できますが、キャストの意図を明確にするためにも、C++では新しい形式のキャストを用いるべきでしょう。

```
(type) expr;
```

● アップキャスト／ダウンキャストとクロスキャスト

クラス型のオブジェクトから、基底クラス部分を取り出すキャストをアップキャストと呼びます。逆に、そこから派生クラス部分を取り出すキャストをダウンキャストと呼びます。また、多重継承しているクラスのオブジェクトにおいて、ある基底クラス部分から別の基底クラス部分へのキャストをクロスキャストと呼びます。アップキャスト／ダウンキャスト／クロスキャストは、すべてクラスへのポインタ型または参照型を対象として行います。

アップキャストが可能なことはコンパイル時に判定できるので、キャスト演算子を使わず暗黙的に型変換できます。また、static_cast（ 参照 P.54 本章「キャスト」節の「static_cast」）でも変換できます。

一方、ダウンキャスト／クロスキャストはコンパイル時に判定できません。キャスト元に指定されるポインタ／参照がどんな型のオブジェクトなのか、一般的に実行時までわからないからです。このため、実行時に判定を行うdynamic_cast（ 参照 P.55 本章「キャスト」節の「dynamic_cast」）があります。なお、ダウンキャストに成功するとあらかじめわかっている場合、static_castで実行時判定をせずダウンキャストを行えます。

● static_cast

static_castは、明示的に型を変換します。以下にstatic_castのかんたんな使用例を示します。

```
int a = 65;
cout << a << endl;  // "65"が出力される
cout << static_cast<char>(a) << endl;  // 'A'が出力される
```

static_castでは、変換元の型から変換先の型への変換が定義されていれば、変換を行います。以下の場合に使用できます。

- 数値型同士での変換
- 列挙型と整数型との変換
- const／volatileの付加
- オブジェクトのポインタとvoidポインタとの変換
- アップキャスト
- ダウンキャスト
- 変換コンストラクタによる変換（ 参照 P.97 本章「メンバ変数／メンバ関数／メンバ型」節の「変換コンストラクタ」）
- 型変換演算子による変換（ 参照 P.101 本章「メンバ変数／メンバ関数／メンバ型」節の「型変換演算子」）

仮想基底クラスを含まない継承関係では、基底クラスと派生クラスの相互の変換（アップキャスト／ダウンキャスト）に使用できます。

```
struct Base {};
struct Derived1 : Base {
  int v_ = 0;
  operator int() { return v_; }
};

double d = 1.0;
int i1 = static_cast<int>(d);    // OK
Derived1 d1;
int i2 = static_cast<int>(d1);  // OK Derived1::operator int()が呼ばれる

Derived1 d;
Base& b1 = static_cast<Base&>(d); // OK、アップキャスト
Derived1& d1 = static_cast<Derived1&>(b1); // OK、b1は本来Derived1型
```

派生関係があれば、基底クラスのオブジェクトを派生クラスの参照へ変換できるため、以下のように危険なダウンキャストも行えます。

```
Base b;  // bはBase型のオブジェクト
Derived1& d2 = static_cast<Derived1&>(b);  // このダウンキャストができてしまう
```

● dynamic_cast

　dynamic_castは、多態型(参照 P.108 本章「継承」節のコラム「仮想関数と非仮想関数の違いと多態性」)のクラスにおいて、実行時型情報(参照 P.344 第6章「実行時型情報を扱う」節)を利用するキャストです。ダウンキャスト／クロスキャストを安全に行えます。

```
struct Base { virtual ~Base() {} };
struct Derived1 : virtual Base {};
struct Derived2 : virtual Base {};
struct Derived3 : Derived1, Derived2 {};

Derived3 d3;
Derived1& d1a = d3;

Derived3& d3a = dynamic_cast<Derived3&>(d1a);  // OK ダウンキャスト
Derived3* d3c = dynamic_cast<Derived3*>(&d1a); // OK ダウンキャスト
Derived2& d2a = dynamic_cast<Derived2&>(d1a);  // OK クロスキャスト
Derived2* d2c = dynamic_cast<Derived2*>(&d1a); // OK クロスキャスト
```

　派生関係のない参照もしくはポインタ間でキャストを行った場合、実行時に以下の挙動を示します。

- 参照のキャストでは、std::bad_cast例外が送出される
- ポインタのキャストでは、nullptrが得られる

　派生関係のない参照もしくはポインタ間でdynamic_castを行った場合の例を以下に示します。

```
struct Base { virtual ~Base() {} };
struct Derived1 : virtual Base {};
struct Derived2 : virtual Base {};

Derived1 d1;
```

```
// エラー : std::bad_cast例外が送出される
Derived2& d2b = dynamic_cast<Derived2&>(d1);
// エラー : d2dの値はnullptrとなる
Derived2* d2d = dynamic_cast<Derived2*>(&d1);
```

　派生クラスから基底クラスへのアップキャストでは、通常の暗黙的な変換と同じです。

● const_cast

　const_castは、任意の型に対して、const修飾とvolatile修飾（**参照** P.45 本章「cv修飾子」節）を変更します。

```
const int val = 3;              // このような変数があるとして
int& i = const_cast<int&>(val); // const修飾の除去
```

　一般的に、const修飾やvolatile修飾を除去することは、好ましくありません。const修飾を除去することは「変更できないオブジェクトが変更されてしまう」という可能性を、volatile修飾を除去することは「アクセスすべきオブジェクトへアクセスが行われなくなる」という可能性を生み出してしまうためです。

　const修飾やvolatile修飾されていないポインタを要求するライブラリを使用する場合など、どうしても必要な場合を除き、const_castは使用すべきではありません。

● reinterpret_cast

　reinterpret_castは、整数型とその参照、およびポインタ間で型を変換します。整数型のサイズがポインタを格納できる大きさなら、ポインタは整数値へ変換されます。その整数値は、ポインタへ戻した場合に元の値であることが保証されます。

```
intptr_t a = 0; // ポインタサイズの整数型

// 整数値をポインタに変換
void* p = reinterpret_cast<void*>(a);

// ポインタを整数値に戻す
intptr_t b = reinterpret_cast<intptr_t>(p);
```

　このような整数／ポインタ間の変換は、void*もしくは整数型1つのみを仮引数にとるC言語のAPIとやりとりするときに必要となります。しかし、このような変換は積極的に行うものではありません。基本的には、reinterpret_castが必要ないプ

ログラムを設計することが望ましいでしょう。

reinterpret_castは、整数／ポインタ間の変換と同様に、関数ポインタを含む異なる型のポインタ間でもキャストを行えます。ただし、以下の制限がある点に注意してください。

- cv修飾の削除はできない
- メンバポインタと、非メンバポインタ間の変換はできない
- メンバ変数へのポインタと、メンバ関数へのポインタ間の変換はできない
- メンバ関数へのポインタと、非メンバ関数へのポインタ間の変換はできない

動的な生成と破棄

● オブジェクトの動的な生成と破棄（new／delete）

オブジェクトを動的に生成するには、new演算子を使用します。new演算子は、オブジェクトを格納するメモリを確保し、初期化を行ったあと、そのメモリのアドレスを返します。もしメモリの確保に失敗すると、std::bad_alloc例外が送出されます。

new演算子は、以下のように使用します。

```
int* p = new int;
```

new演算子で配列を確保する場合は、以下のように記述します。

```
int* p = new int[10];
```

配列のサイズに0未満、もしくは実装で確保できる上限のサイズを超える値を指定すると、std::bad_array_new_length例外が送出されます。

new演算子でメモリを確保するとき、std::nothrowと組み合わせると、メモリ確保に失敗した場合に、例外を送出するのではなく、nullptrを返すようになります。

```
int* p = new(nothrow) int;
```

new演算子で確保したメモリは、deleteで解放する必要があります。delete演算子は、以下のように使用します。

```
delete p;
```

new[]演算子で確保された配列を解放するには、delete[]演算子を使用します。

```
delete[] p;
```

> **COLUMN**
>
> **new／deleteとメモリリーク**
>
> new演算子で確保した領域は、deleteによる解放を忘れると、メモリリークという問題を引き起こします。この問題を防ぐ方法として、標準ライブラリが提供している、shared_ptrのようなスマートポインタやvectorなどのコンテナを積極的に使用することが挙げられます。

● 配置 new

new演算子には、配置newと呼ばれる構文があります。この構文を用いることで、任意のクラスを任意のメモリオブジェクトへ配置できます。配置newの例を以下に示します。

```
struct S {};

void* p = malloc(sizeof(S));   // Sのメモリを確保
S* obj = new(p) S;             // 確保したメモリにSを配置
obj->~S();                     // Sの破棄
free(p);                       // メモリの解放
```

● オブジェクト／型のサイズを求める(sizeof)

sizeof演算子は、与えられた式もしくは型のサイズをstd::size_t型の定数で返します。sizeof演算子の書式は、以下のとおりです。

```
sizeof 式
sizeof(型)
```

sizeofに与えられた式は評価されません。したがって、sizeof ++a; と記述しても、aはインクリメントされません。

また、sizeofは以下に対して適用できません。

- 関数
- 前方宣言(参照 P.92 本章「クラス」節の「クラスの前方宣言」)のみで、定義のないクラス(不完全な型)
- すべての要素が宣言される前で、基礎となる型が不明な列挙型
- ビットフィールド

sizeof式によってサイズを求める例を以下に示します。

```
struct S { int m; };

sizeof 1;        // 整数リテラル(int)のサイズが得られる
sizeof(int);     // int型のサイズが得られる
sizeof(double);  // double型のサイズが得られる
sizeof(S);       // クラスSのサイズが得られる
sizeof S::m;     // クラスSのメンバmのサイズが得られる   C++11
```

なお、「sizeof 式」の書式で式のサイズを求める場合、「sizeof(式)」と記述することが多いです。上記の例であれば、以下のように記述しても同じ結果を得られます。

```
sizeof(1);       // 整数リテラル(int)のサイズが得られる
sizeof(S::m);    // クラスSのメンバmのサイズが得られる   C++11
```

● 可変長テンプレートの要素数を求める(sizeof...)   C++11

sizeof...演算子は、可変長テンプレートにおける仮引数パックの実引数の数をstd::size_t型の定数で得ます。sizeof...の使用例を以下に示します。

```
template<class... Types>
struct S {
  static const size_t count = sizeof...(Types);
};

S<int, char, double> t;
cout << t.count << endl; // 3が出力される
```

● アライメントを求める（alignof） `C++11`

alignof演算子は、与えられた型のアライメントをstd::size_t型の定数で返します。

alignof演算子の書式は以下のとおりです。

```
alignof(型)
```

● アライメントを指定する（alignas） `C++11`

alignasアライメント指定子は、変数およびメンバ変数のアライメントを指定します。アライメント指定子の書式を以下に示します。

```
alignas(定数式)
alignas(型名)
```

型でアライメント指定をした場合の結果は、alignas(alignof(型名))と同じです。

定数式で指定されたアライメントが、実装でサポートされていなければ、プログラムは不正となります。

複数のアライメント指定子が指定された場合、最も大きなアライメントが選択されます。たとえば、2つのアライメント指定子が適用されており、1つのアライメントが4で、もう1つが8であれば、8が選択されます。

また、指定されたアライメントが、対象となる要素のアライメントよりも小さい場合、アライメント指定は無視されます。

なお、以下に対しては、アライメント指定子が適用できません。

- ● ビットフィールド
- ● 関数の仮引数
- ● catch構文の仮引数

アライメント指定子を使用して、構造体のすべてのメンバを4バイト（32ビット）単位で配置する例を以下に示します。

2

基本文法

```
struct S {
  alignas(uint32_t) uint8_t a_;
  alignas(uint32_t) uint16_t b_;
  alignas(uint32_t) uint32_t c_;
};
```

COLUMN

アライメントとは？

アライメントとは、オブジェクトのための領域をメモリ上に確保する際のアドレスの境界位置のことです。

たとえば、intのサイズが4バイトの環境では、intのデータを4の倍数のアドレスに配置することで、より高速にアクセスできる場合があります。また、CPUによっては、このデータが4の倍数以外のアドレス（たとえば3番地）に配置されてしまうと、アクセスできない場合もあります。

alignofの返すアライメント要求は、その型のオブジェクトをアドレス上に配置するためのものになります。たとえばalignofで4を返されたら、そのオブジェクトは4の倍数のアドレスに配置する必要があります。

リテラル

リテラルとは、ソースコードに記述される定数値です。プログラムでは、初期値などで、決められた数値、文字列を使用します。それらを表す場合に使用されるのがリテラルです。

たとえば円周率を定数 pi として使用する場合、以下のように変数を宣言しますが、ここでソースコード上に表れる数値がリテラルです。

```
const double pi = 3.14159265; // この'3.14159265'は浮動小数点数リテラル
```

リテラルには、以下の8種類があります。

● 整数リテラル
● 浮動小数点数リテラル
● 論理値リテラル
● ポインタリテラル
● 文字リテラル
● 文字列リテラル
● 生文字列リテラル(文字列リテラルの一種)
● ユーザー定義リテラル(ユーザーが独自のリテラル宣言を定義できる)

整数リテラル

整数リテラルは、整数値を表すリテラルです。

オプションとして、プレフィックスで基数を、サフィックスで型を指定できます。基数は以下のように指定できます。

● 10進数 ⇒ 0以外の数字で始まる
● 16進数 ⇒ 0xまたは0Xで始まる
● 8進数 ⇒ 0で始まる
● 2進数 ⇒ 0bまたは0Bで始まる `C++14`

各基数表記で使用できる文字は以下のとおりです。

● 10進数 ⇒ 0~9
● 16進数 ⇒ 0~9と、10~15を表すa~fもしくはA~F
● 8進数 ⇒ 0~7
● 2進数 ⇒ 0もしくは1

たとえば10進数の12をそれぞれの書式で表すと、以下のようになります。

- 10進数 ⇒ 12
- 16進数 ⇒ 0xc／0Xc／0xC／0XC
  （0x0cのように、プレフィックスのあとに0を入れられます）
- 8進数 ⇒ 014
- 2進数 ⇒ 0b1100

整数リテラルは、以下のサフィックスを付加できます。

- uもしくはUで表される符号なしサフィックス
- lもしくはLで表される long サフィックス
- llもしくはLLで表される long long サフィックス

たとえばunsigned long型の12は、以下のように表せます。

```
12ul または 12Ul または 12uL または 12UL
12lu または 12lU または 12Lu または 12LU
```

整数リテラルの型は、その値の大きさとサフィックスにより決定されます。
次の表は、各サフィックスにおける値の型の優先順位です。各サフィックスにおいて、値を表現できる表中の最初の型が整数リテラルの型になります。

▼ 整数リテラルのサフィックス

サフィックス	10進数リテラルの型	8進数もしくは16進数リテラルの型
なし	int long int long long int	int unsigned int long int unsigned long int unsigned long long int
u U	unsigned int unsigned long int unsigned long long int	unsigned int unsigned long int unsigned long long int
l L	long int long long int	long int unsigned long int long long int unsigned long long int
ul Ul uL UL lu lU Lu LU	unsigned long int unsigned long long int	unsigned long int unsigned long long int
ll LL（lLやLlは不正）	long long int	long long int unsigned long long int
ull Ull uLL ULL llu llU LLu LLU	unsigned long long int	unsigned long long int

64

● 浮動小数点数リテラル

浮動小数点数リテラルは、浮動小数点数を表すリテラルです。

▶ 10進数

浮動小数点数リテラルの10進数表記は、整数部、小数点、小数部から構成されます。

オプションeもしくはEに続けて、符号付きの整数指数を付けられます。また、整数リテラルと同様、型にサフィックスが付くこともあります。

以下の表記はすべて、12.34を表す浮動小数点数リテラルです。

```
12.34
123.4e-1
1.234e+1
```

整数部もしくは小数部を省略した記述もできます。以下の例はそれぞれ0.1234、1234.0を表します。

```
.1234
1234.
```

型はfloatもしくはlong doubleを指定できます。

▼ 浮動小数点数リテラルのサフィックス

サフィックス	型
fもしくはF	float
lもしくはL	long double

型指定のない浮動小数点数リテラルの型は、doubleになります。

▶ 16進数　C++17

浮動小数点数リテラルの16進数表記は、0xプレフィックスを付けたあとに16進数で数値を記述します。

そのあと、pもしくはPに続けて、符号付きの指数を10進数で付けます。10進数リテラルと違い、16進数リテラルでは指数の指定が必須となります。

以下は、doubleにおける「正の正規化数のうち最小値」を表す値を、10進数と16進数それぞれで記載した例です。

2 基本文法

```
2.22507e-308 // 10進数
0x1.0p-1022  // 16進数
```

● 数値リテラルの桁区切り文字　C++14

　整数リテラル、および浮動小数点数リテラルは、'(シングルクォート)によって桁区切りを表現できます。

　日本円は3桁区切りなので、100万円を「1,000,000円」と表現します。これを桁区切り文字を用いて表現すると「1'000'000」となります。

　桁区切り文字は、読みやすさを向上するためにあります。値への影響はありません。

```
int a = 1'000;            // 10進数リテラル
int b = 0b1000'1000;      // 2進数リテラル(4桁区切りすると読みやすい)
double c = 1'000.123'45; // 浮動小数点数リテラル
```

● 文字リテラル

　文字リテラルは1文字を表現するためのリテラルです。文字リテラルにも、オプションで文字リテラルの型を表すプレフィックスが付けられます。その型で表現可能な1文字を'(シングルクォート)で囲むと、1文字を表す定数になります。

　文字リテラル内で、特定のコントロール文字やシングルクォートやダブルクォートを表現するには、エスケープシーケンスを用います。

▼ エスケープシーケンス

文字	エスケープシーケンス
改行	\n
水平タブ	\t
垂直タブ	\v
バックスペース	\b
改行復帰	\r
改ページ	\f
ビープ	\a
バックスラッシュ	\\
クエスチョンマーク	\?
シングルクォート	\'
ダブルクォート	\"
8進数値	\ooo
16進数値	\xhhh

エスケープ\oooは、文字リテラルで指定する文字を、\に続けて1～3文字の8進数で表します。

エスケープ\xhhhは、文字リテラルで指定する文字を、\xに続けて1文字以上の16進数で表します。

8進数もしくは16進数で表される文字が、文字コードの範囲を超えた場合の処理は、実装定義です。

前述のとおり、文字リテラルでは、プレフィックスにより文字リテラルの型を指定できます。プレフィックスの表す文字の型は以下のとおりです。

▼ プレフィックスの表す文字リテラルの種別

プレフィックス	文字種別	文字の型
なし	実行環境の文字	char
u8	UTF-8	char（C++17以前）
u8	UTF-8	char8_t（C++20以降）
u	UTF-16	char16_t
U	UTF-32	char32_t
L	実行環境のワイド文字	wchar_t

文字リテラルの例を以下に示します。

```
'a'; // 英小文字のa
'Z'; // 英大文字のZ
'\n'; // 改行文字
'\101'; // 8進数で101、10進数で65、ASCIIならA
'\x41'; // 16進数で41、10進数で65、ASCIIならA
```

● 文字列リテラル

文字列リテラルは、複数の文字の並びからなる、文字列を表すためのリテラルです。

文字列リテラルも文字リテラルと同様に、文字列リテラルの型を表すプレフィックスが使用できます。その型で表現可能な文字の並びを"（ダブルクォート）で囲んだものは文字列を表す定数になります。

▼ プレフィックスの表す文字列リテラルの種別

プレフィックス	文字種別	文字列の型
なし	実行環境の文字	const char の配列
u8	UTF-8	const char の配列（C++17以前）
u8	UTF-8	const char8_t の配列（C++20以降）
u	UTF-16	const char16_t の配列
U	UTF-32	const char32_t の配列
L	実行環境のワイド文字	const wchar_t の配列

　また、文字列リテラルは、連続する複数の文字列リテラルを連結して1つの文字列リテラルとして扱います。たとえば以下の2つの式は、同じ結果となります。

```
const char* str1 = "abcdef";
const char* str2 = "abc" "def"; // "abcdef"となる
```

　プレフィックスにより、指定される文字列の型が異なる文字列を連結する場合、片方がプレフィックスなしで、片方がプレフィックスありなら、プレフィックスで修飾されている型の文字列になります。たとえば以下の式の結果は、char16_t となります。

```
u"abc" "def";
```

　異なるプレフィックスを持つ文字列同士を連結する場合、UTF-8プレフィックスを持つ文字列とワイド文字列の組み合わせは不適格となります。それ以外の組み合わせは、実装定義となります。

　連結する文字列では、それぞれの内容が維持されます。たとえば "\x4" と "1" を連結した場合、'\x4' と '1' を含む文字列となり、"\x41" すなわち "A"（ASCIIキャラクタセットの場合）とはなりません。

● 生文字列リテラル　`C++11`

　生文字列リテラルは文字列リテラルの一種ですが、その名のとおり、「書いたまま」の文字列を文字列リテラルの内容とみなします。書式は以下のとおりです。

R"デリミター(文字列)デリミター"

　つまり、生文字列リテラルでは（文字列）の部分に記述された文字列が、コントロール文字やダブルクォートも含め、そのまま文字列として扱われます。たとえば、以下の2つの文字列は同じ文字列となります。

```
const char* string_literal = "abc\n\"def\"";
const char* raw_string_literal = R"delimiter(abc ⏎
"def")delimiter";
```

　さらに、この生文字列リテラルは、以下のようにデリミターを省略できます。

```
const char* raw_string_literal = R"(abc ⏎
"def")";
```

　生文字列リテラルにも、文字リテラルや文字列リテラルと同じオプションで、生文字列リテラルの型を表すプレフィックスが付けられます。

```
uR"(abc ⏎
def)"; // UTF-16文字列

RU"(abc ⏎
def)"; // エラー：プレフィックスがまちがっている
```

COLUMN

生文字リテラルのデリミター

上記の例のとおり、生文字列リテラルではデリミターを省略できますが、文字列中に「)"」を含む場合は、デリミターが必要です。

```
const char* raw_string_literal = R"(need delimiter)")";
```

この場合、デリミターを指定していないので、先の「)"」が文字列終端と解釈され、コンパイルエラーになります。

また、生文字列リテラルではエスケープシーケンスが使用できないため、「)\"」と表記しても、その表記のまま「)\"」が文字列の内容として扱われます。

◉ 論理値リテラル

　論理値リテラルは、bool型の値を表すリテラルです。

　trueとfalseのキーワードで、論理値の真／偽を表す定数になります。

◉ ポインタリテラル　C++11

　ポインタリテラルは、std::nullptr_t型の値を表すリテラルです。

　nullptrキーワードで、無効なポインタ値（ヌルポインタ）を表す定数になります。

nullptr の型

std::nullptr_tは特殊な型で、値はヌルポインタ定数となり、ポインタ型やメンバへの
ポインタ型へ変換できます。

● ユーザー定義リテラル C++11

ユーザー定義リテラルは、_(アンダースコア)で始まる任意の名前をリテラルの
サフィックスとして与えることで、リテラル値に対してユーザーの定義した演算を
適用する機能です(_で始まらないリテラルサフィックスは、将来のために予約され
ています)。

ユーザー定義リテラルは、以下のように、演算子オーバーロード(参照 P.113 本
章「オーバーロード」節の「演算子オーバーロード」)の形で定義します。

<型> operator "" <名前>(仮引数);

C++11では ""と名前の間には、必ず空白が必要です。C++14以降では空白は
必要ありません。

リテラル演算子の仮引数は、次の組み合わせのいずれかです。

▼ リテラル演算子の仮引数

仮引数	受け取るリテラル
const char*	数値
unsigned long long int	整数
long double	浮動小数点数
char	文字
char8_t	UTF-8文字 C++20
char16_t	UTF-16文字
char32_t	UTF-32文字
wchar_t	ワイド文字
const char*, std::size_t	文字列
const char8_t*, std::size_t	UTF-8文字列 C++20
const char16_t*, std::size_t	UTF-16文字列
const char32_t*, std::size_t	UTF-32文字列
const wchar_t*, std::size_t	ワイド文字列

ユーザー定義リテラルを用いると、ユーザーがリテラルに対して任意の演算を適
用できます。たとえばキロメートル値をメートル値に変換するユーザー定義リテラ
ルの例を以下に示します。

```
unsigned long long operator "" _km(unsigned long long value) {
  return value * 1000;
}

// 使用例
const int distance = 100_km; // distanceの値は100000
```

右辺値参照とムーブセマンティクス C++11

● 右辺値参照とは

C++03までは「コピー」という概念でデータが管理されていました。通常「a = b;」という式は「bをaにコピーする」という意味を持ちます。このとき、aとbは同じデータを異なる領域に持ちます。これは小さいデータの場合には問題になりにくいですが、大きなデータを扱う場合に、コピーコストと、同じデータが2つできてしまうことが問題となります。

この問題に対処するには、C++11から追加されたムーブセマンティクスという概念と、その言語機能である右辺値参照を使用します。

たとえば、以下のケースを考えてみましょう。

```
vector<X> make_data() {
  vector<X> v;
  …大量のデータを追加する…
  return v;
}

vector<X> v = make_data();
```

ここでは、大きな要素数を持つ可変長配列オブジェクトを、関数のreturn文で返し、それを新たな可変長配列オブジェクトで受け取っています。

その際、make_data()関数が返すオブジェクトからオブジェクトvへのコピーが発生します。make_data()関数によって返されたオブジェクトは、その関数が評価されたあとは消えてしまうことから、一時オブジェクトと呼ばれます。

C++11から追加された機能である右辺値参照は、一時オブジェクトを参照する機能です。C++11のstd::vectorクラスでは、一時オブジェクトを参照するコンストラクタが追加されています。以下に、擬似実装を紹介します。

```
template <class T, class Allocator=allocator<T>>
class vector {
  T* data_;
  size_t size_;
public:
  ...
  // 一時オブジェクトを参照するコンストラクタ
  vector(vector&& x) {
    data_ = x.data_;
    size_ = x.size_;
```

```
    x.data_ = nullptr;
    x.size_ = 0;
  }

  // これまで通りのコピーコンストラクタ
  vector(const vector& x) {
    // xのコピーを生成する…
  }
};
```

　一時オブジェクトを参照する右辺値参照には、&&という記号を使用します。&&が付いた仮引数を受け取る関数は、その型の一時オブジェクトを受け取ります。一時オブジェクトは、評価されたらすぐに破棄されるので、多くの場面で破壊しても構わないものとして扱えます。

　std::vector クラスの、右辺値参照を受け取るコンストラクタでは、一時オブジェクトが持つデータ(可変長配列を表すポインタ、サイズ、その他のデータ)を*thisにつなぎ変えたあと、一時オブジェクトが持つデータを無効にしています。こうすることで、大きなデータのコピーコストを気にすることなく扱えます。

● move()関数

　<utility>ヘッダでは、オブジェクトをムーブするための機能として、std::move()関数が定義されています。この関数は、オブジェクトを一時オブジェクトに変換し、右辺値参照をとる関数が呼ばれるようにします。

```
vector<X> v1;
vector<X> v2 = move(v1); // v1をv2にムーブする
```

　前述の一時オブジェクトを受け取るコンストラクタで示したように、ムーブ後のv1オブジェクトは無効になります。

● ムーブコンストラクタとムーブ代入演算子

　自身の型の右辺値参照を仮引数にとるコンストラクタをムーブコンストラクタと呼びます。同様に、右辺値参照を仮引数にとる代入演算子をムーブ代入演算子と呼びます。

　これらの関数は、コピーコンストラクタとコピー代入演算子と同様、暗黙的に定義されます(参照 P.98 本章「メンバ変数／メンバ関数／メンバ型」節の「コピーコンストラクタと代入演算子」)。

```
class X {
  vector<int> data_;
  string str_;
public:
  ...

  // 暗黙に定義されるムーブコンストラクタ
  X(X&& x)
      : data_(move(x.data_)),
        str_(move(x.str_)) {}

  // 暗黙に定義されるムーブ代入演算子
  X& operator=(X&& x) {
    data_ = move(x.data_);
    str_ = move(x.str_);
    return *this;
  }
};
```

文（ステートメント）

文は、プログラムの動作の定義と制御を行います。

○ 式と式文

式は、リテラル（ 参照 P.63 本章「リテラル」節）、名前、演算子などの組み合わせで構成され、値の計算、関数呼び出し、値の代入などを行います。式文は式とセミコロンで構成されます。

```
式;
```

以下に式文の例を示します。

```
// 式文で使用する関数の宣言
int func(int v);

int a, b; // 式文で使用する変数の宣言
// 式文の例
a = 12 + 34; // 式文
b = func(a); // 実引数aでfunc()関数を呼び出した結果をbに代入する式文

func(b); // 実引数bでfunc()関数を呼び出す式文。結果は破棄される
```

式文では、式を省略できます。式を持たない式文、つまり、セミコロンのみの式文をヌル文と呼びます。

```
; // ヌル文
```

○ 複合文

複合文（ブロック文）は、プログラムの任意の領域を{}で囲むことにより、変数のスコープ（ 参照 P.82 本章「スコープ」節）を作ります。

ブロック内で宣言されたオブジェクト、プロトタイプ、型定義は、ブロック内のみで有効です。オブジェクトは、ブロックから出ると破棄されます。

○ return文

関数から呼び出し元へ制御を戻します。

たとえば、int型の仮引数を1つ取り、その値が負数であれば何も処理をせずfalseを戻り値とし、負数でなければ何らかの処理を行ったあとに呼び出し元へ戻る関数

func()は、以下のように記述できます。

```
bool func(int value) {
  if (value < 0) {
    return false;
  }

  // 何かの処理

  return true;
}
```

　戻り値の型がvoid以外の関数から呼び出し元へ戻る場合、main()関数を除き、return文が記述されていない場合の結果は未定義です。main()関数に限り、return文がない場合には、return 0;があるものとみなされます。

　戻り値の型がvoidの関数からreturn文で呼び出し元へ戻る場合、戻り値を書かずに、return文を記述します。ただし、戻り値がvoid型の関数から戻り値がvoid型の関数を呼び出し、その戻り値を返す（実際には何も返らない）場合、以下のように記述できます。

```
void subVoidFunc() {}
void voidFunc() {
  return subVoidFunc(); // 戻り値がvoid型の関数を呼び出す
}
```

if文

　ある条件が成立する場合のみ行いたい処理があるとき、以下のようにif文を使えば処理を分岐できます。

```
if (条件式)
  // 条件成立時の処理
```

　条件式には、bool値に変換可能な型の変数宣言と初期化も記述できます（ 参照 P.188 第3章「関数の失敗を無効な値として表す」節）。

　条件成立時と不成立時で処理を分けたい場合は、else節を用いて、以下のように記述できます。

```
if (条件式)
  // 条件成立時の処理
```

```
else
   // 条件不成立時の処理
```

条件成立時、条件不成立時の処理は、それぞれ複合文を用いて、複数記述できます。

```
if (条件式) {
   // 条件成立時の処理
}
else {
   // 条件不成立時の処理
}
```

● 初期化をともなうif文 C++17

if文では、条件式と文の中で使用する変数を定義できます。

```
if (初期化式; 条件式)
```

これを使用して、関数の戻り値を条件式で使用して、文の中でも使用する、というような記述ができます。

```
int f();
void g(int x);

// 変数xを関数f()の戻り値で初期化し、
// xの値が0以外であれば条件成立とする
if (int x = f(); x != 0) {
   // 条件成立時の処理。
   // ここでも変数xを使用できる
   g(x);
}
```

● switch文

与えられた条件の結果により処理を分岐する場合は、switch文を使います。条件の結果は、整数型もしくは列挙型でなければなりません。
以下が書式です。caseには定数式を与えます。

```
switch (条件) {
case 定数式1:
   // 条件の結果が定数式1と一致する場合の処理
```

```
case 定数式2:
  // 条件の結果が定数式2と一致する場合の処理

default:
}
```

defaultは、どのcaseにもあてはまらない場合に実行されます。

条件の結果がいずれのcaseにも一致しない場合、defaultへ分岐します。default
がなければ、switch文の中に書かれた処理は何も実行されません。

caseもしくはdefaultに分岐された処理は、後述するbreak文がなければ、続け
て次のcaseまたはdefaultの処理を実行します。

● 初期化をともなうswitch文　C++17

if文と同じように、switch文でも初期化式と条件を分けられます。

```
switch (初期化式; 条件)
```

これを使用して、関数の戻り値を条件の値として指定し、switch文の中でその値
を参照する、というような記述ができます。

```
int f();
void g(int x);

// 変数xを関数f()の戻り値で初期化し、
// switch文の条件として変数xの値を使用する
switch (int x = f(); x) {
  case 0:
    ...
    break;

  // 条件に合致しなかった場合に、
  // 条件値xを使用して何かをする
  default:
    g(x);
    break;
}
```

● while文

while文は、与えられた条件式が成立している間、処理の実行を繰り返します。

書式を以下に示します。

```
while (条件式) 処理
```

● do-while 文

do-while文は、処理のあとで条件式を判定し、条件式が成立している間、処理の実行を繰り返します。書式を以下に示します。

```
do 処理 while (条件式);
```

● for 文

for文は、初期化式、条件式、式を与えてループ処理を行います。初期化式には、式文もしくは宣言を記述できます。

for文では、最初に一度だけ初期化式が実行され、次に条件式が評価されます。条件式が成立している間、処理の実行と式の評価が行われます。

for文の書式を以下に示します。

```
for (初期化式; 条件式; 式) 処理
```

● 範囲 for 文　　C++11

範囲for文は配列やコンテナの全要素を列挙します。範囲for文の書式を以下に示します。

```
for (要素 : 配列もしくはコンテナ) 処理
```

たとえば、std::vector<int>のオブジェクトvecの中身すべてを標準出力に表示したいとき、for文で記述すると以下のようになります。

```
for (vector<int>::iterator it = vec.begin(), end = vec.end(); it != end;
++it)
  cout << *it << endl;
```

これを範囲for文で記述すると、以下のようになります。

```
for (int val : vec)
  cout << val << endl;
```

このように、範囲for文は、配列やコンテナの中身すべてに対して処理を行う場

合に便利です。

範囲 for 文は、配列もしくは以下のいずれかの条件を満たすクラスに対して使用できます。

- 標準ライブラリのコンテナのように、**begin()** と **end()** メンバ関数を持つ
- **begin()** および **end()** 非メンバ関数が適用できる（ 参照 P.161 本章「名前空間」節の「実引数依存の名前探索」）

なお、配列以外のオブジェクトに対して範囲 for 文を適用する場合、begin() および end() の返すオブジェクトは、operator *() メンバ関数および operator ++() メンバ関数を持っていなければなりません。

参照 P.427 第7章「コンテナの要素すべてに対して指定した処理を行う」

初期化をともなう範囲 for 文 `C++20`

範囲 for 文では、配列もしくはコンテナの記述箇所と文の中で使用する変数を定義できます。

```
for (初期化式; 要素 : 配列もしくはコンテナ) 処理
```

これを使用して、現在処理している要素のインデックスを数えつつ、配列もしくはコンテナの中身すべてに対して処理を行う、というような記述ができます。

```
for (int i = 0; int val : vec) {
  cout << i << ": " << val << endl;
  ++i;
}
```

break 文

break 文は、switch 文、while 文、do-while 文、for 文および範囲 for 文において処理を中断し、文の外へ処理を移行します。

文が入れ子になっている場合は、最も内側の文の外に出るだけです。

continue 文

continue 文は、while 文、do-while 文、for 文および範囲 for 文において、現在の処理を中断し、次の条件でループを継続します。

文が入れ子になっている場合、最も内側の文を継続します。

● try ブロック

try ブロックは、例外処理を行います。try ブロックの構文は以下のとおりです。

```
try 複合文
catch(例外宣言) 複合文
```

try 節の複合文の中で例外が送出されると、その例外に対応した catch 節の複合文が処理されます。try ブロックと例外処理に関するくわしい説明は第3章(参照 P.177「例外クラスを使い分ける」節)を参照してください。

スコープ

スコープは、変数、関数、型定義などの有効範囲です。

プログラム中で参照される名前の解決は、スコープの範囲内で行われます。また、オブジェクトの生存期間も、そのオブジェクトが属するスコープの中となります。

グローバルスコープと、文の中で宣言されたオブジェクトを除き、スコープ範囲は{}で囲まれたブロックとなり、入れ子にできます。入れ子にした場合、その外側のブロックも有効範囲になります。

● グローバルスコープ

グローバルスコープは、スコープ解決演算子を使用せずに、プログラム全体からアクセスできます。

グローバルスコープに所属するオブジェクトは、どの名前空間、関数、クラスにも所属していないものです。

たとえば、以下の例の変数valueは、グローバルスコープに配置されています。

```
#include <iostream> // プログラムファイルの先頭行

int value = 42; // グローバルスコープのオブジェクト

int main() {
  cout << value << endl; // グローバルスコープのオブジェクトに
                         // アクセスしている
}
```

● 名前空間スコープ

名前空間に所属するオブジェクトは、同じ名前空間からスコープ解決演算子による修飾なしでアクセスできます。入れ子にした名前空間では、自分が属する名前空間およびその外側の名前空間は修飾なしで参照できます。

名前空間スコープの例を以下に示します。

```
namespace NS1 {
  int value1 = 1;
  namespace NS2 {
    int value2 = 2;
    int func() {
      return value1 + value2; // value1／value2ともに見えている
    }
  }
```

```
  int func() {
    // value2を参照するにはスコープ解決演算子を使う必要がある
    return value1 * NS2::value2;
  }
}
```

名前空間スコープで宣言された静的オブジェクトの生存期間は、グローバルス
コープオブジェクトと同じく、プログラム終了までです。

● 関数スコープ

関数内で宣言されたオブジェクトやクラスは、関数の最後まで有効です。オブ
ジェクトは、staticでない限り、関数終了時に破棄されます。

以下の例のように、関数内で宣言されているオブジェクトは、関数スコープに属
します。

```
void func() {
  int value; // この変数はfuncの中でしか見えない
}
```

また、変数には記憶クラスという変数の保存の仕方を指定できます。変数に記憶
クラスを指定しなければ、スコープの終了時に破棄されます。

変数の記憶クラスとして静的記憶クラスを意味するstaticを指定した場合は、そ
の変数定義時に一度だけ初期化され、プログラム終了時まで変数が有効になります。
また、特殊な例として、文字列リテラルは特に指定をしなくても静的記憶クラスを
持ちます。

```
int g() { /* 重い計算… */ }
void f() {
  static int value = g(); // 最初にここを通ったときだけ関数g()が呼ばれる
  ++value; // 関数f()が呼ばれるたびにvalueの値が増加していく
}
```

static変数の実行時初期化はスレッドセーフです。

記憶クラスにはもうひとつ、スレッドごとに値を持ち、スレッド終了時に破棄さ
れるthread_local記憶クラス(参照 P.542 第8章「スレッドローカル変数を使用する」節)
があります。

● ブロックスコープ

{}で囲ったブロックでは、そのブロック内がスコープになります。ブロックス

コープは、文と関係なく作成できます。

ブロックスコープで宣言したオブジェクトは通常、ブロックの終了時に破棄されます。

```
if (true) {
  int value = 3; // この変数はこのブロックの中でしか見えない
} // valueはここで破棄される
```

● クラススコープ

クラススコープは、クラス内で有効なスコープです。クラススコープに属するメンバは、同じクラス内の初期化式や関数から参照できます。

以下にクラススコープの例を示します。

```
struct S {
  const char* value = "Class S";
  decltype(value) getValue() const {
    return value; // S::valueが返る
  }
};
```

ほかのスコープでは後方参照による名前解決は行われませんが、クラススコープでは後方参照が有効です。

```
{
  cout << sizeof(a) << endl; // ブロックスコープではaを後方参照できないため、
                             // コンパイルエラー
  int a;
}

class C {
public:
  C() {
    cout << sizeof(a) << endl; // クラススコープでは後方参照できるため、
                               // エラーとならない
  }

private:
  int a;
};
```

● スコープとオブジェクトの隠蔽

関数スコープ、ブロックスコープ、クラススコープで宣言されたオブジェクトは、以下のオブジェクトを隠蔽します。

- グローバルスコープのオブジェクト
- 同じ名前空間に属するオブジェクト
- 同じ名前空間に属するオブジェクトの外側のブロックで宣言されている同名のオブジェクト

隠蔽されたグローバルスコープのオブジェクトや、名前空間に属するオブジェクトを参照したい場合は、スコープ解決演算子「::」を使用します。スコープ解決演算子の使用例を以下に示します。

```
namespace NS {
  int a;
}
```

```
NS::a = 10; // 名前空間NSで宣言されているaにアクセス
```

関数

関数は、与えられた実引数に対する処理の結果を返します。

● 関数宣言と定義

関数宣言は、関数の戻り値の型、関数名、仮引数リスト、オプションの例外仕様
(参照 P.180 第3章「例外を送出しないことを明示する」節)で構成されます。

また、関数宣言のことをプロトタイプ宣言とも呼びます。

```
戻り値の型 関数名(仮引数リスト);
```

たとえば、int型の仮引数xとnを受け取り、累乗を計算し、結果をint型で返す
関数power()の宣言の例を以下に示します。

```
int power(int x, int n);
```

関数宣言を行うことで、その関数をプログラム中で使用できます。

なお、関数宣言と定義は同時に行えますが、複数のソースファイルからプログラ
ムが構成され、その関数が複数のソースファイルから呼び出される場合、一般的に
はヘッダファイルで関数宣言を行い、関数定義をソースファイルで行うスタイルが
用いられます。

このpower()関数の定義の例を以下に示します。

```
int power(int x, int n) {
  int ret = 1;
  for (int i = 0; i < n; ++i) ret *= x;
  return ret;
}
```

また、以下のような形式の関数宣言も行えます(C++11以降)。

```
auto 関数名(仮引数リスト) -> 戻り値の型;
```

先のpower()関数をこの書式で書くと、以下のようになります。

```
auto power(int x, int n) -> int;  // powerの関数宣言
auto power(int x, int n) -> int { // powerの関数定義
  int ret = 1;
  for (int i = 0; i < n; ++i) ret *= x;
```

```
  return ret;
}
```

関数は、呼び出される前に必ず宣言されていなければなりません。

なお、その関数が翻訳単位内で定義までに使用されていなければ、定義が宣言を兼ねます。

● 戻り値の型

関数は、1つのオブジェクトを戻り値として、呼び出し元へ返せます。

戻り値の型は、その呼び出し元へ返すオブジェクトの型です。戻り値の型は、cv修飾やポインタや参照を含みます。

戻り値のない関数も作成できます。関数が値を何も返さない場合は、それを指示するvoid型を使用します。

```
void 関数名(仮引数リスト);
```

● 仮引数

関数は、0個以上の仮引数を持ちます。

仮引数が0個、すなわち仮引数のない関数は、以下のように仮引数リストを省略するか、voidと記述します。C言語からも呼び出される関数(リンケージ(参照 P.89 本節「リンケージ指定」)がextern "C"の関数)では、ヘッダファイル内でvoidを使用した宣言を用います(C言語は、仮引数リストを省略すると、関数の実引数の数および型が不明であると解釈します)。

```
戻り値の型 関数名();
戻り値の型 関数名(void);
```

複数の仮引数はカンマで区切られ、各仮引数は以下の書式で定義されます。

```
型 仮引数名 (= デフォルト実引数)
```

デフォルト実引数は、実引数が省略された場合に使用される値です。

power()関数の指数nのデフォルト値を2にしたい場合は、以下のように宣言します。

```
int power(int x, int n = 2);
```

デフォルト値は、複数の仮引数に対して宣言できます。しかし、その後ろの仮引数がデフォルト実引数を持っていない仮引数は、デフォルト実引数を持てません。また、デフォルト実引数はあとから追加できます。

```cpp
void func1(int a, int b = 1); // OK bのデフォルト実引数は1
void func2(int a = 2, int b)  // エラー！ aより後ろの仮引数bが、
                              //           デフォルト実引数を持っていない
void func3(int a, int b = 3); // OK bのデフォルト実引数は3
void func3(int a = 4, int b); // OK aのデフォルト実引数は4、
                              //     bのデフォルト実引数は3
void func3(int a, int b = 5); // エラー！ デフォルト実引数の変更はできない
```

● 戻り値型の推論 `C++14`

関数は、戻り値の型に auto もしくは decltype(auto) を記述することで、戻り値の型を return 文から推論できます。

```cpp
auto f() { return 1; }
decltype(auto) g() { return 1; }
```

この場合、f() と g() どちらの関数も、仮引数をとらず、int を返す関数であると推論されます。

decltype(auto) は、参照を返したい場合に使用します。

```cpp
int value = 3;
int& ref = value;

auto f() { return ref; }
decltype(auto) g() { return ref; }
```

この場合、f() は int を返す関数になりますが、g() は int& を返す関数であると推論されます。decltype(auto) の関数で非参照の変数を返した場合は、参照ではなく値が返ります。

戻り値型を推論する関数は、宣言と定義を分けることもできます。その場合、その関数を使用するには定義が見えている必要があります。

そのほか、再帰も許可されています。仮想関数に対して、この構文は使用できません。

● リンケージ指定

実行可能プログラムは、1つ以上の翻訳単位を結合(リンク)して作られます。翻訳単位に含まれる変数や関数の名前は、その一意性を表すリンケージを持っています。

関数であれば、以下のようにリンケージが指定されます。

[リンケージ指定] 戻り値の型 関数名(仮引数リスト);

[リンケージ指定] 変数の型 変数名;

リンケージ指定には、以下の2種類があります。

● extern ["C","C++"] ⇒ 外部リンケージを持つ
● static   ⇒ 内部リンケージを持つ

外部リンケージと内部リンケージの違いは、「その名前を別の翻訳単位から参照できるかどうか」になります。外部リンケージを持っていれば、ほかの翻訳単位から参照できますが、内部リンケージを持っていれば同じ翻訳単位からのみ参照可能であり、ほかの翻訳単位から参照できません。

リンケージ指定がない場合、その名前を別の翻訳単位から参照できません。

また、外部リンケージは、リンケージの言語を指定できます。"C"であればC言語のリンケージを、"C++"であればC++のリンケージを持ちます。

リンケージの言語が指定されないときは、C++のリンケージが使用されます。C言語、C++以外の言語のリンケージのサポートは実装依存です。

● インライン指定

inline指定子で関数をインライン関数に指定できます。インライン関数は、可能であれば呼び出した場所で関数がインライン展開されるため、関数呼び出しのオーバーヘッドがなくなります。ただし、実行コードサイズが大きくなってしまう問題も持ち合わせます。書式は以下のとおりです。

inline 戻り値の型 関数名(仮引数リスト);

inlineは省略できます。省略した場合は、非インライン関数とみなされますが、コンパイラの最適化によってインライン展開される可能性があります。

● 関数の前方宣言

関数を呼び出すためには、その関数の宣言が事前に行われている必要があります。
ある関数の宣言が定義より先に行われていることを前方宣言と呼びます。

前方宣言の例を以下に示します。

```
void func1(int x);  // 前方宣言

void func2(int x)
{
  func1(x);  // 前方宣言が行われているので呼び出し可能
}
```

● main関数

main()関数は、グローバル名前空間に記述されるプログラムの最初に実行される
関数です。int型の値を戻り値とし、0個もしくは2個の仮引数を持つ以下のどちら
かの形式で記述します。inlineやstatic、constexprとしては宣言できません。

```
int main();
int main(int argc, char* argv[]);
```

2つの仮引数を持つmain関数の各仮引数の意味は、以下のとおりです。

● argc ⇒ コマンドライン引数の数
● argv ⇒ コマンドライン引数の文字列へのポインタを保持する配列
　（argv配列の0番目には、プログラムを表す文字列が入り、それ以降にユーザー
　指定の引数が入ります）

return文を実行せずにmain()関数を終了した場合、return 0; でmain()関数を終
了したものとみなされます。

クラス

● クラスと構造体の違い

クラスは、オブジェクト指向プログラミングを実現するために実装されました。クラスはメンバ変数とメンバ関数から構成され、オブジェクト指向プログラミングにおけるオブジェクトの型、すなわち種類を表します。

クラス（class）と構造体（struct）の違いは、デフォルトのアクセス指定子が、クラスではprivate、構造体ではpublicという点だけです。

したがって、クラスと構造体の使い分けの基準はプログラマの判断となりますが、以下のように使い分けられることが多いでしょう。

- クラス ⇒ オブジェクト指向におけるクラス
- 構造体 ⇒ データ構造の表現

● オブジェクト指向とカプセル化

オブジェクト指向とは、関連するデータと操作をまとめて1つのオブジェクトとしてとらえ、その相互作用でプログラムを構築する手法です。

C++では、クラスベースのオブジェクト指向プログラミング手法を提供しています。クラスベースのオブジェクト指向では、オブジェクトはクラスの実体（たとえばクラス型の変数）となります。クラスには、データを保存するためのメンバ変数と、操作を行うためのメンバ関数を定義できます。

プログラムでオブジェクトを使用する場合、そのオブジェクトに対して行いたい操作を提供している操作を知る必要はありますが、使用者が内部実装を意識する必要はありません。オブジェクトが公開する手続きしか利用できなくすることで、個々のオブジェクトの独立性が高まり、保守性や再利用性の向上が期待できます。このような手法をカプセル化と呼びます。

● 継承（is-A）と包含（has-A）

継承と包含とは、BがAとして振る舞うのであれば継承、BがAを含むのであれば包含となります。

クラスAの提供する機能がクラスBの一部である場合、クラスの設計方法には以下の2とおりが考えられます。

- クラスAを継承してクラスBを作る
- クラスAをメンバとして持つクラスBを作る

どちらの設計を選択すべきかは一概に言えませんが、クラスBがクラスAとして

も振る舞う必要があれば継承を選択し、クラスAがクラスBの機能を実現するために必要な機能の一部であるならば包含を選択すべきでしょう。

● クラスの前方宣言

　前方宣言とは、クラスの定義を行う前に宣言のみ記述することです。たとえば、2つのクラスでお互いのクラスのポインタや参照をメンバに持つ場合など、クラスが定義できない場合に利用します。

　クラスの前方宣言の例を以下に示します。

```
struct A;  // 前方宣言

struct B {
  A* a_;   // Aクラスの定義はまだないがAクラスのポインタの宣言ができる
};

struct A {
  int value_;
};
```

メンバ変数／メンバ関数／メンバ型

● クラスメンバ

クラスはメンバ変数、メンバ関数、およびメンバ型を持てます。メンバ変数は
データメンバ、メンバ関数はメソッドと呼ばれることもあります。

たとえば、アンケート結果を保存するためのクラスAnswerSheetを考えます。年
齢ごとの傾向を知りたいため、年齢を保存するためのメンバage、それに数値で保
存されるアンケート結果のanswerを持つものとします。

```
struct AnswerSheet {
  int age;
  int answer;
};
```

これでアンケート結果を保存するためのクラスAnswerSheetができました。

一人分のアンケート結果を作るためには、以下のようにAnswerSheet型の変数を
定義します。

```
// ageメンバ変数が値24、
// answerメンバ変数が値98で初期化される
AnswerSheet answer{24, 98};
```

アンケートを取る対象が100人いる場合、アンケート結果を保存する変数は配列
を用いて以下のように宣言できます。

```
AnswerSheet answers[100];
```

● メンバ変数

先のAnswerSheetクラスはageおよびanswerメンバを持っていました。これらは
メンバ変数です。

▶ 静的メンバ変数

static指定したメンバ変数は、静的メンバ変数となります。static指定されてい
ない非静的メンバ変数は、クラスオブジェクト単位で生成されます。一方、静的メ
ンバ変数は、生成されるクラスオブジェクトの数に関係なく、共有される実体を1
つだけ持ちます。

静的メンバ変数は、実体を別に定義する必要があります。通常、ヘッダファイル
ではなく、ソースファイルに定義を記述します。

```
struct S {
  static int v;
};

int S::v; // 実体を定義しなければならない
```

const指定された整数型およびenum型、さらにconstexpr(参照 P.134 本章「定数式」節)指定された任意の型の静的メンバは、クラスの宣言で初期化できます。

```
struct S {
  static const int v = 1;
};
```

なお、静的メンバ変数はmutable(参照 P.94 本節の「mutable指定子」)で宣言できません。

▶非静的メンバ変数の定義箇所での初期化 **C++11**

メンバ変数は以下のようにデフォルト値を持てます。クラスオブジェクトを作成した際に初期化コードを記述する手間が省けますし、未初期化オブジェクトによって予期せぬ動作が起きるバグの発生を防げます。

```
struct AnswerSheet {
  // クラスのデフォルト値は未初期化がわかる値にしておく
  int age = -1;
  int answer = -1;
};
```

▶mutable指定子

メンバ変数をmutable指定すると、クラスオブジェクトがconstであったとしても、メンバ変数を書き換えられます。mutableの使用例を以下に示します。

```
struct S {
  mutable int value = 0;
  void setValue(int v) const {
    value = v;  // const指定されたメンバ関数内でも、
                // mutableオブジェクトの書き換えは可能
  }
};

const S s;
```

```
s.setValue(42); // constオブジェクトの値の書き換えができる
```

● メンバ関数

クラスはそのメンバに関数を持てます。メンバ関数は、クラス内のメンバ変数お
よびメンバ関数へアクセスできます。通常、クラスは外部へのインタフェースとし
て、publicなメンバ関数を提供します。

メンバ関数の宣言は、クラス内で行われます。書式は以下のように非メンバ関数
と同じです。

戻り値の型 関数名(仮引数リスト) 《cv修飾子》 《参照修飾子》;

メンバ関数の定義は、宣言といっしょに行うことも、クラス定義の外で行うこと
もできます。以下にメンバ関数の定義を宣言とともに行う例と、宣言と定義を分け
て行う例を示します。

クラス定義の外でメンバ関数を定義する場合、通常、ヘッダファイルではなく
ソースファイルに記述します。

```
struct S {
  // メンバ関数の宣言と定義をいっしょに行う
  void func1() {
    // 何かの処理
  }

  // メンバ関数の宣言のみを行い、定義は別に行う
  void func2();
};

// S::func2関数の定義
void S::func2()
{
  // 何かの処理
}
```

戻り値の型、仮引数リストに関しては、非メンバ関数と変わりません。また非メ
ンバ関数と同じようにinline指定もできます。

メンバ関数では、静的メンバ関数指定子としてstatic、仮想関数指定子として
virtualを付けられます。ただし、staticとvirtualは一緒に指定できません。

さらに、静的メンバ関数でなければ、関数cv修飾子も付けられます。

各指定子と修飾子のあるメンバ関数宣言の例を以下に示します。

```
class TheClass {
  static  void staticFunction();  // 静的関数
  virtual void virtualFunction(); // 仮想関数
  void constFunction() const; // const修飾
};
```

　各指定子、修飾子を付けた場合のメンバ関数の説明はそれぞれの項を参照してください。const および volatile 修飾については、cv 修飾子の節を参照してください（ 参照 P.45 本章「cv 修飾子」節）。

　静的メンバ関数以外のメンバ関数は、自オブジェクトのアドレスを保持する this という名前のポインタを持ちます。

　this ポインタは、そのメンバ関数が cv 修飾されていれば、this ポインタも同じ cv 修飾をされたものとなります。

● 参照修飾子　 C++11

　メンバ関数には参照修飾子を付けられます。参照修飾子は、そのクラスオブジェクトが左辺値であるか右辺値（ 参照 P.72 本章「右辺値参照とムーブセマンティクス」節の「右辺値参照とは」）であるかによって、呼び出すメンバ関数を指定するために用いられます。

　以下に、参照修飾子を用いたメンバ関数オーバーロード（ 参照 P.112 本章「オーバーロード」節の「関数オーバーロード」）の例を示します。

```
struct S {
  void func() &;
  void func() &&;
};

S get() { return S(); }

S s;
s.func(); // func() & が呼ばれる
S().func();  // func() && が呼ばれる
get().func(); // func() && が呼ばれる
```

● コンストラクタ

　コンストラクタは、クラスオブジェクトを初期化するためのメンバ関数です。

　コンストラクタは、0個以上の仮引数を取る、クラス名と同じ名前のメンバ関数で、オブジェクトの生成時に呼び出されます。

　先の AnswerSheet クラスにコンストラクタを記述してオブジェクト生成時に age

とanswerに初期値-1を代入すると、以下のようになります。

```
struct AnswerSheet {
  int age;
  int answer;
  AnswerSheet() { // これがコンストラクタ
    age = -1;
    answer = -1;
  }
};
```

　コンストラクタでは専用の初期化構文があります。コンストラクタのあとに:(コロン)を記述し、関数本体の開始となる { までの間に、カンマ(,)区切りでメンバの初期化処理を記述します。

　先のコンストラクタを、この初期化構文で初期化するように書き換えると、以下のようになります。

```
struct AnswerSheet {
  int age;
  int answer;
  // 初期化構文を使用してメンバ変数を初期化
  AnswerSheet() : age{-1}, answer{-1} {}
};
```

▶ デフォルトコンストラクタ

　デフォルトコンストラクタは、仮引数を持たないコンストラクタです。AnswerSheetクラスのデフォルトコンストラクタ宣言は以下のようになります。

```
struct AnswerSheet {
  int age;
  int answer;
  AnswerSheet(); // デフォルトコンストラクタ
};
```

　デフォルトコンストラクタは、ユーザ定義のコンストラクタが1つもない場合、コンパイラが暗黙的に定義します。

● 変換コンストラクタ

　変換コンストラクタは、「1つの仮引数、もしくは2つ以上の仮引数を持つのであれば、2つ目以降の実引数にデフォルト実引数を持つ」コンストラクタです。変換コ

ンストラクタは、型の変換時に暗黙的に使用されます。変換コンストラクタの例を
以下に示します。

```
struct S {
  S(int) {}  // 変換コンストラクタ
  S(const char*, int = 0) {} // 変換コンストラクタ
};

S s1(1); // OK
S s2 = 2; // OK コンストラクタが暗黙的な型変換に使用される
S s3("hello"); // OK
S s4 = "hello"; // OK コンストラクタが暗黙的な型変換に使用される
```

◉ explicit コンストラクタ

explicit宣言されたコンストラクタは、暗黙的な型変換に使用されません。以下
に例を示します。

```
struct S {
  explicit S(int) {}
  S(const char*, int = 0) {}
};

S s1(1);        // OK
S s2{1};        // OK
S s3 = 2;       // エラー コンストラクタは暗黙的な型変換に使用されない
S s4{"hello"};  // OK
S s5("hello");  // OK
S s6 = "hello"; // OK コンストラクタが暗黙的な型変換に使用される
```

コンストラクタがexplicit宣言されている場合、=演算子でそのコンストラクタ
を呼び出すことができません。丸カッコもしくは波カッコによってコンストラクタ
を呼び出さなければなりません。explicitは、それが変換であることをユーザーに
明示させるために、変換コンストラクタにつけることになります。

◉ コピーコンストラクタと代入演算子

自クラス型への参照を実引数に持つコンストラクタをコピーコンストラクタと呼
びます。コピーコンストラクタの例を以下に示します。

```
struct S {
  int* value;
```

```
  S(const S& s) { // コピーコンストラクタ
    value = new int{*s.value};
  }
};
```

　クラスにコピーコンストラクタの宣言がない場合、コンパイラはコピーコンストラクタを暗黙的に定義します。

　コピーコンストラクタと同様に、クラスに代入演算子の宣言がない場合、コンパイラは代入演算子も暗黙的に定義します。

● ムーブコンストラクタとムーブ代入演算子

　ムーブコンストラクタとムーブ代入演算子に関しては、以下を参照してください。

参照 P.73 本章「右辺値参照とムーブセマンティクス」節の「ムーブコンストラクタとムーブ代入演算子」

▶ 委譲コンストラクタ　`C++11`

　コンストラクタから、同じクラスの別のコンストラクタを呼び出してオブジェクトの初期化を行えます。

　たとえばAnswerSheetクラスに、年齢のみを仮引数とするコンストラクタを追加し、年齢のみの仮引数のコンストラクタが呼ばれたときに、回答を5として初期化するなら、以下のようになります。

```
AnswerSheet(int age) : AnswerSheet{age, 5} {}
```

▶ 継承コンストラクタ　`C++11`

　継承コンストラクタは、派生クラスで基底クラスのコンストラクタをそのまま使用する場合に使用します。

　たとえば、基底クラスBaseにint型の仮引数を持つ変換コンストラクタが定義されていて、それらを派生クラスDerivedでも使用する場合の例を以下に示します。

```
struct Base {
  Base(int) {}
};

struct Derived : Base {
  using Base::Base; // 継承コンストラクタの宣言
};
```

```
Derived d1; // デフォルトコンストラクタでオブジェクト生成
Derived d2{1}; // 継承コンストラクタでオブジェクト生成
```

● リスト初期化 C++11

オブジェクト生成時に、{}による初期化ができます。これはリスト初期化と呼ばれ、コンストラクタにstd::initializer_list（ 参照 P.388 第7章「各コンテナの紹介」節の「initializer_list」）が渡されます。

標準ライブラリのコンテナは、このinitializer_listを受け取るコンストラクタが定義されています。たとえば、std::vector<int>のオブジェクトは、以下のように初期化できます。

```
// 以下の3つはリスト初期化
vector<int> v1( { 1, 2, 3 } );
vector<int> v2 = { 1, 2, 3 };
vector<int> v3{ 1, 2, 3 };
```

クラスにstd::initializer_listを受け取るコンストラクタが定義されていれば、上記のstd::vectorと同じようにリスト初期化を行えます。

リスト初期化できるクラスの例を以下に示します。

```
struct Sum {
  int result = 0;
  Sum(initializer_list<int> v) {
    // 初期化リストで渡された値の合計をresultへ保存
    for (auto i : v) {
      result += i;
    }
  }
};
```

● 指示付き初期化 C++20

次の条件を満たすクラスは、メンバ変数名を指示して初期化できます。

- メンバ変数がすべてpublicである
- ユーザー定義のコンストラクタを持たない
- 仮想関数を持たない

指示を省略したメンバはデフォルト初期化されます。メンバ名は宣言順通りに並べる必要があります。指示付き初期化を行う例を以下に示します。

```
struct Point { int x; int y; };
struct Line { Point start; Point end; };

Point point = {.x = 1, .y = 2};
Line line = {
  .start = point,
  .end = {.x = 10, .y = 10}
};
```

● デストラクタ

　デストラクタは、オブジェクトが破棄されるときに自動的に呼び出されるメンバ関数です。

　デストラクタは仮想関数にできます。基底クラスのデストラクタが仮想関数でない場合は、newで生成した派生クラスのオブジェクトを基底クラスのポインタ経由でdeleteによって破棄したときに、基底クラスのデストラクタのみが呼ばれ、派生クラスデストラクタは呼ばれません。基底クラスでデストラクタを仮想関数にすれば、正しく派生クラスのデストラクタも呼ばれるようになります。したがって、派生されることを意図しているクラスの場合は、デストラクタは仮想関数にすべきでしょう。

● 静的メンバ関数

　静的メンバ関数は、オブジェクトの状態に依存しないメンバ関数です。そのため、非静的メンバ関数と異なり、thisポインタを持ちません。したがって、静的メンバ関数からは、非静的メンバに直接アクセスできません。

　静的メンバ関数は、スコープ解決演算子を用いて、クラスオブジェクトを介さずに呼び出せます。

　静的メンバ関数の用途として、クラスに関係しているが、クラスオブジェクト経由で呼び出されることのない関数、たとえばクラスオブジェクトの生成関数に利用することが考えられます。

● 型変換演算子

　クラスには、クラス型をほかのオブジェクトへ変換するための、型変換演算子を定義できます。

　このメンバ関数は、ポインタ、参照、配列演算子を含む型の名前であり、非静的でなければなりません。関数型や配列型への型変換演算子は定義できません。以下に型変換演算子の例を示します。

　型変換演算子は、明示的なキャスト構文でも呼び出されます。

```
struct S {
  int value = 42;
  // 型変換演算子を定義
  operator int() const { return value; }
};

S s; // クラスオブジェクトを宣言
// 以下のような式で、型変換演算子が呼び出されます
// 明示的な型変換での呼び出し
int v1 = int{s};
int v2 = (int) s;
int v3 = static_cast<int>(s);
// 以下のように暗黙的な型変換でも呼び出されます
int v4 = s;
int v5 = s + 100;
```

explicit な型変換演算子 C++11

explicit宣言された型変換演算子は、暗黙的に型を変換しません。
通常の型変換演算子とexplicit宣言された型変換演算子の違いを以下に示します。

```
struct S1 {
  operator bool() const {
    return false;
  }
};

S1 s1;
bool a1{s1};         // OK：明示的な変換
bool a2 = bool{s1};  // OK：明示的な変換
bool a3 = s1;        // OK：暗黙的な変換


struct S2 {
  explicit operator bool() const { // explicitな型変換演算子
    return false;
  }
};

S2 s2;
bool b1{s2};         // OK：明示的な変換
bool b2 = bool{s2};  // OK：明示的な変換
bool b3 = s2;        // エラー：暗黙的な変換
```

● 暗黙定義される関数の default ／ delete 指定　`C++11`

▶ = default

クラスには暗黙的に作成されるメンバ関数があります。以下がそれに該当します。

- デフォルトコンストラクタ
- コピーコンストラクタ
- ムーブコンストラクタ
- コピー代入演算子
- ムーブ代入演算子
- デストラクタ

これらに対して、以下のように明示的にデフォルトのものを使う指定ができます。

```
struct S {
  S() = default;
};
```

　クラスにコンストラクタが1つも宣言されていない場合、デフォルトコンストラクタ、コピーコンストラクタ、およびムーブコンストラクタが暗黙的に生成されます。しかし、コンストラクタが1つでも宣言されると、それらは暗黙的に生成されなくなります。=defaultを用いることで、これらのメンバ関数を暗黙的に生成されたものと同じように生成できます。

▶ = delete

　=deleteは、コンパイラが暗黙的に生成する特殊なメンバ関数の削除を指定します。たとえば、コピーはできないがムーブ（ 参照 P.72 本章「右辺値参照とムーブセマンティクス」節）は可能なクラスは、以下のように定義します。

```
struct S {
  // コピーはできない
  S(const S&) = delete;
  S& operator=(const S&) = delete;

  // ムーブは可能
  S(S&& s) {
    …
  }

  S& operator=(S&& s) {
```

```
    ...
  }
};
```

=deleteは、特殊メンバ関数に対してだけではなく、通常の関数に対しても指定できます。その場合、delete指定された関数オーバーロードが呼び出されると、コンパイルエラーになります。

◎ メンバ型

メンバ型は、クラス固有の型です。メンバ型にはクラス内で定義されるクラスもしくは列挙型、さらに型の別名宣言があります。

▶ クラス内クラス

クラス内では、クラスを入れ子にして宣言できます。以下にクラス内クラスの例を示します。

```
struct Outer {
  int x;
  struct Inner {
    int y;
  };
};
```

Innerクラスは、Outerクラスに内包されています。

ここで注意すべきなのは、Outerクラスのオブジェクトを生成してもInnerクラスのオブジェクトは含まれない、つまり、Innerクラスのオブジェクトはどこにも生成されないということです。

この場合、Innerクラスは、名前空間で宣言されたクラスのように、Outerクラスおよびその派生クラスからスコープ修飾をせずにアクセスできるという利点があります。

▶ クラス内での型の別名宣言

クラスでは、任意の型をtypedefもしくはusing（ 参照 P.48 本章「型の別名宣言」節）によりメンバとして宣言できます。この宣言のスコープは、クラス内です。

```
struct S {
  typedef int value_type;
  value_type value;
};
```

クラス内typedefは標準ライブラリでよく利用されています。標準ライブラリのコンテナクラス、vectorやlistなどは、以下のように、コンテナの要素型をvalue_typeという別名で定義しています。そのため、プログラマはコンテナの種別を意識することなく、コンテナの要素型をvalue_typeで得られます。

```cpp
// vectorにおけるvalue_typeの宣言例
template <class T, class Allocator = allocator<T> >
class vector {
public:
  typedef T value_type;
};
```

● アクセス指定子

クラスメンバと、次節で解説する継承では、アクセス指定子によってアクセスレベルを制限できます。アクセス指定子には以下の3種類があります。

▼ アクセス指定子の意味

アクセス指定子	意味
public	アクセス制限なし
private	そのクラスのメンバのみアクセスできる
protected	そのクラスのメンバおよび派生クラスからアクセスできる

アクセスレベルは、アクセス指定子で指定された箇所から変更されます。各アクセス指定子は、クラス定義中に何度出てきてもかまいません。classのデフォルトアクセス指定子はprivate、structのデフォルトアクセス指定子はpublicです。

アクセス指定子の例を以下に示します。

```cpp
// クラスメンバのアクセス指定子
class Base {
private:
  int v1_;  // v1_はBaseクラスと、Baseクラスで
            // friend宣言されたクラスおよび関数からアクセス可能

protected:
  int v2;  // v2はBaseクラスとBaseクラスの派生クラスと、
           // Baseクラスでfriend宣言されたクラスおよび関数からアクセス可能

public:
  int v3;  // v3は制限なくアクセス可能
```

```
  void setV() {
    v1_ = 0; // 同じクラスのメンバ関数からはアクセス可能
  }
};

// 継承注2におけるアクセス指定子
// Baseクラスからpublic継承
class Derived : public Base {};

Derived d;
d.v3 = 0; // Baseクラスのメンバにアクセスできる

Base b = static_cast<Base>(d);    // Derivedのオブジェクトを、
                                  // Baseクラスへキャストできる
```

▶ friend

friendは、自クラス以外の関数やクラスにprivateメンバおよびprotectedメンバへのアクセスを許可します。

friend宣言の例を以下に示します。

```
class A {
  int value_ = 1;
  friend class B; // Bをfriendとして宣言
  friend void func(A&); // 関数funcをfriendとして宣言
};

class B {
  int getValue(const A& a) const {
    return a.value_; // Aのプライベートメンバへアクセスできる
  }
};

void func(A& a)
{
  a.value_ = 10; // Aのプライベートメンバへアクセスできる
}
```

注2　本章「継承」節（P.107）を参照。

継承

● 継承とは

継承とは、あるクラスが元となるクラスの特性を引き継いだうえで、特定の機能の挙動を変更したり、新たな機能を追加したりすることです。

個人クラスと、そのクラスから派生した社員クラスの定義例を以下に示します。

```cpp
// 個人クラス
class Person {
  string name_; // 氏名
  int age_;     // 年齢
public:
  Person(string n, int a) : name_{n}, age_{a} {}
  const string& getName() const { return name_; }
  int getAge() const { return age_; }
};

// Personクラスから継承したEmployeeクラスを宣言
class Employee : public Person {
  string jobType_;  // 職種
public:
  const string& getJobType() const { return jobType_; }
};
```

● 仮想関数とオーバーライド

仮想関数は、継承したクラスで挙動を書き換えられる関数です。

たとえば、以下のプログラムを考えてみましょう。

```cpp
struct Base {
  virtual ~Base() {}
  virtual void vf() const { cout << "Base::vf()\n"; }
  void nvf() const { cout << "Base::nvf()\n"; }
};

struct Derived1 : Base {
  void vf() const override { cout << "Derived1::vf()\n"; }
  void nvf() const { cout << "Derived1::nvf()\n"; }
};

struct Derived2 : Base {
```

```
  void vf() const override { cout << "Derived2::vf()\n"; }
  void nvf() const { cout << "Derived2::nvf()\n"; }
};

const Base& d1 = Derived1();
const Base& d2 = Derived2();
d1.vf();
d2.vf();
d1.nvf();
d2.nvf();
```

このプログラムの実行結果は、以下のようになります。

```
Derived1::vf()
Derived2::vf()
Base::nvf()
Base::nvf()
```

この例では、基底クラスにある仮想関数vfを、派生クラスであるDerived1および
Derived2で上書き(オーバーライド)しています。

COLUMN

仮想関数と非仮想関数の違いと多態性

オブジェクト指向プログラミングでは、異なる派生クラスのオブジェクトを、基底クラスの参照もしくはポインタ経由で操作することがよくあります。

そのような場合、メンバ関数が仮想関数でないと、実際のオブジェクトの型に関わらず、基底クラスのメンバ関数を呼び出してしまいます。

仮想関数であれば、オブジェクトの型に応じた適切なメンバ関数を呼び出せるため、型に応じた挙動を統一的な操作で行えます。

このように、同じ名前のメンバ関数の定義を、派生クラスで上書きすることで、オブジェクト指向プログラミングの特徴の1つである多態性を実現できます。

● override と final `C++11`

overrideキーワードは、仮想関数のオーバーライドを明示的に表します。override
指定されたメンバ関数が基底クラスに存在しない場合は、エラーとなります。

finalキーワードは、クラスの派生、もしくはメンバ関数のオーバーライドを禁
止します。

```
struct Base {
  virtual ~Base() {}
  virtual void f() {}
};

struct Derived final : Base { // これ以上継承させない
  void f() override {} // OK
//void g() override {} // エラー！仮想関数ではない
};

//struct Derived2 : Derived {}; //エラー！継承できない
};
```

overrideおよびfinalは、文脈依存のキーワードです。そのため、これらのキーワードは、変数名、関数名、型名などの識別子として使用できます。

● 純粋仮想関数と抽象クラス

純粋仮想関数は、基底クラスでは定義を持たない仮想関数です。=0(純粋指定子)を付けて宣言します。

```
struct Base {
  virtual ~Base() {}
  virtual void f() const = 0; // 純粋仮想関数の宣言
};
```

純粋仮想関数を持つクラスを抽象クラスと呼べます。抽象クラスのオブジェクトは生成できません。

抽象クラスは、そのクラスから派生されるクラスで定義しなければならない共通の処理を定義します。

抽象クラスを使用して、描画抽象クラスと、そのクラスから派生して四角形および楕円を描画するクラスを定義する例を以下に示します。

```
// 描画の抽象クラス
struct Shape {
  virtual ~Shape() {}
  virtual void draw(int x, int y, int width, int height) = 0;
};

// 四角形を描画するクラス
struct Box : Shape {
```

```
  void draw(int x, int y, int width, int height) override {
    // 四角形を描画する処理
  }
};

// 楕円を描画するクラス
struct Ellipse : Shape {
  void draw(int x, int y, int width, int height) override {
    // 楕円形を描画する処理
  }
};
```

● 多重継承

基底クラスを複数持つ継承を、多重継承と呼びます。

多重継承の宣言は、以下のように基底クラスをカンマ(,)区切りで指定して行います。

```
struct Base1 { void mf1() {} };
struct Base2 { void mf2() {} };
struct Derived : Base1, Base2 {};

Derived d;
d.mf1();
d.mf2();
```

多重継承をすることで、複数のクラスが持つそれぞれの機能を引き継いだクラスを定義できます。

これはときに便利ですが、それぞれの基本クラスが同じ名前のメンバを持っている場合の名前解決や、それぞれの基本クラスがさらに共通の基本クラスを持っている場合の解決など、複雑な問題が起きることがあります。

本書ではこの機能を、積極的には推奨しません。

関数オブジェクト

関数オブジェクトとは、オブジェクトの後ろに()演算子を記述できる、関数のように振る舞うオブジェクトのことで、以下のいずれかになります。

- 関数ポインタ
- `operator()`メンバ関数を持つクラスのオブジェクト
- 関数ポインタへの変換メンバ関数を持つクラスのオブジェクト

標準ライブラリでは、関数オブジェクトが多用されています。たとえば、`std::sort()`関数は、比較関数として関数オブジェクトを与えることで、オブジェクトを任意の順にソートできます。

`std::sort()`に関数オブジェクトを渡し、任意の順でソートする例を示します。

```cpp
struct S {
  int value1_;
  int value2_;
};

vector<S> s;

// Sのvalue1_を比較するクラス
struct comp1 {
  bool operator()(const S& l, const S& r) const {
    return l.value1_ < r.value1_;
  }
};

// Sのvalue2_を比較するクラス
struct comp2 {
  bool operator()(const S& l, const S& r) const {
    return l.value2_ < r.value2_;
  }
};

comp1 c1; // c1は関数オブジェクト
comp2 c2; // c2も関数オブジェクト

sort(s.begin(), s.end(), c1); // value1_の値でソート
sort(s.begin(), s.end(), c2); // value2_の値でソート
```

オーバーロード

同じ関数名、演算子に対し、複数の定義を行うことをオーバーロードまたは多重定義と呼びます。

● 関数オーバーロード

関数のオーバーロードは、同じ名前の関数を複数定義する機能を提供します。

関数オーバーロードは、非メンバ関数、メンバ関数、コンストラクタに対して行えます。

たとえば、累乗を計算するpower()関数に、整数用と浮動小数点数用の2つがあるとすれば、それらは以下のように宣言されるでしょう。

```
int power(int x, int n);
double power(double x, int n);
```

そして、そのpower()関数の定義は以下のようになるでしょう。

```
int power(int x, int n) {
  int ret = 1;
  for (int i = 0; i < n; ++i) ret *= x;
  return ret;
}

double power(double x, int n) {
  double ret = 1.0;
  for (int i = 0; i < n; ++i) ret *= x;
  return ret;
}
```

オーバーロードされた関数は、それぞれ異なる仮引数リストを持ちます。つまり、仮引数の数、もしくは型が異なっている必要があります。デフォルト実引数付きのオーバーロード関数の宣言はできますが、呼び出し時にあいまいさが発生するとエラーになります。たとえば、以下のようなオーバーロード関数があったとします。

```
int func(int x, int y = 10);
int func(int x);
```

この関数を呼び出す場合、以下のように実引数1つで呼ぼうとすると、どちらの関数を呼び出すのか判断できないため、エラーになります。

```
func(10); // エラー：func(int x, int y = 10)とfunc(int x)の
         // どちらか判断できない！
```

　メンバ関数の場合は、さらに、cv修飾の違い、参照修飾子でもオーバーロードで
きます（ 参照 P.45 本章「cv修飾子」節、本章 P.96 「メンバ変数／メンバ関数／メンバ型」節の
「参照修飾子」）。

● 演算子オーバーロード

　演算子オーバーロードは、仮引数のいずれかがユーザーによって定義された型を
持つ演算子の挙動を定義します。仮引数がすべて組み込み型の演算子は、オーバー
ロードできません。オーバーロードされたユーザー定義の演算子は、通常の関数と
みなされます。

```
struct X {}; // ユーザー定義の型
int operator+(const X& x, int a); // OK
int operator+(int, int); // NG
```

　演算子オーバーロードは、メンバ関数か非メンバ関数のいずれかの方法で定義で
きます。メンバ関数の場合は、自身のオブジェクトは仮引数として省略されます。

```
// メンバ関数としてoperator+をオーバーロード
struct X {
  int value;
  X operator+(X x) const {
    return X{value + x.value};
  }
};
```

```
// 非メンバ関数としてoperator+をオーバーロード
struct Y {
  int value;
};
Y operator+(Y a, Y b) {
  return Y{a.value + b.value};
}
```

　メンバ関数としてオーバーロードする場合、privateメンバにアクセスできます。
　非メンバ関数としてオーバーロードする場合にはprivateメンバにアクセスはで
きませんが、Y operator+(int a, Y b)のように左辺としてほかの型を受け付ける
ことができます。

慣例としては、以下の演算子を非メンバ関数として定義します。

- 算術演算子のうち二項演算子(+、-、*、/、%)
- ビット演算子のうち二項演算子(&、|、^、<<、>>)
- 比較演算子(==、!=、<、<=、>、>=、<=>)

● 算術演算子のオーバーロード

算術演算子としてオーバーロードできる演算子には、以下があります。

- +a
- -a
- a + b／a += b
- a - b／a -= b
- a * b／a *= b
- a / b／a /= b
- a % b／a %= b

算術演算子のうち、単項演算子と呼ばれる引数をひとつだけとる演算子は、以下のように「符号変更した新たなオブジェクトを作る」という実装をします。

```cpp
struct X {
  int value;
  X operator+() const {
    return X{+value};
  }

  X operator-() const {
    return X{-value};
  }
};

X x{1};
X y = -x;
```

算術演算子のうち、二項演算子と呼ばれる左辺と右辺ふたつの引数をとる演算子は、演算結果の新たなオブジェクトを返すものと、左辺自身を更新するもの(複合代入)の2種類があります。

```
struct X {
  int value;
  X& operator+=(const X& x) {
    value += x.value;
    return *this;
  }
};

X operator+(const X& a, const X& b) {
  return X{a.value + b.value};
}

X a{1};
X b{2};

X c = a + b;
a += b;
```

● ビット演算子のオーバーロード

ビット演算子としてオーバーロードできる演算子には、以下があります。

- ~a
- a & b／a &= b
- a | b／a |= b
- a ^ b／a ^= b
- a << b／a <<= b
- a >> b／a >>= b

ビット演算子は、単項演算子~aとそのほかの二項演算子がありますが、実装の仕方は算術演算子と同じです。

● インクリメント／デクリメント演算子のオーバーロード

値を1増やすインクリメントと、値を1減らすデクリメントには、前置と後置があります。++aは前置インクリメント、a++は後置インクリメントと呼ばれます。

前置インクリメントの特徴は、新たなオブジェクトを作らず自身を更新するため後置インクリメントよりも高速であるということで、演算子オーバーロードとしては、X& operator++()のように定義します。

後置インクリメントの特徴は、自身を更新しながらも更新前の状態をコピーして返すため前置インクリメントよりは遅くなりますが更新前の値がほしい場合に便利

に使えるというものです。演算子オーバーロードとしては X operator++(int) のように戻り値が自身の型のコピーでかつ仮引数として int をとります(この仮引数はオーバーロードのためだけにあるので使いません)。

```
struct X {
  int value;

  // 前置インクリメント
  X& operator++() {
    value += 1;
    return *this;
  }

  // 後置インクリメント
  X operator++(int) {
    X before = *this;
    value += 1;
    return before;
  }
};
```

● 比較演算子のオーバーロード

比較演算子としてオーバーロードできる演算子には、以下があります。

- a == b
- a != b
- a < b
- a <= b
- a > b
- a >= b
- a <=> b `C++20`

等値比較に関する演算子 == と != は、== さえ定義すればそれを使用して != を定義できます。

```
struct X {
  int value;
};

bool operator==(const X& a, const X& b) {
```

```
  return a.value == b.value;
}
bool operator!=(const X& a, const X& b) {
  // ==の結果を反転して実装
  return !(a == b);
}
```

　大小比較に関する演算子 < / > / <= / >= は、< さえ定義すればそれを使用してほかの大小比較演算を定義できます。

```
struct X {
  int value;
};

bool operator<(const X& a, const X& b) {
  return a.value < b.value;
}
bool operator>(const X& a, const X& b) {
  return b < a;
}
bool operator<=(const X& a, const X& b) {
  return !(a > b);
}
bool operator>=(const X& a, const X& b) {
  return !(a < b);
}
```

　C++20からはいくつかの比較演算子のオーバーロードが自動で定義されるようになったため、最低限の比較演算子をオーバーロード定義するだけでほかの比較演算子も使用できるようになりました。
　比較演算子の自動定義に関するルールは以下のとおりです。

1. == を定義していれば、!= が自動定義される
2. 三方比較演算子を定義していれば、< / > / <= / >= が自動定義される
3. 三方比較演算子を default 定義していれば == / != / < / > / <= / >= が自動定義される

　三方比較演算子 (<=>) はC++20から導入された比較演算子です。三方比較演算子の戻り値型には、<compare>ヘッダで定義される比較カテゴリ型のいずれかを用います。

▼ 比較カテゴリ型と対応する二項関係

型名	対応する二項関係
std::strong_ordering	全順序
std::weak_ordering	弱順序
std::partial_ordering	半順序

三方比較演算子の戻り値には、比較カテゴリ型の静的メンバ定数を用います。

▼ 比較カテゴリ型の静的メンバ定数と値の意味

定数	意味
std::strong_ordering::equal	a <=> bの結果がa == bであり、aをbで置き換え可能である
比較カテゴリ型::equivalent	a <=> bの結果がa == bであるが、aをbで置き換え可能とは限らない
比較カテゴリ型::less	a <=> bの結果がa < bである
比較カテゴリ型::greater	a <=> bの結果がa > bである
std::partial_ordering::unordered	a <=> bの結果が比較不能である

「aをbで置き換え可能である」とは、aを用いる処理についてbを用いても同じ結果になることを表します。

比較不能な値の組み合わせがある型の場合はpartial_orderingを、2つの値が等しいときに置き換え可能である場合はstrong_orderingを、それ以外の場合にweak_orderingを用いましょう。

三方比較演算子のオーバーロード定義を行う例を以下に示します。

```
struct X {
  int value;
};

strong_ordering operator<=>(const X& a, const X& b) {
  if (a.value < b.value) {
    return strong_ordering::less;
  }
  else if (a.value > b.value) {
    return strong_ordering::greater;
  }
  else {
    return strong_ordering::equal;
  }
}
```

```
X a{3};
X b{5};

if (a < b) {
  // 出力される
  cout << "a < b" << endl;
}
if (a > b) {
  // 出力されない
  cout << "a > b" << endl;
}
```

　なお、クラスのメンバ変数がすべて三方比較演算子により比較可能な場合、三方
比較演算子のオーバーロード定義をデフォルト指定（ 参照 P.103 本章「メンバ変数／
メンバ関数／メンバ型」節の「暗黙定義される関数のdefault／delete指定」）できます。
　三方比較演算子をデフォルト指定した場合は、==、!=演算子も使えるようになり
ます。

```
struct X {
  int value;

  friend auto operator<=>(const X& a, const X& b) = default;
};

Foo a{3};
Foo b{5};

if (a == b) {
  // 出力されない
  cout << "a == b" << endl;
}
if (a != b) {
  // 出力される
  cout << "a != b" << endl;
}
```

● 添字演算子のオーバーロード

配列クラスを実装する際に使用される添字演算子a[1]は、以下のようにオーバーロードできます。

```
struct X {
  int values[3];

  int& operator[](int index) {
    return values[index];
  }
};

X x{3, 1, 4};
int r = x[2];
```

C++23からは、添字演算子に複数の仮引数を設定できます。多次元配列クラスを定義する際に便利でしょう。

```
struct Matrix2x3 {
  int values[2 * 3];

  int& operator[](int x, int y) {
    return values[y * 2 + x];
  }
};

Matrix2x3 mat{0, 1, 2, 3, 4, 5};
int r = mat[1, 1];
```

● 関数呼び出し演算子のオーバーロード

関数呼び出し演算子a(x, y, z)は、以下のようにオーバーロードできます。この演算子は、複数の仮引数を設定できます。

```
struct X {
  int value;

  int operator()(int x, int y, int z) const {
    return value + x + y + z;
  }
};
```

```
X x{1};
int r = x(2, 3, 4);
```

● 型変換演算子のオーバーロード

　型変換演算子のオーバーロードは、operator bool()のように戻り値型なし、仮
引数なしで定義します。この場合は暗黙の型変換となり、明示的な型変換のみを許
可したい場合はexplicit operator bool()のように定義します。

```
struct X {
  int value;

  explicit operator bool() const {
    return value != 0;
  }
};

X x{1};
// bool b = x; // 暗黙の型変換演算子ならこれができる
if (x) {
  // x.value が非ゼロの場合にのみ、ここの処理が実行される
}
```

テンプレート

● テンプレートの基本

テンプレートとは、処理を共通化するための型をパラメータ化する機能です。テンプレートは、日本語では「雛形」を意味します。

テンプレートには、クラステンプレートと関数テンプレートがあり、それぞれその名のとおりクラスの雛形、関数の雛形となります。

テンプレートを使用する利点は、値や型に対して、複数の定義を書かずに済むことです。また、特定の値や型に対してのみ特殊な処理を行いたいといった要求にも対応できます。テンプレートのような、型によらないプログラミング手法は「ジェネリックプログラミング」と呼ばれています。

テンプレートには大きく分けて以下の種類があります。

- クラステンプレート
- 関数テンプレート
- エイリアステンプレート
- 変数テンプレート C++14

これらに加えて、特定の条件で特殊な処理を行うために「特殊化」という機能があります。

テンプレートの宣言は、以下の構文で行われます。

```
template <仮引数リスト> 宣言
```

宣言の部分には、クラス宣言、関数宣言、エイリアス宣言が当てはまります。

テンプレートの仮引数には、値、型、それにクラステンプレートを使用できます。以下は、テンプレート仮引数の基本的な書き方です。

```
template <class T>    class X;
template <typename T> class X;
```

ここでは、「任意の型Tを1つ受け取る」ことを意味するテンプレートを宣言しています。classおよびtypenameは「Tは型である」ということを宣言するための指定で、どちらも同じ意味になります。

● クラステンプレート

クラステンプレートは、クラスを生成するための雛形です。

たとえば、x座標とy座標を保持するPointクラスを考えてみましょう。Pointは、ほ

かのPointオブジェクトとの距離を計算するdistance()メンバ関数を持つとします。

あるプログラムで、座標をintとdoubleの2つの型で表す必要があったとします。
この場合、intとdouble2つのPoint型を宣言する必要があります。

```
struct IntPoint {
  int x, y;
  IntPoint(int x_, int y_) : x{x_}, y{y_} {}
  int distance(const IntPoint& point) const;
};

struct DoublePoint {
  double x, y;
  DoublePoint(double x_, double y_) : x{x_}, y{y_} {}
  double distance(const DoublePoint& point) const;
};
```

この2つのクラスの宣言は、クラス名とメンバ変数およびdistance()メンバ関数
の戻り値の型がintかdoubleかという点が違うだけです。

このような場合に、テンプレートを使用すると、共通部分を1つの宣言で済ませ
られます。テンプレートを使用して、Pointクラスを定義する例を以下に示します。

```
template <class T>
struct Point {
  T x, y;
  Point(T x_, T y_) : x{x_}, y{y_} {}
  T distance(const Point& point) const {
    T dx = x - point.x;  // X座標の差を求める
    T dy = y - point.y;  // Y座標の差を求める
    return sqrt(dx * dx + dy * dy); // 三平方の定理
  }
};
```

```
Point<int>    pi{2, 3};      // 整数型の座標
Point<double> pd{2.0, 3.0};  // 浮動小数点数型の座標
```

このようにテンプレートを使用すると、共通の宣言を1つにまとめられます。

● クラステンプレートのデフォルト実引数

テンプレート仮引数には、デフォルト実引数を指定できます。

前述したPointクラステンプレートのテンプレート仮引数のデフォルト実引数を

int にするには、以下のように宣言します。

```
template <class T=int>
struct Point {
  …省略…
};
```

このように宣言しておけば、int 型の Point は以下のように宣言できます。

```
Point<> p;
```

関数のデフォルト実引数と同じように、複数のテンプレート仮引数がある場合、デフォルト実引数は、最後の仮引数から順に宣言できます。

● クラステンプレートの型推論　`C++17`

クラステンプレートのテンプレート仮引数は、コンストラクタの実引数から推論できます。

```
template <class T>
struct Point {
  T x, y;

  // テンプレート仮引数T型の値を、
  // コンストラクタで受け取る
  Point(T x_, T y_) : x{x_}, y{y_} {}
};

Point pi{2, 3};     // Point<int> pi{2, 3}; と同じ
Point pd{2.0, 3.0}; // Point<double> pd{2.0, 3.0}; と同じ
```

コンストラクタの実引数から直接クラステンプレートの仮引数を推論させるのが難しい場合、推論補助の宣言をすることで、推論できるようにする方法もあります。

```
template <class T>
struct Point {
  T x, y;

  // コンストラクタは配列を受け取る。
  // 配列の型から、その要素型Tを直接推論はできない
  template <class Array>
```

```
  Point(Array ar)
    : x{ar[0]}, y{ar[1]} {}
};
```

```
// 推論補助の宣言。
// 配列の要素型をPointクラステンプレートの実引数とみなす
template <class Array>
Point(Array ar) -> Point<decltype(ar[0])>;
```

```
int ar[] = {2, 3};
Point p{ar}; // Point<int> p(ar); と同じ
```

「推論補助(deduction guide)」の宣言は、以下の構文で行います。

クラス名(仮引数リスト) -> テンプレート引数を含むクラス型;

推論補助の宣言は、クラスの外に、クラスと同じ名前空間で行う必要があります。

● 関数テンプレート

クラステンプレートではクラスの雛形を宣言しましたが、関数テンプレートは関数の雛形を宣言します。

関数テンプレートの例として、任意の型の値の2乗を返す関数テンプレートsquare()の例を以下に示します。

```
template <class T>
T square(const T& value) { return value * value; }
```

この関数は、以下のように呼び出します。

```
auto vi = square<int>(10);       // 整数型の100が返る
auto vd = square<double>(10.0); // 浮動小数点数型で100.0が返る
```

上記の例のように、実引数から型を推測できるときには、以下のように型実引数を省略できます。

```
auto vi = square(10);   // 整数型の100が返る
auto vd = square(10.0); // 浮動小数点数型で100.0が返る
```

● 関数テンプレートのデフォルト実引数　C++11

　関数テンプレートもまた、テンプレート仮引数にデフォルト実引数を指定できます。

　前述したsquare()関数の、テンプレート仮引数のデフォルト実引数をintにするには、以下のように宣言します。

```
template <class T=int>
T square(const T& value); // 定義は省略
```

　関数のデフォルト実引数と同じように、複数のテンプレート仮引数がある場合、デフォルト実引数は、最後の仮引数から順に宣言できます。

● 関数テンプレートとオーバーロード

　関数テンプレートもオーバーロードできます。関数テンプレートのオーバーロードは、ほかの関数テンプレートおよび非関数テンプレートで行えます。

```
template<class T> T square(const T& value); // この関数テンプレートに対し
template<class T, class U> U square(const T& value); // オーバーロード
double square(float value); // オーバーロード
```

　このように、同名の関数が関数テンプレートと非関数テンプレートでオーバーロードされている場合、型実引数を省略した関数呼び出しで、どの関数が呼び出されるかは、文脈から推測されます。

　この例では、型実引数を省略した関数呼び出しの形式で、square()関数の実引数がfloat型で与えられた場合、非関数テンプレートのsquare()が呼ばれます。ただし、明示的に square<float>(value)として呼び出せば、関数テンプレートが呼ばれます。

● autoを使用した関数テンプレートの簡易定義　C++20

　テンプレート仮引数の代わりにauto型を使用することで、簡易的に関数テンプレートを定義できます。auto型の仮引数の型を取得したい場合は、仮引数に対してdecltype（ 参照 P.50 本章「型の自動推論と取得」節の「式から型を取得(decltype)」）を使用します。

```
auto f(auto a, auto b) { return a + b; }
// 以下と同じ意味：
// template <class T, class U>
// auto f(T a, U b) { return a + b; }
```

```
// 仮引数aとbの型はint
int i = f(1, 2);        // 3

// 仮引数aとbの型はdouble
double d = f(0.3, 0.2); // 0.5
```

参照 P.88 本章「関数」節の「戻り値型の推論」

● メンバテンプレート

　クラスメンバのうち、メンバ関数と型はテンプレートにできます。メンバテンプレートは、テンプレートでないクラスのメンバに対しても定義できます。

　以下は、Pointクラステンプレートのメンバ関数distance()を、メンバ関数テンプレートに書き換えた例です。

```
template <class T>
struct Point {
  T x, y;
  Point(T x_, T y_) : x{x_}, y{y_} {}

  template <class U>
  U distance(const Point& point) const {
    T dx = x - point.x;
    T dy = y - point.y;
    return static_cast<U>(sqrt(dx * dx + dy * dy));
  }
};
```

● 演算子テンプレート

　演算子の定義に対しても、テンプレートを使用できます。

　Pointクラステンプレートに対して、+演算子を定義し、与えられた値をx座標に加算する例を以下に示します。

```
template <class T1, class T2>
Point<T1> operator+(const Point<T1>& l, const T2& r) {
  return Point<T1>(l.x + r, l.y);
};
```

　ここでテンプレート仮引数を2つ取っているのは、Point<double>に対してintを加算する場合などに、この演算子テンプレートが適合せず、エラーが出てしまうか

らです。

基本文法

● 可変長引数テンプレート　`C++11`

テンプレート実引数の数が不定の場合のために、テンプレート実引数は可変長にできます。可変長引数テンプレートの書式を以下に示します。

```
// クラステンプレート
template <class ... テンプレート仮引数パック名> [struct|class] クラス名;

// 関数テンプレート
template <class ... テンプレート仮引数パック名>
  戻り値型 関数名(テンプレート仮引数パック名 ... 関数仮引数パック名);
```

テンプレート仮引数パックの前には、任意の数のテンプレート仮引数を宣言できます。

可変長引数テンプレートを用いて、任意の数の型実引数を取得できたとしても、その実引数をどのように扱えばいいのでしょうか?

例として、すべての実引数の型に対する `type_info` の型名を出力する関数を、可変長引数テンプレートを使用して書いてみます。

```
void showTypes() { cout << endl; }

template <typename T1, typename ... Types>
void showTypes(const T1&, Types ... tail) {
  cout << typeid(T1).name() << "\t"; // 出力される型名は実装依存
  showTypes(tail...);
}
```

この例では、仮引数を持たない非関数テンプレート showTypes() と、可変長引数テンプレートを使用した showTypes() をオーバーロードしています。可変長引数テンプレートで記述された showTypes() は、1つの型 T1 と、テンプレート仮引数パック Types をとります。

showTypes(tail...) によって、Types を実引数として、再度 showTypes() を呼び出します。実引数は、Types の先頭の型が T1、残りが Types となります。

このように再帰的に呼び出すことで、最終的に実引数の数は0となります。実引数の数が0ということは、すなわち実引数なしで showTypes() を呼び出すということですから、この場合に呼ばれるのは非関数テンプレートの showTypes() になります。

128

● エイリアステンプレート `C++11`

型の別名定義にもテンプレートを使用できます。

以下は、可変長配列のコンテナであるstd::vectorクラスに対して、アロケータのみを先に指定しておく例です。

```
// MyAllocatorを使用した、型Tを要素とする可変長配列
template <class T>
using MyVector = vector<T, MyAllocator<T>>;
```

```
// 要素型のみ、あとから指定する
MyVector<int> v = {1, 2, 3};
```

型に別名を付けるには、typedefを使用する方法と、usingを使用する方法がありますが、usingを使用した型の別名定義の場合のみ、テンプレートを使用できます。

エイリアステンプレートには、特殊化ができない、という制限があります。

● 変数テンプレート `C++14`

変数の宣言にもテンプレートを使用できます。

変数テンプレートは通常、constexprキーワードと併用して、パラメータ化された定数として使用します。

以下は、変数テンプレートを使用して、円周率の定数を定義し、その定数を使用する例です。

```
// 円周率piを定義する
template <class T>
constexpr T pi = T(3.141592653589793238463L);
```

```
// 円の面積を求める
// pi<T>とすることで、型ごとの円周率を取得できる
template<typename T>
T area_of_circle_with_radius(T r) {
  return pi<T> * r * r;
}
```

定数piは、テンプレート仮引数として任意の型を受け取ります。ここには、float、double、long doubleといった浮動小数点数型が渡されます。ユーザーが型を指定することで、それらの型にキャストし、型ごとの精度になった円周率の定数が手に入ります。

このような用途には、constexpr関数テンプレートでも代用できます。「関数の戻

2
基本文法

り値として返すにはコストが高い」という状況で、変数テンプレートを使用すると いいでしょう。

● リテラル演算子テンプレート `C++11`

ユーザー定義リテラルの演算子定義でもテンプレートを使用できます。ユーザー 定義リテラル（ 参照 P.70 本章「リテラル」節の「ユーザー定義リテラル」）では、テンプレー ト仮引数を<char...>のように宣言しておくと、リテラル値がコンパイル時定数の charの配列として演算子定義に渡されます。

以下は、2進数リテラルを定義する例です。

```
template <char... Bits>
unsigned long operator"" _b() {
  const char s[] = {Bits..., '\0'};
  return bitset<sizeof...(Bits)>(s).to_ulong();
}

unsigned long x = 1101_b; // xは13
```

ここでは、1101という値に対して_b演算子を適用しています。そうすると、_b 演算子のテンプレート仮引数Bitsには

```
{'1', '1', '0', '1'}
```

という各桁に分解された値が文字として渡されます。あとは、ビット列を扱うた めのstd::bitsetクラスを使用して、ビット列を10進数の整数値に変換しています。

std::bitsetクラスは、コンストラクタでビット列の文字列を受け取り、to_ ulong()メンバ関数で、ビット列を10進数の整数値に変換します。

● テンプレートの特殊化

特定の型においてのみ、特殊な処理をしたい場合があります。このような場合は、 テンプレートを特殊化します。特殊化されたテンプレートは独自の定義を持てます。

Pointクラステンプレートをlong型の場合に特殊化する例を以下に示します。

```
template<>
Point<long> {
  // long固有の処理
};
```

特殊化は、クラステンプレートと関数テンプレートで行えます。

● テンプレートの部分特殊化

　テンプレート仮引数が特定のパターンに一致するかどうかで、テンプレートを特殊化することができます。これを部分特殊化といいます。たとえば、「ポインタ用のテンプレートのみ別に宣言したい」といった場合に役立ちます。

　Point クラステンプレートの実引数がポインタだった場合の、部分特殊化の例を以下に示します。

```
template <class T>
struct Point<T*> {
  // ポインタ固有の処理
};
```

　部分特殊化は、以下のテンプレートに対して行えます。

- クラステンプレート
- 変数テンプレート　**C++23**

● テンプレートの制約　**C++20**

　テンプレート仮引数の型は、コンセプトという機能を使用することで制約できます。この制約というのは、例として以下のようなものです。

- テンプレート仮引数として整数型や浮動小数点数型といった特定の型の分類に含まれる場合にのみ受け付ける
- テンプレート仮引数の型が特定のメンバ関数を持っている場合にのみ受け付ける

　クラステンプレートやエイリアステンプレートに対してコンセプトを使用すれば、テンプレート実引数に要件を満たさない型を渡してしまったときに、それをコンパイルエラーとして検知できるようになります。また、関数テンプレートに対してコンセプトを使用すれば、型の制約に応じたオーバーロードを定義することもできます。

　コンセプトの宣言は、以下の構文で行います。

```
template <仮引数リスト>
concept コンセプト名 = 要件リスト;
```

　コンセプトは、そのテンプレート仮引数が満たすべき要件のリストを列挙する、という形式で定義します。その要件リストはbool型に変換可能な定数式であり、そ

れがtrueである場合に要件を満たします。

コンセプトの例として、「テンプレート仮引数の型Tがdraw()という引数を持たないメンバ関数を持っていること」という要件を定義します。

```
template <class T>
concept Drawable = requires (T& x) {
  x.draw();
};
```

要件のリストは、requires式によって定義することが基本となります。このrequires式は関数のような形式で任意に仮引数をとり、その定義の中で仮引数に対して実行できるべき操作を、セミコロン区切りで列挙します。ここでは、T型オブジェクトへの参照xに対して「x.draw();という式が有効であるべき」という要件を定義しています。

このコンセプトを使用して、関数テンプレートのテンプレート仮引数を制約してみましょう。以下のようになります。

```
// テンプレート仮引数TをDrawableコンセプトで制約する
template <class T>
  requires Drawable<T>
void f(T& x) {
  x.draw();
}

class Box {
public:
  void draw() {
    cout << "Boxオブジェクトを描画" << endl;
  }
};

Box b;
f(b); // OK

int x = 0;
// f(x); // コンパイルエラー！Drawableコンセプトの要件を満たさない
```

ここでは、関数テンプレートf()の仮引数T型はDrawableコンセプトの要件を満たさなければならない、という制約を行っています。それを満たさない型が指定された場合には、即座にコンパイルエラーになり、間違った使い方ができなくなっています。

なお、ここでのrequiresはrequires節と呼ばれ、コンセプトの要件を定義する際に使用したrequires式とは異なります。requires節に要件リストとして直接requires式を指定することもできます。

　この例の応用として、標準ライブラリで定義されている、整数型を要件とするstd::integralコンセプトと、浮動小数点数型を要件とするstd::floating_pointコンセプトをそれぞれ用いた関数テンプレートのオーバーロードを定義すれば、制約に応じたオーバーロードがコンパイル時に選択されます。

定数式 `C++11`

定数式は、コンパイル時に定数となる変数、もしくは関数です。変数か関数かによって、それぞれ以下の指定となります。

- 変数 ⇒ 「コンパイル時定数である」指定となる
- 関数 ⇒ 「コンパイル時に計算可能である」指定となる

「コンパイル時に計算可能」であるためには、計算に使われる式のすべての項が、コンパイル時に定数でなければなりません。

● constexpr変数

constexpr指定された変数は、コンパイル時定数となります。

```
constexpr int v = 10;
```

● constexpr関数

関数にconstexprを指定することで、コンパイル時に関数を実行できるようになります。

```
constexpr int square(int x) {
  return x * x;
}

int ar[square(2)]; // 配列の要素数は4
```

constexpr関数は、実行時の値が実引数として渡された場合は、実行時に評価されます。

constexpr関数は、constexpr関数の中で呼び出せます。したがって、以下のように再帰的な処理を行えます。

```
constexpr int sigma(int val) {
  return val == 0 ? 0 : val + sigma(val - 1);
}

constexpr int value = sigma(10); // valueの値は55
```

なお、constexpr関数内で可能な操作は限られており、言語のバージョンごとに、以下の制限があります。

▶ C++11 での constexpr 関数で可能な操作

- **static_assert** を複数記述できる
- 型の宣言を記述できる
- 名前空間の宣言を記述できる
- 処理を実行するコードは、1つの **return** 文のみを記述できる

　この制限のために、繰り返し処理と分岐処理は、以下のようにする必要があります。

- 繰り返し処理　⇒　**for** 文や **while** 文の代わりに、再帰を使用する
- 分岐処理　　　⇒　**if** 文や **switch** 文の代わりに、条件演算子を使用する

▶ C++14 での constexpr 関数で可能な操作
C++11 で許可されている操作に加えて、以下の操作を行えます。

- 複数の文を記述できる
- 変数宣言を記述できる
- ローカル変数の書き換えができる
- **for** 文、範囲 **for** 文、**while** 文、**do while** 文による繰り返し処理を記述できる
- **if** 文、**switch** 文による条件分岐を記述できる
- 戻り値の型として、**void** を指定できる

▶ C++20 での constexpr 関数で可能な操作
C++14 で許可されている操作に加えて、以下の操作を行えます。

- 変数宣言の初期化子を省略できる
- **constexpr** 修飾された仮想関数を呼び出せる
- 共用体のメンバ変数を書き換えできる
- **try** ブロックを記述できる（ただし、コンパイル時に例外を送出するようなコードはエラーとなる）
- **dynamic_cast**、**typeid** を記述できる

▶ C++23 での constexpr 関数で可能な操作
C++20 で許可されている操作に加えて、以下の操作を行えます。

- **static constexpr** 変数の定義

● constexpr コンストラクタ

クラスのコンストラクタを constexpr 指定することで、そのクラスのオブジェクトをコンパイル時定数として定義できます。

```
struct S {
  int val;
  constexpr S(int x) : val(x) {}
};

constexpr S x = 3;
constexpr int value = x.val;
```

ここで、変数 x はコンパイル時定数となります。

● コンパイル時と実行時で処理を切り替える C++23

constexpr 関数は、実行時にもコンパイル時にも呼び出せます。コンパイル時と実行時で異なる処理をしたい場合、if consteval ～ else と記述します。

```
constexpr int f() {
  if consteval {
    return 0; // コンパイル時に呼び出された際はこちらが実行される
  }
  else {
    return 1; // 実行時に呼び出された際はこちらが実行される
  }
}
```

「if !consteval ～ else」と記述することもできます。この場合、「if !consteval { … }」が実行時に、「else { … }」がコンパイル時に実行されます。

ラムダ式 C++11

● ラムダ式の基本

ラムダ式は、簡潔に関数オブジェクトを記述する機能です。以下のように記述します。

[キャプチャ](仮引数リスト)->戻り値の型 { 複合文 }

それぞれの役割と記述法は以下のとおりです。

▶ キャプチャ

キャプチャには、ラムダ式から参照するオブジェクトを指定します。ラムダ式は、キャプチャで指定しない限り、ラムダ式が定義されたスコープで宣言されているオブジェクトを使用できません。

キャプチャには以下の2種類があり、オブジェクトごとに指定できます。

● 参照キャプチャ　⇒　オブジェクトが参照で渡される
● コピーキャプチャ　⇒　オブジェクトのコピーが渡される

▼ キャプチャの記述の例

記述	結果
[=]	すべてのオブジェクトをコピーキャプチャ
[&]	すべてのオブジェクトを参照キャプチャ
[v]	オブジェクトvをコピーキャプチャ
[&v]	オブジェクトvを参照キャプチャ
[=,&v]	オブジェクトvを参照キャプチャ、それ以外はコピーキャプチャ
[&,v]	オブジェクトvをコピーキャプチャ、それ以外は参照キャプチャ
[this]	メンバ関数内でラムダ式を記述する際、thisポインタをコピーキャプチャする
[*this]	メンバ関数内でラムダ式を記述する際、*thisオブジェクトをコピーキャプチャする C++17

たとえば、オブジェクトaとbをコピーキャプチャ、cとdを参照キャプチャする場合は、以下のように記述します。

[a, b, &c, &d]

ラムダ式の関数呼び出し演算子は、仮引数リストの後ろにmutableを指定していない限り、const修飾されており、コピーキャプチャしたオブジェクトの書き換え

はできません。

　ラムダ式の中でコピーキャプチャしたオブジェクトの書き換えを行いたい場合、仮引数リストに続いて、mutableを指定する必要があります。

```
int i;
[i]()->void { i = 1; }; // エラー：ラムダ式の中で、
                        // コピーキャプチャオブジェクトの変更はできない
[i]() mutable ->void { i = 1; }; // OK：mutable指定
```

　参照キャプチャしたオブジェクトのcv属性は引き継がれます。そのため、const宣言されたオブジェクトを参照キャプチャした場合、ラムダ式の中でオブジェクトの値を変更することはできません。

▶仮引数リスト（省略可能）

　仮引数リストは、非メンバ関数宣言の仮引数リストと同じです。たとえばint型の仮引数iとfloat型の仮引数fをとるラムダ式の場合、仮引数リストは以下になります。

```
(int i, float f)
```

　仮引数リストを省略した場合は、仮引数なし、つまり()と同じです。

▶戻り値の型（省略可能）

　ラムダ式の戻り値の型を指定します。

　戻り値の型を省略した場合、複合文中のreturn式から推論されます。return式がない場合、voidと推論されます。

▶複合文

　ラムダ式で行う処理を記述します。

　たとえば、int型の仮引数を取り、キャプチャしたオブジェクトxとの積を返すラムダ式は以下のとおりです。

```
[x](int v)->int { return v * x; };
```

　上記のラムダ式をオブジェクトxが宣言されている関数func()で使用してみます。ラムダ式は、オブジェクトlambdaに代入したあとに呼び出しています。

```
void func() {
  int x = 5;
```

```
    auto lambda = [x](int v)->int { return v * x; }; // ラムダ式
    cout << lambda(4) << endl;
}
```

▶ this のキャプチャ

メンバ関数内でラムダ式を記述する際、this をキャプチャすると、ラムダ式内で
そのクラスのメンバ関数を呼び出せます。その場合、this ポインタがコピーキャプ
チャされ、*this オブジェクトを参照する形でメンバを使用することになります。

```
class X {
  int x_ = 1;
public:
  void foo() {
    auto f = [this] {
      // ラムダ式内で、Xクラスのメンバ変数やメンバ関数を参照する。
      // privateメンバ関数も呼び出せる
      return x_ + bar();
    };

    cout << f() << endl; // 4が出力される
  }
private:
  int bar() const {
    return 3;
  }
};
```

また、C++17までは[=]／[&]を、C++20からは[=, this]／[&]を使用するこ
とで、すべての変数をコピーキャプチャ／参照キャプチャしつつ this をキャプチャ
して、メンバ関数を呼び出せます(コンパイラによっては、C++17以前のバージョ
ンでは[=,this]の記述がコンパイルエラーになることがあります)。

C++17以降は、*this をキャプチャする方法が追加されました。*this をキャプ
チャすると、そのクラスのオブジェクトをコピーしますので、生存期間を心配する
必要がありません。

```
class X {
  int x_ = 1;
public:
  void foo() {
    auto f = [*this] {
      // ラムダ式内で、Xクラスのメンバ変数やメンバ関数を参照する。
```

```
    // privateメンバ関数も呼び出せる
    return x_ + bar();
  };

  x_ = 2; // ラムダ式で*thisをコピーキャプチャしたあとに
         // メンバ変数を書き換えても、ラムダ式の呼び出しに影響はない
  cout << f() << endl; // 4が出力される
}
private:
  int bar() const {
    return 3;
  }
};
```

*thisのキャプチャは、非同期で処理を実行した最後にラムダ式を呼び出す、というような状況で有用です。

COLUMN

ラムダ式の書式の応用

前述のとおり、ラムダ式では仮引数リストと戻り値の型が省略可能です。したがって、最も短いラムダ式は以下のようになります。

```
[]{}
```

これはキャプチャなし、仮引数なし、戻り値の型がvoidで何も行わないラムダ式となります。

また、以下のように記述することで、宣言したラムダ式をその場で呼び出せます。

```
[]{ cout << "This is lambda function" << endl; }();
// resultを2*5の積 (10) で初期化
int result = [](int l, int r )->int { return l * r; }(2, 5);
```

● ラムダ式のオブジェクトへの代入

ラムダ式は、以下のように、関数オブジェクトとしてオブジェクトへ代入できます。

```
function<void()> f = []{};
```

何もキャプチャしないラムダ式は、関数ポインタへ代入できます。

```
void (*ptr_to_lambda)() = [](){}; // ラムダ式を関数ポインタへ代入
ptr_to_lambda(); // ラムダ式を呼び出している
```

● ジェネリックラムダ `C++14`

ラムダ式の仮引数型には、具体的な型のほかに、autoも指定できます。

```
auto f = [](auto a, auto b) { return a + b; };
int result = f(1, 2); // result == 3
```

この場合、auto指定した仮引数の型は、実引数で渡された値の型となります。

仮引数型の推論ルールは、関数テンプレートと同様です。「auto a」のほかに、「auto* a」と書いてポインタを受け取ったり、「const auto& a」と書いて参照として受け取ったりすることもできます。

● 初期化キャプチャ `C++14`

ラムダ式は、変数を指定するキャプチャのほかに、初期化方法も指定できます。

```
int x = 3;

// 変数xをyという変数でコピーキャプチャ
auto f = [y = x](int z) {
  return y + z;
};

int result = f(2); // result == 5
```

ここでは、変数xをキャプチャする代わりに、xの値をコピーしたyという変数を定義してコピーキャプチャしています。yの型は、xの型から自動的に推論されます。

参照キャプチャで初期化方法を指定するには、ラムダ式内で使用する変数名の先頭に&を付けます。

```
int x = 3;

// 変数xをyという名前で参照キャプチャ
auto f = [&y = x] {
  ++y; // yを書き換えると、xが書き換わる
};

f(); // x == 4
```

　これによって、ラムダ式内で、変数のコピーと参照を、別々にキャプチャして使用できます。

　また、初期化キャプチャの際は、右辺に変数名を指定するだけでなく、関数呼び出しのような、任意の式も書けます。これを利用して、以下のように書くことで、「ラムダ式に変数をムーブする」ということもできます。

```
T x;
auto f = [x = move(x)] {
  …
};
```

● ジェネリックラムダのテンプレート構文 　C++20

　C++20からは、ジェネリックラムダに対して以下のような構文でテンプレート仮引数を設定できます。テンプレート仮引数を設定する際、通常の関数テンプレートと同じように、classではなくtypenameを使用することもできます。

```
[]<class T>(T x) { /* … */ }
[]<typename T>(T* p) { /* … */ }
[]<class T, int N>(array<T, N>& arr) { /* … */ }
```

　ジェネリックラムダの仮引数の型を単にautoとして指定した場合は、型の一部だけをテンプレートにしたり、コンパイラが型推論した結果をテンプレート仮引数として取得したりすることができません。ジェネリックラムダのテンプレート構文を使うと、通常の関数テンプレートと同じようにこれらが可能になります。

```
// 関数テンプレートでは、
// 受け取れる型を、任意の型を要素に持つstd::vectorクラスに限定できる
template<class T>
void f1(const vector<T>& v) {
  using value_type = T; // コンパイラが型推論した結果を
                        // テンプレート仮引数として取得できる
}

// ジェネリックラムダの仮引数の型にautoを指定する方法では
// 受け取れる型を限定できない。
auto f2 = [](const auto& v) {
  // コンパイラが型推論した結果を利用するには、
  // decltype(v)のようにして間接的に型を取得する必要がある
};
```

```
// ジェネリックラムダのテンプレート構文を使うと、
// 関数テンプレートと同じように、
// 受け取れる型を、任意の型を要素に持つstd::vectorクラスに限定できる
auto f3 = []<class T>(const vector<T>& v) {
  using value_type = T; // コンパイラが型推論した結果を
                        // テンプレート仮引数として取得できる
};
```

　ただしラムダ式を呼び出すときに、関数テンプレートのように明示的にテンプレート実引数を指定することはできません。これは、ラムダ式の呼び出しが関数ではなく関数オブジェクトの呼び出しになるためです。

```
template<class T>
void f1(const vector<T>& v) { /* … */ }

auto f3 = []<class T>(const vector<T>& v) { /* … */ };

f1<int>({1, 2}); // OK：f1<>(const vector<int>&)の呼び出し
f3<int>({1, 2}); // NG：コンパイルエラー！
```

コルーチン C++20

　コルーチンは処理を中断したり再開したりできる関数です。

　通常の関数は呼び出し元から呼び出されて処理を行い、処理が完了すると呼び出し元に処理を戻します。それに対してコルーチンは、関数の途中で呼び出し元に処理を戻し、さらに別のタイミングで前回中断したところから処理を再開できます。

　C++のコルーチンは細かくカスタマイズできる仕様になっている一方、仕組みが複雑なため、本書では基本的な仕組みのみを解説します。

　コルーチンを使用したサンプルコードを以下に示します。

```
// コルーチンを利用するために必要なクラスの定義
struct Task {
  struct Promise {
    Task get_return_object() { return Task(this); }
    suspend_always initial_suspend() noexcept { return {}; }
    suspend_always final_suspend() noexcept { return {}; }
    void return_void() {}
    void unhandled_exception() {}
  };
  using promise_type = Promise;
  using handle_type = coroutine_handle<Promise>;

  explicit Task(promise_type *p) : handle(handle_type::from_promise(*p)) {}
  ~Task() noexcept { if (handle) { handle.destroy(); } }
  handle_type handle;
};

// コルーチンとして定義された関数
Task func1() {
  cout << "Hello" << endl;
  co_await suspend_always{}; // (2) ここで処理を中断し、
                             //     呼び出し元に処理を戻す
  cout << "World" << endl; // (4) 関数の処理が再開するとここから処理が進む
}

Task t = func1(); // コルーチンを呼び出し、
                  // コルーチンを操作するためのタスクを取得する

t.handle(); // (1) コルーチンの処理を再開する。(2) の箇所まで処理が進む
cout << "-- main --" << endl;
t.handle(); // (3) コルーチンの処理を再開する
```

このプログラムの実行結果は、以下のようになります。

```
Hello
-- main --
World
```

● コルーチンについて

関数の中でco_await／co_yield／co_returnのいずれかのキーワードを使用した
関数やラムダ式はコルーチンになります。

コルーチンは通常の関数とは異なり、以下で説明するPromiseクラスをpromise_
typeという名前で定義した型のみを戻り値型として指定できます。サンプルコード
ではTaskという名前のクラスがそのように定義されています。

● Promiseクラスとコルーチンの戻り値について

Promiseはコルーチンから呼び出し元に値を受け渡したり、処理の中断や再開を
行ったりする仕組みを提供するクラスです。

いくつかのメンバ関数を定義する必要があり、それらの関数によってコルーチン
の挙動をカスタマイズできます。代表的なメンバ関数とその役割を以下の表に示し
ます。

▼ Promise クラスのメンバ関数について

メンバ関数	役割
get_return_object()	コルーチンの戻り値となるオブジェクトを構築して返す
initial_suspend()	コルーチンを最初に呼び出したときに呼び出し元に処理を戻すかどうかを制御するawaiterを返す
final_suspend()	コルーチンが終了する最後のタイミングで呼び出し元に処理を戻すかどうかを制御するawaiterを返す
return_void()	値なしでにコルーチンが終了するときに呼び出されるコールバック
return_value()	値付きでコルーチンが終了するときに呼び出されるコールバック
yield_value()	co_yieldで呼び出し元に渡すための値を受け取り、呼び出し元に処理を戻すかどうかを制御するawaiterを返す
unhandled_exception()	コルーチン内部から送出された例外がどこからもキャッチされなかったときに呼び出されるコールバック

コルーチンの戻り値となるオブジェクトはPromiseクラスのget_return_object()
静的メンバ関数で生成します。サンプルコードではTaskクラスを生成して返す実装
になっています。

● coroutine_handle クラステンプレートについて

コルーチンの呼び出し元ではコルーチンの処理を再開したりコルーチン内部から値を受け取ったりするために std::coroutine_handle クラステンプレートのオブジェクトが必要になります。そのためサンプルコードでは Task クラスの構築時に std::coroutine_handle クラステンプレートの from_promise() 静的メンバ関数を使用してオブジェクトを生成し、メンバ変数として保持しています。

std::coroutine_handle クラステンプレートのオブジェクトが管理するリソースはコルーチンの処理がすべて終了したときに破棄されます。ただし、Promise クラスの final_suspend() メンバ関数で std::suspend_always クラスのオブジェクトを返してコルーチンの終了前に処理を呼び出し元に戻すようにしている場合や、for 文で無限にデータを生成するようなコルーチンの場合はコルーチンの処理が終了しないため、そのようなコルーチンのリソースは自動では破棄されません。このため Task クラスではデストラクタで std::coroutine_handle クラステンプレートの destroy() メンバ関数を呼び出して、これ以上コルーチンを再開する必要がない場合にコルーチンの呼び出し元でコルーチンに関するリソースを破棄できるようにしています。

● 処理の中断と再開

コルーチンの中で co_await 文を使用すると、コルーチンの処理を中断して呼び出し元に処理を戻せます。

co_await 文は co_await キーワードのあとに awaiter と呼ばれるオブジェクトを取り、awaiter によって処理の中断／再開時の挙動をカスタマイズできるようになっています。

標準では std::suspend_always と std::suspend_never という awaiter クラスが定義されています。前者は co_await 実行時に呼び出し元に処理を戻し、後者は呼び出し元に処理を戻しません。

コルーチンの呼び出し元では、コルーチンから取得した std::coroutine_handle クラステンプレートの関数呼び出し演算子を実行してコルーチンの処理を再開できます。

```
Task func2() {
  cout << "func2 - (1)" << endl;
  co_await suspend_always{}; // 呼び出し元に処理を戻す
  cout << "func2 - (2)" << endl;
  co_await suspend_never{}; // 呼び出し元に処理を戻さない
  cout << "func2 - (3)" << endl;
}
```

```
Task t = func2(); // コルーチンを操作するためのタスクを取得

cout << "main - (1)" << endl;
t.handle(); // コルーチンの処理を再開
cout << "main - (2)" << endl;
t.handle(); // コルーチンの処理を再開
cout << "main - (3)" << endl;
```

このプログラムの実行結果は、以下のようになります。

```
main - (1)
func2 - (1)
main - (2)
func2 - (2)
func2 - (3)
main - (3)
```

すべての処理が終わったコルーチンに対して処理を再開することはできず、再開しようとした場合は未定義動作となります。

コルーチンの処理が終わったかどうかはstd::coroutine_handleクラステンプレートのdone()メンバ関数で判定できます。

```
Task t = func2();

for (int i = 1; ; ++i) {
  cout << "main - (" << i << ")" << endl;
  if (t.handle.done()) { break; }
  t.handle();
  cout << "value: " << t.handle.promise().value << endl;
}
```

● 呼び出し元へ値を渡す方法

コルーチン内から呼び出し元へ値を渡すにはco_yield文を使用します。また、Promiseクラスにyield_value()メンバ関数を定義しておきます。

co_yieldキーワードに呼び出し元へ渡したい値を付けて実行すると、その値がPromiseクラスのyield_value()メンバ関数に渡されます。

Promiseクラスはyield_value()メンバ関数で受け取った値をどこかに保持しておき、それをコルーチンの呼び出し元から参照できるようにすることで、コルーチンから呼び出し元へ値を渡せます。

```
struct Task {
  struct Promise {
    ...
    int value = 0;
    suspend_always yield_value(int n) { value = n; return {}; }
  };
};

// コルーチンとして定義された関数
Task func3() {
  co_yield 100; // 呼び出し元に値を渡す
  co_yield 200; // 呼び出し元に値を渡す
}

Task t = func3(); // コルーチンを操作するためのタスクを取得

cout << "value: " << t.handle.promise().value << endl; // 初期値
cout << "main - (1)" << endl;
t.handle(); // コルーチンの処理を再開
cout << "value: " << t.handle.promise().value << endl; // 更新された値
cout << "main - (2)" << endl;
t.handle(); // コルーチンの処理を再開
cout << "value: " << t.handle.promise().value << endl; // 更新された値
cout << "main - (3)" << endl;
```

このプログラムの実行結果は、以下のようになります。

```
value: 0
main - (1)
value: 100
main - (2)
value: 200
main - (3)
```

● コルーチンの処理を終了する方法

コルーチンでは通常のreturn文は使用できず、代わりにco_return文を使用する必要があります。また、コルーチンの関数の末尾まで処理が進んだときはco_returnを実行したのと同じ動作になります。

co_return文に値を付けて実行するとコルーチンの処理を終了する前に呼び出し元に値を渡すことができます。このときPromiseクラスのreturn_value()メンバ関数が呼び出されるため、事前にこのメンバ関数を定義しておく必要があります。

値を付けずにそのまま co_return のみを実行することもできます。その場合は Promise クラスの return_void() メンバ関数が呼びされます。

return_value() メンバ関数と return_void() メンバ関数を両方定義することはできません。

```
struct Task {
  struct Promise {
    ...
    int value = 0;
    suspend_always yield_value(int n) {
      value = n;
      return {};
    }
    void return_value(int n) {
      value = n;
    }
  };
};

// コルーチンとして定義された関数
Task func4() {
  for (int i = 1; ; ++i) {
    if (i * i > 10) {
      co_return -1;
    }
    co_yield i * i;
  }
}

Task t = func4(); // コルーチンを操作するためのタスクを取得

cout << "value: " << t.handle.promise().value << endl; // 初期値
for (int i = 0; !t.handle.done(); ++i) {
  cout << "main - (" << i << ")" << endl;
  t.handle();
  cout << "value: " << t.handle.promise().value << endl;
}
```

このプログラムの実行結果は、以下のようになります。

```
value: 0
main - (0)
```

```
value: 1
main - (1)
value: 4
main - (2)
value: 9
main - (3)
value: -1
```

参照 P.548 第8章「非同期に値の列を生成する」節

プリプロセッサ

プリプロセッサは、ファイルの読み込み、マクロの処理、条件付き取り込みの範囲設定など、コンパイルの前処理を行います。

● ファイルの読み込み(#include)

ソースファイルの任意の位置に指定したファイルを読み込む命令が#includeです。ファイルの指定方法は以下のとおり、""と<>の2種類があります。

```
#include "ファイル名"
#include <ファイル名>
```

この2つの違いは、ファイルの検索順序です。どのような順序でファイルの検索が行われるかは実装定義ですが、GCCやVisual C++などでは以下の順序で行われます。

▶ <ファイル名>

1. オプションで指定された場所
2. 環境変数などで定義される標準ディレクトリ

▶ "ファイル名"

1. カレントディレクトリ
2. オプションで指定された場所
3. 環境変数などで定義される標準ディレクトリ

読み込まれたファイルは、構文規則に従って解釈されます。

なお、#includeで読み込まれたファイルの中でも、さらに#includeを用いてファイルを読み込めます。

● 読み込むソースファイルが存在するかを確認する (__has_ include) `C++17`

#includeでソースファイルを読み込む前に、そのソースファイルが存在するかを確認するために、__has_include命令を使用できます。この命令は、後述するプリプロセス時の分岐命令である#ifや#elifの文脈で使用でき、引数として#includeに渡すものと同じ形式でファイル名を指定します。

```
// 指定したファイル名のソースコードが存在していれば、
// インクルードする
```

```
#if __has_include(<ファイル名>)
    #include <ファイル名>
#endif
```

　__has_include("ファイル名")もしくは__has_include(<ファイル名>)とすることで、指定したファイルが存在していれば条件式でtrueに評価され、存在していなければfalseに評価されます。

● マクロの定義(#define／#undef)

　マクロは、プリプロセッサによって文字列を置換します。オブジェクト形式マクロと関数形式マクロの2種類があり、どちらも使用された場所で文字列を置換します。

　オブジェクト形式マクロは以下のように定義し、ある値に別の名前を付けられます。

```
#define HOUR_OF_DAY 24
```

　このオブジェクト形式マクロは、以下のように使用します。

```
const int hourOfDay = HOUR_OF_DAY;
```

　このコードは、プリプロセッサによって、以下のように置換されます。

```
const int hourOfDay = 24;
```

　関数形式マクロは以下のように定義し、関数のように使用できます。

```
#define SQUARE(VAL) VAL * VAL
```

　この関数形式マクロの使用例は、以下のとおりです。

```
const int result = SQUARE(5);
```

　このコードは、プリプロセッサによって、以下のように置換されます。

```
const int result = 5 * 5;
```

　ここで注意が必要なのは、マクロが単なる文字列置換であるということです。

　たとえば、上記のSQUARE関数マクロに5+5を実引数として渡した場合を考えてみましょう。10 * 10に展開されて100になることを期待しますが、実際には以下の

ように展開されるため、期待した結果を得られません。

```
const int result = 5 + 5 * 5 + 5; // resultには35が代入される
```

このようなことを避けるため、マクロ定義では仮引数を括弧でくくるようにしましょう。また、マクロが使用されている箇所の前後にある演算子の優先順により、期待と異なる演算結果とならないようにするため、マクロ全体も括弧でくくります。前述のSQUAREであれば、以下のようになります。

```
#define SQUARE(VAL) ((VAL) * (VAL))
```

先の式で、このマクロに5+5を実引数として渡すと、以下のように展開され、期待した結果が得られます。

```
const int result = ((5 + 5) * (5 + 5)); // resultは100
```

マクロ定義は、#undefによって削除できます。前述したSQUAREを削除するには、以下のようにします。

```
#undef SQUARE
```

マクロは、名前空間や関数といったブロックに関係なく、定義された場所から#undefで定義を削除されるまで有効です。
#undefで定義を削除されなければ、ソースファイルの終端まで有効です。

● オペランドの文字列化(#)

関数マクロの仮引数に#を付加することで、渡された実引数を文字列にできます。

```
#define TO_STRING(a) #a
```

これでaに渡された実引数が文字列リテラル化されます。
上記マクロを呼び出してみます。

```
const char* str = TO_STRING(string);
```

この式は以下のように展開されます。

```
const char* str = "string";
```

● マクロ仮引数の連結(##)

関数マクロの仮引数は、##により連結できます。

```
#define CONCATENATE(a, b) a##b
```

この関数マクロに、以下の実引数を与えて呼び出してみます。

```
CONCATENATE(Cplusplus, PocketReference)
```

すると、以下の結果が得られます。

```
CplusplusPocketReference
```

● 条件付き取り込み(#if／#else／#elif／#endif)

コンパイルの有効範囲を条件によって変更するのが、#ifを始めとするプリプロセッサディレクティブです。最も基本的な例を以下に示します。

```
#if 条件式
// 条件付き取り込み範囲
#endif
```

#ifに続く条件式の結果が0以外の場合、条件付き取り込み範囲がコンパイルされます。条件式の結果が0であれば、条件付き取り込み範囲はコンパイルされません。

条件式の成立、不成立でコンパイルする範囲を切り替えたい場合は、#elseディレクティブを使用し、以下のように記述します。

```
#if 条件式
// 条件式成立時コンパイル範囲
#else
// 条件式不成立時コンパイル範囲
#endif
```

さらに、#elifディレクティブを用いることで、条件を複数指定できます。

```
#if 条件式A
// 条件式A成立時コンパイル範囲
#elif 条件式B
// 条件式B成立時コンパイル範囲
```

```
#else
// 条件式Aおよび条件式Bともに不成立時コンパイル範囲
#endif
```

#ifから#endifまでの間に、複数の条件判定がある場合、最初に成立した条件判定以降の条件は評価されません。

したがって、上記のような条件判定の場合、条件式Aが成立すると、条件式A成立時コンパイル範囲しかコンパイルされません。

条件付き取り込みで使用される条件式

条件付き取り込みで使用される条件式は、整数の定数式で表され、結果が0であれば偽、0以外であれば真となります。

#defineで定義されているマクロは、条件式で展開され、定数式の計算で使用されます。未定義の名前は0と解釈されます。たとえば、MACROというマクロ名が定義されていなければ、以下の条件式の結果は偽となります。

```
#if MACRO
```

● マクロ定義判定（#ifdef／#ifndef／defined）

#ifdefディレクティブを用いることで、マクロ定義の有無を条件として、条件付き取り込みを行えます。

```
#ifdef マクロ名
// マクロが定義されているときのコンパイル範囲
#endif
```

さらに、#ifndefディレクティブを用いることで、マクロが定義されていないときのコンパイル範囲も指定できます。

```
#ifndef マクロ名
// マクロが定義されていないときのコンパイル範囲
#endif
```

マクロ定義の判定には、defined演算子も使用できます。書式は以下のとおりです。

```
defined マクロ名
defined(マクロ名)
```

defined演算子は、指定されたマクロが定義されているかどうかで、以下のように値を返します。

- 指定されたマクロが定義されている場合　⇒　1を返す
- 指定されたマクロが定義されていない場合　⇒　0を返す

defined演算子を用いてマクロ定義の判定を行う場合は、以下のように、#ifディレクティブや#elifディレクティブの条件式としてdefined演算子を用います。

```
#if defined(マクロA)
// マクロA定義時コンパイル範囲
#elif defined(マクロB)
// マクロB定義時コンパイル範囲
#else
// マクロAおよびマクロBともに未定義時コンパイル範囲
#endif
```

C++23からは、#elifdef／#elifndefを用いて上記の例を次のようにも記載できます。

```
#ifdef マクロA
// マクロA定義時コンパイル範囲
#elifdef マクロB
// マクロB定義時コンパイル範囲
#else
// マクロAおよびマクロBともに未定義時コンパイル範囲
#endif
```

判定するマクロが1つだけなら、#ifdefディレクティブと#ifディレクティブとdefined演算子の組み合わせは同じものです。しかし、defined演算子を用いたマクロ定義の判定では、論理式を使用できます。したがって、AND条件に&&、OR条件に||といった演算子を使用して、以下のような記述ができます。

```
// マクロA、Bいずれかが定義されているか
#if defined(マクロA) || defined(マクロB)
// 条件式成立時コンパイル範囲
#endif
```

if文と同様に、defined演算子は論理否定演算子(!)を用いて、条件式の結果を反転できます。

● エラー出力（#error）

エラーメッセージを出力したいときは、#errorディレクティブを用います。書式は以下のとおりです。

```
#error メッセージ
```

以下の例のように、#ifディレクティブなどと組み合わせて、コンパイル時の条件によって、プログラマが任意のエラーを検出できます。

```
#if defined(VERSION) && VERSION < 3
#error Invalid version
#endif
```

プリプロセッサは、#errorディレクティブが現れると、その時点でプリプロセスをエラーで停止させます。

● 警告出力（#warning） `C++23`

警告を出力したいときは、#warningディレクティブを用います。#errorディレクティブと同じように使えますが、現れても警告が出力されるのみであり、プリプロセスは継続されます。

```
#ifndef VERSION
#warning VERSION is not defined
#endif
```

● 定義済みマクロ

次のマクロは、実装により定義されています。

▼ 定義済マクロと意味

マクロ名	意味
__cplusplus	C++のソースファイルで定義される。C++03では199711L、C++11では201103L、C++14では201402L、C++17では201703L、C++20では202002L、C++23では202302Lの値となる
__DATE__	ソースファイルがコンパイルされた日付の "Mmm dd yyyy" 形式の文字列リテラル
__FILE__	ソースファイル名の文字列リテラル
__LINE__	このマクロが記述されているソースファイル中の行番号の整数値
__STDC_HOSTED__	実装がホスト環境（OSの下で実行されるアプリケーションなど標準ライブラリの全機能が使用できる環境）であれば1、そうでなければ0を返す
__TIME__	ソースファイルがコンパイルされた時間の "hh:mm:ss" 形式の文字列

実装により、これら以外の定義済みマクロも存在します。

名前空間

名前空間は名前付きのスコープ（ 参照 P.82 本章「スコープ」節）です。名前空間を用いると、プログラムの領域に名前を付けられます。

たとえば、標準ライブラリの関数やクラスは、std名前空間に宣言されています。

◉ 名前空間の定義

名前空間を使用しない場合、オーバーロードされた関数を除き、同じ名前を持つ変数や関数を複数宣言できません。たとえば、以下の例はエラーとなります。

```
const char* myName = "Taro";
void sayName() { cout << "I'm " << myName << endl; }

const char* myName = "Hanako";  // 同じ名前の変数宣言はエラー！
void sayName() { cout << "I'm " << myName << endl; } // これもエラー！
```

名前空間を使用すれば、このような名前の衝突が起こりません。

```
namespace Taro {
  const char* myName = "Taro";
  void sayName() { cout << "I'm " << myName << endl; }
}

namespace Hanako {
  const char* myName = "Hanako";
  void sayName() { cout << "I'm " << myName << endl; }
}
```

名前空間MyNamespaceと、その名前空間で関数func()を宣言する場合は、以下のようにします。

```
namespace MyNamespace {
  void func();
}
```

この場合、func()関数の宣言と同じ名前空間にfunc()関数の定義を記述しなければなりません。

```
namespace MyNamespace {
  void func() {
    // 何かの処理
  }
}
```

もちろん、宣言と定義は同じ場所で行えます。
また、名前空間は、以下の例のように入れ子にもできます。

```
namespace Outer {
  // Outer名前空間
  void outerFunc();

  namespace Inner {
    // Outer::Inner名前空間
    void innerFunc();
  }
}
```

C++17からは、入れ子になった名前空間の、一番深い階層にのみ機能を定義する場合に、スコープ解決演算子(::)で名前をつなげることで、入れ子になった名前空間を一度に定義できます。

```
namespace Outer::Inner {
  void func();
}
```

● 名前空間の指定

名前空間の指定には、スコープ解決演算子(::)を使用します。たとえばTaro名前空間に宣言されている「sayName()」関数を呼び出すには、以下のように名前空間名を指定します。

```
Taro::sayName();
```

入れ子になった名前空間であれば、名前をスコープ解決演算子(::)でつないで指定します。

```
Outer::Inner::innerFunc();
```

同じ名前空間の中では、名前修飾を省略できます。

また、入れ子関係になっている名前空間の内側の名前空間から、外側の名前空間の名前を参照する際にも省略可能です。前述の Outer および Inner 名前空間の例であれば、Inner 名前空間からは、Outer 名前空間で宣言されている名前を名前修飾なしで指定できます。

● 名前空間の別名定義

長い名前空間にある関数などを頻繁に呼び出す場合に、そのつど名前空間を指定するのは手間です。そのような場合のために、名前空間に別名を定義できます。

```
namespace MN = MyNamespace; // MNでMyNamespaceを指定できる
namespace I = Outer::Inner; // IでOuter::Innerを指定できる
```

別名定義された名前は、通常の名前空間名と同じように使用できます。上記のように別名定義されているならば、以下のように、その名前空間内の関数や変数を参照できます。

```
MN::func();
I::innerFunc();
```

名前空間の別名定義は、定義されたスコープ内で有効です。

```
{
  // 何かの処理
  namespace MN = MyNamespace; // ここからMNは有効

  // 何かの処理

  // ここまでMNは有効
}
// ここではMNが無効
```

● 名前空間の使用宣言

あるスコープ内で特定の名前空間の関数などを頻繁に使用する場合、別名定義でなく、その名前空間の使用を宣言することで、名前空間の指定を省略できます。
名前空間の使用宣言は、以下のようにして行います。

```
using namespace MyNamespace; // 以降MyNamespace修飾を省略可能
```

また、以下のようにすれば、名前空間全体の使用宣言ではなく、名前空間内の任

意の名前に対しても使用宣言を行えます。

```
using MyNamespace::func; // 以降func()に対してはMyNamespace修飾を省略可能
```

　入れ子になった名前空間に対しても、名前空間の使用を宣言できます。

```
using namespace Outer::Inner;
```

　この場合に注意しなければいけないのは、名前空間の使用が宣言されているのは
あくまでも内側の名前空間であり、外側の名前空間で宣言されている関数などを呼
び出す場合には名前空間の指定が必要であるということです。上記の場合、Outer
名前空間で宣言されている関数や変数を使用する場合には、名前空間の指定が必要
となります。

　入れ子になった名前空間の外側の名前空間も、内側の名前空間も使用宣言したい
のであれば、それぞれusing namespaceする必要があります。

　名前空間の使用宣言も、名前空間の別名定義と同じく、それが行われたスコープ
内で有効です。

```
{
  // 何かの処理
  using namespace MyNamespace; // ここからMyNamespaceは省略可能

  // 何かの処理

  // ここまでusing namespace MyNamespaceは有効
}
// ここでは上記のusing namespaceは無効
```

● 実引数依存の名前探索

　「using namespaceを使用することで、名前空間の指定を省略できる」と書きまし
たが、それ以外でも名前空間の指定を省略できる場合があります。それは実引数依存
の名前探索(ADL：Argument Dependent name Lookup)を利用する場合です。

　これは、コンパイラが実引数の型により呼び出す関数を決定する機能です。たと
えばMyNamespaceという名前空間に以下の宣言があるとします。

```
namespace MyNamespace {
  struct MyType {};
  void func(const MyType&) {
    std::cout << "MyNamespace::func()" << std::endl;
```

```
  }
}
```

そして、以下のように関数を呼び出します。「func()」に名前空間の修飾をしていませんが、正しく「MyNamespace::func()」が呼ばれます。

```
func(MyNamespace::MyType{});
```

結果、標準出力に以下の文字列が出力されます。

```
MyNamespace::func()
```

ADLは、演算子の呼び出しで使用されます。以下のプログラムの場合を考えてみましょう。

```
std::cout << "Hello";
```

std::coutに対する<<演算子は、std名前空間で定義されています。しかし、ADLという機能があるおかげで、std::coutが属する名前空間が自動的に探索され、以下のような長い記述にならずに済んでいます。

```
std::operator<<(std::cout, "Hello");
```

● インライン名前空間 C++11

インライン名前空間は、inlineキーワードとともに定義される名前空間です。通常の名前空間と同じように定義できます。

```
inline namespace InlineNamespace {
  void func();
}
```

インライン名前空間のメンバは、透過的にアクセス可能であり、その名前空間内のメンバアクセスにおいて、名前空間の指定が必要ありません。

上記の「InlineNamespace::func()」を呼び出す場合、以下のどちらの記述でも呼び出せます。

```
InlineNamespace::func();
func();
```

インライン名前空間は、名前空間の修飾を使用していた古いコードに手を加えず、名前空間に入れられていた関数やクラスなどを、その名前空間の修飾なしで使用できるように変更する場合などに有効です。

● 無名名前空間

無名名前空間は、名前を持たない名前空間です。無名名前空間の内部で宣言された関数や変数は、グローバル名前空間でstatic宣言された場合と同じ効果を持ちます。

```
namespace {
  void func(); // この関数を呼び出せるのは同じ翻訳単位のみ
  int i;       // この変数を参照できるのは同じ翻訳単位のみ
}
```

翻訳単位の中で、複数のstatic変数やstatic関数を宣言する必要がある場合に便利な機能です。

なお、無名名前空間でも、名前付きの名前空間と同じように、クラス型や列挙型を宣言できます。

属性 C++11

型や変数、もしくは翻訳単位のような、さまざまなソースの構成要素に対して追加情報を指定したいときに使うのが属性です。

● 属性の指定 C++11

属性は、以下のように2つの連続した角括弧で囲んで指定します。

```
[[ 属性リスト ]]
```

属性リストは、カンマ(,)区切りで属性を指定します。属性実引数を持つこともあります。

● noreturn属性 C++11

noreturn属性は、例外やプログラム終了処理などが理由で、関数が戻らないことを示します。この属性は、戻らない処理を書く際に、コンパイラに警告を出力させないためにあります。

```cpp
// 例外を送出する
// この関数は戻らない
[[noreturn]] void report_error()
{
  throw runtime_error{"error"};
}

int f(int x)
{
  // 条件によっては関数が戻らない
  if (x > 0) {
    return x;
  }
  report_error();
}
```

このプログラムにおいて、関数f()は条件によってエラーとなり、例外が送出されます。その際、関数f()の中で直接throw式によって例外が送出されるのであれば、コンパイラは警告を出力しません。しかし、例外を送出する処理が関数化されていると、コンパイラは「関数f()には戻らないパスが存在します」のような警告を出力します。そのような場合に、[[noreturn]]属性を使用して、関数が戻らないこ

とをコンパイラに伝えます。

なお、noreturn属性を指定した関数から、return文もしくは関数の末尾まで実行
して、呼び出し元へ戻る場合の挙動は未定義です。

● deprecated属性 `C++14`

deprecated属性は、機能が非推奨であることを示します。この属性の使用例を以
下に示します。

```cpp
// クラス、型の別名、変数を非推奨指定する
class [[deprecated]] Class {};
using uint_alias [[deprecated]] = unsigned int;
int variable [[deprecated]] = 0;

// 関数を非推奨指定する
[[deprecated]]
void f() {}

// メッセージを付加して、関数を非推奨指定する
[[deprecated("この関数はバージョンxから非推奨です。")]]
void g() {}
```

deprecated属性を付加された機能をユーザーが使おうとすると、コンパイラは警
告を出力します。

この属性には、メッセージを引数として付加できます。このメッセージは、コン
パイラが出力する警告の内容として使用されます。

● maybe_unused属性 `C++17`

maybe_unused属性は、変数や関数などを、意図的に使用しない可能性があること
を示します。この属性を使用することによって、コンパイラに警告を出力させない
ようにできます。

```cpp
// この関数内では、変数bを使用しない
void f(int a, [[maybe_unused]] int b)
{
  int c = a + 1;
  …
}
```

この属性は、以下の要素に対して指定できます。

- クラスの宣言（class [[maybe_unused]] X;）
- 型の別名宣言（using integer [[maybe_unused]] = int;）
- 変数の宣言（[[maybe_unused]] int x = 0;）
- 非静的メンバ変数の宣言
- 関数の宣言（[[maybe_unused]] int f();）
- 列挙型の宣言（enum class [[maybe_unused]] E;）
- 列挙子（enum class E { A [[maybe_unused]], B };）

maybe_unused属性が指定された識別子を使用しても、特にエラーは起こりません。assertマクロ（ 参照 P.194 第3章「アサーションを行う」節）内でデバッグ時にのみ参照する変数にも、この属性を使用できます。

● nodiscard属性　C++17

nodiscard属性（no discard：捨ててはいけない）は、関数の戻り値を無視してはならず、必ず使わなければならないことを示します。この属性によって、エラーを無視して処理を進めてはいけない状況で、コンパイル時に警告が出力されることを期待できます。また、引数の値を変換して戻り値で返すような関数で、戻り値を使わないと意味がない関数に対しても、この属性は便利でしょう。

```
struct error_info { … };

// 関数f()の戻り値は必ず使用すること
[[nodiscard]] error_info f();

// 戻り値を捨ててはいけない理由を付加する　C++20
// 指定した文字列は、警告メッセージで出力される
[[nodiscard("g()関数はエラー終了する可能性があるので戻り値は必ず使用すること")]]
error_info g();

f(); // 戻り値を捨てている
     // （コンパイル時に警告が出力されることになるだろう）

// このように書いてf()の戻り値を使えば問題ない
if (f() != no_error) {
  // …
}
```

nodiscard属性は、以下の要素に対して指定できます。

- 関数（[[nodiscard]] int f();）
- クラスもしくは列挙型の宣言（class [[nodiscard]] X;）
- コンストラクタの宣言（[[nodiscard]] MyClassName(Arg arg);）

クラスや列挙型の宣言にnodiscard属性を付けることで、その型が関数の戻り値に指定された場合に、常にその戻り値を使わなければならなくなります。

コンストラクタに対するnodiscard属性は、コンストラクタの特定のオーバーロードを使用して構築したオブジェクトを使わなければならない、という指定になります。

エラーハンドリング

エラーハンドリングの概要

● エラーハンドリングとは

エラーハンドリングとは、プログラム中で何らかの問題によって発生したエラーに対処する処理のことを指します。

エラーハンドリングを行うためには、エラーが発生したときに、そのエラーに対処する部分までエラーの情報を伝える必要があります。この仕組みは言語やライブラリによって戦略が異なりますが、C++では主に以下の3種類の方法が使用されます。

- 戻り値によるエラーハンドリング
- 例外によるエラーハンドリング
- グローバル変数によるエラーハンドリング

● 戻り値によるエラーハンドリング

最もシンプルで、おそらく最も一般的に使用されているエラーハンドリングの方法が、この戻り値による方法です。

この方法では、ある関数の処理の途中でエラーが発生した場合、そのエラーを表す値を関数の戻り値として呼び出し元に返すことで、呼び出し元にエラーの情報を伝えます。

エラーの情報が不要だったり、エラーに関する詳しい情報を別の方法(スレッドローカル変数など)で伝える仕組みを使用していたりする場合は、単にエラーが起きたということだけを判別するために、戻り値をbool型にして成功／失敗の2値だけを返すこともよく行われます。また、直接戻り値を使用するのではなく、エラーを受け取るための参照を仮引数として追加し、それにエラーの値を代入してエラーの情報を渡すこともよく行われます。

以下のプログラムが、戻り値によるエラーハンドリングのサンプルです。

```cpp
// 何らかの処理を行い、成功した場合は取得できたデータを、
// 失敗した場合は-1を返す
int getData(int parameter);

void f() {
  int result = getData(PARAM_1);
  if (result != -1) {
    // 成功時の処理
  } else {
    // 失敗時の処理
```

```
    }
}
```

● 戻り値によるエラーハンドリングの問題点

　戻り値によるエラーハンドリングでは、関数の呼び出し先でエラーが発生した場合に、その情報を呼び出し階層上部の呼び出し元まで伝える処理が必要となるため、呼び出し階層が深くなるとコードが煩雑になる問題があります。

　さらに、エラーハンドリングを行うためには、呼び出している関数の戻り値を確認する必要があるため、正常系（エラーが発生しない処理の流れ）の処理にエラー処理のコードが挟まれることになり、以下のコードのように処理の見通しが悪くなったり、戻り値の確認漏れが発生したりしてバグの原因となることがあります。

```
// 何らかの処理を行い、成功した場合は取得できたデータを、
// 失敗した場合は-1を返す
int getData(int parameter);
// 何らかの処理を行い、成功した場合は0を、
// 失敗した場合は決められたエラーコードを返す
int doProcess(/* … */);

void f() {
  int result = getData(PARAM_1);
  if (result != -1) {
    // 成功時の処理
    // ...
    // ...
  } else {
    // 失敗時の処理
    // ...
    // ...
  }

  result = getData(PARAM_2);
  // 同様のエラーハンドリング

  result = getData(PARAM_3);
  // 同様のエラーハンドリング

  doProcess(/* … */); // 戻り値の確認漏れ！
}
```

　戻り値の確認漏れを防ぐために、C++17で[[nodiscard]]属性が定義されまし

た。戻り値を必ず確認しなくてはならない関数を実装する場合は、この属性を使用するといいでしょう。

参照 P.164 第2章「属性」節

　戻り値によるエラーハンドリングには、通常時に返すべき正しい値とエラー発生時に返すべきエラー情報の両方を関数の戻り値というひとつの値で表す必要があり、これらを区別して扱うためにコードや設計が煩雑になってしまう場合があるという問題もあります。この問題に対してはC++17で導入されたstd::optionalクラス（参照 P.188 本章「関数の失敗を無効な値として表す」節）やC++23で導入されたstd::expectedクラス（参照 P.192 本章「関数から正常値かエラー値のどちらかを返す」節）を使用するとよいでしょう。

参照 P.188 本章「関数の失敗を無効な値として表す」節

● 例外によるエラーハンドリング

　例外によるエラーハンドリングでは、以下の2つの操作を使用します。

- 送出（throw）
- 捕捉（catch）

　これにより正常系の処理とエラーハンドリングを行う部分を区別して記述できるため、戻り値によるエラーハンドリングよりも見通しのいいコードを記述できる場合があります。さらに、関数呼び出し階層の奥深くで起きた例外を呼び出し元の関数で捕捉できるため、戻り値によるエラーハンドリングのような、エラー情報を呼び出し元に伝えていく処理を記述する必要がありません。

　送出された例外は必ずどこかで捕捉される必要があります。例外がどこからも捕捉されなかった場合は、std::terminate()関数が呼び出され、プログラムが強制終了します。そのため、戻り値を使用する方法と異なり、確認するべきエラーを確認し忘れるというようなバグを早期に発見できます。

　以下のプログラムが、送出と捕捉の基本操作例です。

```
void h() {
  throw runtime_error{"エラーが発生した！"};
  doSomething1(); // このコードは実行されない
}

void g() {
```

```
  h();
  doSomething2(); // このコードは実行されない
}

void f() {
  try { // 例外を送出する可能性がある処理
    g();
  }
  catch (runtime_error& e) { // runtime_errorクラスの例外オブジェクトを捕捉
    cerr << e.what() << endl; // エラーメッセージを取得
    throw; // 捕捉した例外を再送出
  }
  catch (exception& e) {        // exceptionクラスを継承した
                                // すべての例外オブジェクトを捕捉
    cerr << "exceptionを継承した例外オブジェクトが送出された" << endl;
  }
  catch (...) {                 // あらゆる例外を捕捉
    cerr << "何かの例外オブジェクトが送出された" << endl;
  }
}
```

● 例外の送出

　例外の送出には、throwキーワードを使用します。サンプルコードでは、std::runtime_errorクラスのコンストラクタを呼び出して一時オブジェクトを構築し、そのオブジェクトをthrowして例外を送出しています。このように例外として送出されるオブジェクトを「例外オブジェクト」といいます。

　例外オブジェクトにはint型やstd::string型など任意の型を使用可能ですが、一般的にはstd::exceptionクラスを継承したクラスを使用します。

　送出した例外は次に解説するcatchブロックで捕捉します。例外が送出されると、その関数の残りの処理は実行されず、その例外に対応するcatchブロックが見つかるまで次々に関数の呼び出し階層を脱出し続けます。そしてそのようなcatchブロックが見つかると、そのcatchブロックから処理が再開します。

● 例外の捕捉

　例外を捕捉するには、例外を送出するかもしれない処理をtryブロックの中で実行し、catchブロックを使用してそれを捕捉します。サンプルコードでは、関数f()のtryブロックの中から呼び出している関数g()のさらにその先の関数h()で例外が発生し、それをcatchブロックで捕捉しています。

　catchブロックは、送出された例外オブジェクトを受け取り、エラーハンドリングを行うためのブロックです。catchブロックは1つのtryブロックに対して複数記

述できます。

各catchブロックには、捕捉したい例外の型を指定します。例外の型検査は上から順に行われます。サンプルコードでは、std::runtime_error クラスが std::exception クラスを継承しているため、std::runtime_error と std::exception の両方の catch ブロックにマッチしますが、上から順に検査されるというルールがあるため、std::runtime_error の catch ブロックが選択されます。

catch ブロックでは、例外オブジェクトを参照として受け取れます。参照ではなく catch (runtime_error e) のように非参照の値として例外オブジェクトを受け取ることも可能ですが、コピーコストを抑えるために一般的には参照を使用します。

サンプルコードでは、参照として受け取った std::runtime_error オブジェクトの what() メンバ関数を呼び出して、標準エラー出力にエラーメッセージを出力しています。

catch (...) ブロックは、あらゆる例外を捕捉します。型を明示して捕捉するほかの catch ブロックとは異なり、送出された例外オブジェクトを直接は受け取れません。このブロックで例外オブジェクトを受け取るには、std::current_exception() 関数 **C++11** を使用します。

参照 ▶ P.186 本章「例外を持ち運ぶ」節

◉ 例外の再送出

throw キーワードに例外オブジェクトを指定しない場合、現在捕捉している例外を再送出できます。以下のような場合に使用します。

- 例外を捕捉して、エラーログを出力したうえで、復旧不可能とみなし、プログラムを終了させたい場合
- 入れ子になった try／catch ブロックで一段上の catch ブロックに再度処理させたい場合

throw e; とした場合は、再送出ではなく、「例外オブジェクト e をコピーして送出する」という意味になります。

◉ 例外によるエラーハンドリングの問題点

例外によるエラーハンドリングは、例外の使用自体が難しいという問題があります。

例外が発生するとその時点で関数の処理が中断されてしまうため、関数の処理が不完全となって、メモリリークが発生したりオブジェクトが中途半端に変更された状態になったりしてしまい、プログラム上の整合性が壊れてしまう可能性がありま

す。

　例外が発生してもこのような問題が発生しないコードの特性を「例外安全性」といい、例外を使用する場合、プログラムが例外安全性を満たすように注意深くプログラムを記述しなければなりません。

　そのため、例外を使用したエラーハンドリングは、戻り値を使用したものに比べて難易度が高いものになります。

　例外安全性については、参考書籍の『Exceptional C++』(参照 P.571 付録「参考文献・URL」)に詳しく解説されています。

　また、例外の送出／捕捉の処理は実行コストが高く、さらに例外をサポートするために、コンパイラによって関数の処理に追加のコードが挿入されることがあります。そのため頻繁に呼び出される関数で例外を使用すると、パフォーマンス上の問題となる可能性があります。

● グローバル変数によるエラーハンドリング

　このエラーハンドリングの仕組みは、C言語の標準ライブラリ関数やWin32 APIなどで利用されています。C言語標準ライブラリではerrno変数を、Win32 APIではGetLastError()関数／SetLastError()関数を利用して、エラー情報を受け渡します。

　具体的には、何かエラーが発生したときにそのエラーを表す値をこれらの変数や関数にセットし、呼び出し元に処理が戻った時点でこの値を確認して、エラーが発生したかどうかを判定します。

　この方法は関数の戻り値の型によらずにエラー情報を伝えられるため、戻り値を使用する方法に比べて統一的な作法でエラーハンドリングができます。

　以下が、グローバル変数によるエラーハンドリングのサンプルです。

```
int error_code;

// ファイルから、指定したキーのデータを読み込む
// 見つからなかった場合は空文字列を返し、
// error_codeに0以外のエラーコードを設定する
string findEntry(const char* filepath, const char* key) {
  if (必要なファイルが見つからない) {
    error_code = /* ファイルが見つからないことを表すエラーコード */;
    return "";
  }

  if (指定されたキーのデータが見つからない) {
    error_code = /* キーがファイル中に見つからないことを表すエラーコード */;
  }
```

```
  return /* 見つかった値を返す */;
}

error_code = 0;
string entry = findEntry("datafile.txt", "MyKey1");
if (error_code != 0) {
  // エラー発生のため、何らかのエラーハンドリングを行う
} else {
  // 正常系の処理を行う
}
```

　グローバル変数によるエラーハンドリングでは、エラー値を保持するグローバル変数が複数のスレッドから読み書きされるとエラー情報を正しく伝えられなくなってしまいます。そのため、この仕組みで使用するグローバル変数は一般的にスレッドローカル変数として定義します。

参照　P.542 第8章「スレッドローカル変数を使用する」節

● グローバル変数によるエラーハンドリングの問題点

　この方法ではある決まったグローバル変数に値をセットしてエラー情報を受け渡すことになるため、プログラム中で発生したいろいろなエラーの情報をそのグローバル変数にセット可能な値に変換する必要があります。エラーに関するより詳しい情報を伝えたい場合、複数のグローバル変数を使い分ける方法も考えられますが、それよりは戻り値や参照仮引数を利用してエラー情報を返すようにするか、例外を使用するほうがよいでしょう。

　またもう1つの問題として、関数の呼び出し前後でグローバル変数を初期化／確認する必要があるため、戻り値によるエラーハンドリングと同じように、呼び出す関数が増えたときに、関数の処理が複雑になったり確認漏れによってバグの原因になったりする可能性があります。

例外クラスを使い分ける

<exception>ヘッダ

```cpp
namespace std {
  class exception {
  public:
    exception() noexcept;
    exception(const exception&) noexcept;
    exception& operator=(const exception&) noexcept;
    virtual ~exception();
    virtual const char* what() const noexcept;
  };
}
```

<stdexcept>ヘッダ

```cpp
namespace std {
  class logic_error : public exception {
  public:
    explicit logic_error(const string& what_arg);
    explicit logic_error(const char* what_arg);
  };

  class domain_error : public logic_error       { …同上… };
  class invalid_argument : public logic_error   { …同上… };
  class length_error : public logic_error       { …同上… };
  class out_of_range : public logic_error       { …同上… };

  class runtime_error : public exception        { …同上… };
  class range_error : public runtime_error      { …同上… };
  class overflow_error : public runtime_error   { …同上… };
  class underflow_error : public runtime_error  { …同上… };
}
```

<system_error>ヘッダ `C++11`

```cpp
namespace std {
  class system_error : public runtime_error {
  public:
    system_error(error_code ec, const string& what_arg);
    system_error(error_code ec, const char* what_arg);
    system_error(error_code ec);
```

```
    system_error(int ev, const error_category& ecat,
                const string& what_arg);
    system_error(int ev, const error_category& ecat,
                const char* what_arg);
    system_error(int ev, const error_category& ecat);
    const error_code& code() const noexcept;
    const char* what() const noexcept;
  };
}
```

サンプルコード

```
void f(int i) {
  const int size = 3;
  int ar[size];

  if (i < 0 || i >= size) {
    throw out_of_range{"範囲外の値が渡されました"};
  }
}

try {
  f(5);
}
catch (out_of_range& e) {
  const char* message = e.what();
  cerr << message << endl;
  throw;
}
```

実行結果(例外による異常終了の仕方は環境依存)

```
範囲外の値が渡されました

This application has requested the Runtime to terminate it in an unusual
way.
Please contact the application's support team for more information.
terminate called after throwing an instance of 'std::out_of_range'
  what():  範囲外の値が渡されました
```

　これらは使用する場面ごとの型が用意されているため、適切な場面で、適切な例
外クラスを使用する必要があります。

　以下の表に、どういった場面でどの例外クラスを選択するかの指標を示します。
以下の例外クラスはすべて、std名前空間で定義されます。

▼ 例外クラスの使い分け

例外クラス	使用する場面
`exception`	このクラスを継承したあらゆる例外クラスオブジェクトを捕捉するために、catchで使用する
`logic_error`	関数を実行するための前提条件、クラスの不変条件全般などの論理エラーに使用する。このクラスを継承し、より目的が特化したクラスが用意されているため、通常このクラスを直接使用することはない
`domain_error`	主に数学関連の処理で想定範囲外の値が渡された場合に使用する(例:平方根の計算に負の値を使用)
`invalid_argument`	関数の仮引数で不正な値が渡された場合に使用する(例:有効な値を指すポインタを想定しているが、ヌルポインタが渡された)
`length_error`	処理可能な長さを超えた場合に使用する(例:メモリを確保するときに、確保可能な容量を超えて指定された)
`out_of_range`	データ構造の要素にアクセスする際、範囲外の値が指定された場合に使用する
`runtime_error`	論理エラーで取り切ることのできない実行時エラーに使用する(例:オーバーフロー、ファイルが開けなかった、ネットワークに接続できなかった)
`range_error`	内部の演算処理で値域外エラーとなった場合に使用する(例:浮動小数点数の演算を行い、doubleで表現可能な範囲を超えた)
`overflow_error`	演算処理の結果としてオーバーフローした場合に使用する
`underflow_error`	演算処理の結果としてアンダーフローした場合に使用する
`system_error`	OSレベルでのエラーが発生した場合に使用される。OSのAPIをラップする処理で使用する(例:ファイルが存在しないのにアクセスしようとした、タイムアウトした、ネットワークに接続できない) **C++11**

例外を送出しないことを明示する `C++11`

ある関数が「例外を決して送出しない」ということがコンパイル時にわかると、以下のような理由により、パフォーマンスが向上する可能性があります。

- その関数の呼び出し元で、例外が送出されないことを期待して高速に処理を行うような実装を使用できる
- 例外をサポートするための追加の命令をコンパイラが生成する必要がなくなる

例外が送出されないことを期待して高速に処理を行う例としては、std::vector クラスの push_back() メンバ関数があげられます。この関数は、保持している要素の型のムーブコンストラクタが例外を送出しないとわかっている場合に、例外を送出する可能性がある型に向けた実装よりも、単純で高速な仕組みによる実装が可能です。

実際に主要な処理系でこのような実装が用意されているため、ユーザー定義のクラスでもムーブコンストラクタから例外を送出しないことを明示できれば、パフォーマンスの向上が期待できます。

このように、関数が例外を送出しないことを明示するための仕組みが「例外指定」です。

例外を送出しないことを明示するには、関数の宣言時に noexcept キーワードを追加します。

```cpp
class Item {
  int id = 0;
public:
  // getId()メンバ関数は決して例外を送出しない
  int getId() const noexcept {
    return id;
  }
};
```

単に値を返すだけのゲッターメンバ関数や、== 演算子や < のような比較演算子などは、通常の実装で例外が発生することはないので、これらの関数は一般的に noexcept を指定できます。

もしコンストラクタ、コピーコンストラクタ／コピー代入演算子、あるいはムー

ブコンストラクタ／ムーブ代入演算子などを、例外を送出しないように実装した場合には、これらの関数にnoexceptを指定すると、上記のpush_back()メンバ関数の例のように、標準ライブラリを利用する際のパフォーマンスが向上する可能性があります。これらの関数が、ユーザー定義ではなくコンパイラによって自動生成された場合には、メンバ変数の初期化／コピー／ムーブ処理が例外を送出する可能性があるかどうかをもとに、自動的にnoexcept相当かどうかが決定されます。

noexceptを指定した関数からは例外を送出してはいけません。もしnoexceptを指定した関数の中から例外を送出してしまうと、std::terminate()関数が呼び出され、プログラムが強制終了します。

● 条件によって例外を送出しない

noexceptを指定したい関数単体では「例外を送出しない」とは言い切れない場合があります。たとえば、「その関数が例外を送出するかどうかは、その関数内で呼び出している別の関数が例外を送出するかどうかに依存している」場合です。

そのような状況のために、noexceptキーワードには、以下の機能があります。

- 指定した式が**noexcept**かどうかを**bool**値で判定する機能
- bool値によって**noexcept**指定の有効／無効を切り替える機能

以下の例では、「Item::getId()メンバ関数がnoexceptであれば、その非メンバ関数版であるgetItemId()関数もまた例外を送出しない」という指定をしています。

```
int getItemId(const Item& item)
             noexcept(noexcept(item.getId())) {
  return item.getId();
}
```

入れ子になっているnoexceptの内側にある"noexcept(item.getId())"という式は、item.getId()がnoexceptであればtrue、そうでなければfalseを返します。その外側にある関数のシグネチャとしてのnoexceptではbool値の結果をもとに、noexcept(true)となるならばnoexceptを有効に、noexcept(false)となるならば、noexceptを無効にします。

● デストラクタでは例外を送出してはいけない

デストラクタには暗黙的にnoexceptが指定されます。ユーザー定義のデストラクタを宣言する際にnoexcept(false)を指定して、例外を送出可能にもできますが、デストラクタではいかなる理由があっても例外を送出すべきではありません。

デストラクタから例外が送出されると、同じスコープにあるほかのオブジェクト

のデストラクタが呼び出されなくなるため、それらのオブジェクトが保持している
メモリやファイルなどのリソースが正しく解放できなくなります。また、例外の送
出によって関数の呼び出し階層を脱出しているときにデストラクタから新たに例外
を送出してしまうと、std::terminate()関数が呼び出され、プログラムが強制終了
します。

　デストラクタの中で例外が発生しうる処理を行う場合は、適切にその例外を捕捉
して、決して例外がデストラクタの外に送出されないようにする必要があります。
捕捉した例外の情報をどこかに通知したい場合は、std::exception_ptrクラスを使
用して例外オブジェクトを受け渡す方法や、例外の情報を受け渡すための関数を用
意し、例外発生時にその関数を呼び出す方法などが使用できます。

参照 P.186 本章「例外を持ち運ぶ」節

システムのエラーを扱う

```cpp
namespace std {
  enum class errc {
    connection_refused,
    network_down,
    no_link,
    no_such_file_or_directory,
    not_supported,
    permission_denied
    timed_out
    ...
  };

  class error_code {
  public:
    error_code() noexcept;
    error_code(int val, const error_category& cat) noexcept;
    ...

    int value() const noexcept;
    string message() const;

    explicit operator bool() const noexcept;
  };

  error_code make_error_code(errc e) noexcept;

  class system_error : public runtime_error {
    system_error(error_code ec);
    ...
  };
}
```

| サンプルコード |

```cpp
// サーバに接続を試みるOSのAPI
int connect_to_server_api();
```

```
try {
  if (connect_to_server_api() == 503) {
    // ネットワークがダウンしている。
    // 503は「サービスが利用できない」ことを
    // 表すHTTPのステータスコード
    error_code ec = make_error_code(errc::network_down);
    throw system_error{ec};
  }
}
catch (system_error& e) {
  error_code ec = e.code();
  cout << ec.message() << endl;
}
```

実行結果（エラーメッセージは環境によって異なる）

```
Network is down
```

　OSレベルのエラーが発生した場合には、std::error_codeクラスとstd::system_
error例外クラスを使用して、ユーザーにエラーを通知します。これらのクラスは、
OSのAPIをラップするプログラムを書く際に必要になります。

　std::error_codeクラスは、OSやそれに近い低レベルの処理で発生するエラーを
表すクラスで、エラー値に対応するエラーメッセージを取得できます。std::system_
errorクラスと組み合わせて例外としても利用できますが、単なる戻り値や、以下
のサンプルコードのように参照仮引数としても使用できます。

```
// エラー発生の可能性がある関数
int my_api(error_code& ec);

error_code ec;
int result = my_api(ec);

// エラーが発生していたら
if (ec) {
  // エラー値とエラーメッセージを取得する
  errc error_value = ec.value();
  string error_message = ec.message();
}
```

　std::error_codeクラスは、以下のメンバ関数によって、エラーに関する情報を
取得できます。

- **bool**への型変換演算子　⇒　エラーを持っているかを判定する
- **value()**メンバ関数　　⇒　エラー値を取得する
- **message()**メンバ関数　⇒　エラー値に対応するエラーメッセージを取得する

　最初のサンプルコードで示したように、`std::error_code`クラスは、`std::errc`列挙型のエラー値を`std::make_error_code()`ヘルパ関数に渡すことで構築できます。

　エラー値を表す`std::errc`列挙型には、OSが報告しうる、さまざまなエラー値が定義されています。紙面の都合ですべて紹介することはできないので、代表的な列挙値を以下の表に示します。

▼ errc の列挙値

列挙値	説明
connection_refused	接続が拒否された
network_down	ネットワークがダウンしている
no_link	リンクが切れている
no_such_file_or_directory	ファイルまたはディレクトリが存在しない
not_supported	サポートされていない
permission_denied	許可されていない
timed_out	タイムアウトした

　errc列挙型の詳細は、以下のWebページを参照してください。

errc（cpprefjp - C++日本語リファレンス）
https://cpprefjp.github.io/reference/system_error/errc.html

例外を持ち運ぶ

```
namespace std {
  class exception_ptr {
    public:
      exception_ptr();
      ...
  };

  exception_ptr current_exception() noexcept;
  [[noreturn]] void rethrow_exception(exception_ptr p);
  template <class E>
  exception_ptr make_exception_ptr(E e) noexcept;
}
```

サンプルコード

```
void print(exception_ptr e) {
  if (e == nullptr) {
    cout << "no exceptions" << endl;
  }
  else {
    cerr << "some exceptions" << endl;
  }
}


try {
  // ここでcurrent_exception()を呼び出すと空の例外ポインタが返される
  exception_ptr err = current_exception();
  print(err);
  throw runtime_error{"test for exception_ptr"};
}
catch (...) {
  // 送出中の例外オブジェクトへの例外ポインタを取得
  exception_ptr err = current_exception();
  print(err);

  try {
    // 保持している例外を再送出する
```

```
    rethrow_exception(err);
  }
  catch (runtime_error& e) {
    cout << "caught exception : " << e.what() << endl;
  }
}
```

実行結果

```
no exceptions
some exceptions
caught exception : test for exception_ptr
```

std::exception_ptrは、「例外ポインタ」と呼ばれる、送出中の例外オブジェクト
を管理するスマートポインタです。

現在送出されている例外オブジェクトへのポインタは、catchブロック内で
std::current_exception()関数を呼び出すことで取得できます。catchブロックを
使わなくても、std::make_exception_ptr()関数に例外オブジェクトを渡すことで、
その例外オブジェクトを管理する例外ポインタを生成できます。

例外ポインタは、例外オブジェクトの所有権を持つため、例外ポインタの生成元
となる例外オブジェクトの寿命を超えて持ち運べます。

例外ポインタをstd::rethrow_exception()関数に指定することで、保持している
例外を再送出できます。

std::exception_ptrによって例外を持ち運ぶ仕組みは、主に非同期処理の際に例
外を受け渡すために使用されます。

参照 P.535 第8章「スレッドをまたいで値や例外を受け渡す」節

関数の失敗を無効な値として表す

<optional>ヘッダ `C++17`

```cpp
namespace std {
  struct nullopt_t { … };
  inline constexpr nullopt_t nullopt

  template<class T>
  class optional {
  public:
    constexpr optional() noexcept;
    constexpr optional(nullopt_t) noexcept;
    template <class U = T> explicit optional(U&&);

    optional& operator=(nullopt_t) noexcept;
    template <class U = T> optional& operator=(U&&);

    constexpr const T* operator->() const;
    constexpr T* operator->();
    constexpr const T& operator*() const &;
    constexpr T& operator*() &;
    constexpr explicit operator bool() const noexcept;
    constexpr bool has_value() const noexcept;
    constexpr const T& value() const&;
    constexpr T& value() &;
    template <class U> constexpr T value_or(U&&) const &;

    void reset();
    …
  };
}
```

サンプルコード

```cpp
// 文字列を数値に変換する
optional<int> convertToInt(const string& text) {
  stringstream ss{text};
  int result = 0;
  ss >> result;
  if (ss.fail()) {
```

```
    return nullopt; // 変換に失敗した場合は、失敗を表す無効な値を返す
  } else {
    return result; // 成功した場合は、値をそのまま返す
  }
}

optional<int> n1 = convertToInt("-100");
if (n1) { // operator bool()によって成功したかどうかを確認できる
  cout << n1.value() << endl;
}

if (auto n1 = convertToInt("-100")) { // if文の中で戻り値を受け取って
                                      // 使用することもできる
  cout << *n1 << endl;
}

optional<int> n2 = convertToInt("abc");
if (!n2) {
  cout << "変換失敗" << endl;
}

cout << n2.value_or(200) << endl;
```

実行結果

```
-100
-100
変換失敗
200
```

std::optionalクラスは、任意の型Tに、無効な値の表現を追加で持たせるためのクラスです。大まかなイメージとしては、次のような有効な値と無効な値(nullopt)のどちらかを持てる仕組みを持ったクラスです。

```
template<class T>
class optional {
public:
  union { // 有効な値か、無効な値かどちらかを持つ
    nullopt_t nullopt;
    T value_;
  };
  bool has_value_;
};
```

たとえば、戻り値が int 型になっているような関数では、関数の処理でエラーが発生したときに戻り値を-1 のような値にして、エラーを表すことがあります。しかしサンプルコードの convertToInt() 関数のような関数では、int 型で扱える範囲の値すべてが関数の戻り値として有効な値になってしまうため、int 型の戻り値ではエラーを表現できません。

また、戻り値の型でエラーを表せる場合でも、どの値がエラーを表す値なのかは関数によって異なります。そのため、エラーを判定する方法が複数必要になり、コードが複雑になってしまったり、バグを埋め込みやすくなってしまったりします。

これらの場合に std::optional クラスを使用すると、処理が失敗したことを表す無効な値を関数から返せるようになり、統一的な方法で呼び出し元に失敗を伝えられます。さらに、戻り値として無効な値が返るということが関数の宣言からわかるため、失敗する可能性がある関数だということが明示され、コードの可読性や保守性が向上します。

● std::optional クラスの初期化とメンバ関数

std::optional クラスのテンプレート実引数には、有効な値として保持したいデータの型を指定します。std::optional<MyClass &> のように参照は指定できません。

std::optional クラスのコンストラクタに対して、std::optional クラスのテンプレート実引数に指定した型の値を渡すと、有効な値を保持する std::optional クラスのオブジェクトを作成できます。

デフォルトコンストラクタを呼び出したり、コンストラクタに std::nullopt を渡したりすると、無効な値を保持する std::optional クラスのオブジェクトを作成できます。またこのとき、有効な値を保持するためのメモリ領域は初期化されず、テンプレート実引数に指定した型のコンストラクタが呼び出されることもありません。

オブジェクトが有効な値を持っているかどうかは、bool 型への変換演算子（operator bool()）や、has_value() メンバ関数を使用して判定できます。

有効な値を保持しているオブジェクトからその値を取り出すには、間接参照演算子（operator *()）や、value() メンバ関数を使用します。

無効な値を保持しているオブジェクトからは値を取り出せません。そのような場合に間接参照演算子を使用すると、未定義動作が引き起こされ、プログラムの実行結果として何が起こるかわからなくなります。value() メンバ関数を使用した場合には、std::bad_optional_access 例外が送出されます。

value_or() メンバ関数は、オブジェクトに有効な値が保持されていればそれを、そうでなければ既定の値を使用したい場合に使用します。

有効な値を保持しているオブジェクトを、無効な値が保持された状態に戻すには、reset() メンバ関数を呼び出すか std::nullopt を代入します。

● 遅延初期化

std::optional クラスは関数の戻り値としてだけではなく、あるデータを初期化するタイミングを遅延させる仕組みとしても利用できます。

```cpp
// ストリームからデータを読み込む
// 失敗した場合は無効値を返す
template<class T>
optional<T> read_value(istream &is);

void f(istream& is) {
  int required_value = 0; // 必須データ
  optional<int> optional_value; // 必須ではないデータ

  if (auto x = read_value<int>(is)) {
    required_value = *x;

    // 必須のデータが取得できた場合にのみ、
    // 追加のデータの取得を試行して、optional_valueを初期化
    optional_value = read_value<int>(is);
  } else {
    throw runtime_error{"データ列の内容が不正"};
  }

  doSomething(required_value);

  // optional_valueが取得できていたらそれを使用して追加の処理を行う
  if (optional_value) {
    doSomething2(*optional_value);
  }
}
```

同様の仕組みは std::unique_ptr のようなスマートポインタを使用しても実装できますが、std::optional の場合は、値を保持する際にメモリを確保する必要がありません。ただしその仕組みのために、サイズの大きな型を指定した std::optional クラス同士でのコピーやムーブは、スマートポインタに比べてパフォーマンスが悪くなる場合があります。

保持する型のサイズが小さくコピーコストが問題にならない場合や、余計なメモリ確保を避けたい場合は std::optional を使用し、サイズが大きくコピーコストの高いオブジェクトを何度も受け渡して利用するような場合にはスマートポインタを使用するといいでしょう。

関数から正常値かエラー値の
どちらかを返す

<expected>ヘッダ `C++23`

```cpp
namespace std {
template <class E>
class unexpected;

template <class T, class E>
class expected {
  public:
    constexpr expected();
    constexpr expected(const expected&);
    constexpr expected(expected&&);

    template <class U = T>
    constexpr expected(U&& v);
    template <class G>
    constexpr expected(const unexpected<G>&);
    template <class G>
    constexpr expected(unexpected<G>&&);

    constexpr explicit operator bool() const noexcept;
    constexpr bool has_value() const noexcept;

    constexpr const T& value() const;
    constexpr T& value();

    constexpr const E& error() const noexcept;
    constexpr E& error() noexcept;
    ...
  };
}
```

サンプルコード

```cpp
// 文字列を数値に変換する。
// 正常値としてint型、
// エラー値としてstring型を返す
expected<int, string> convertToInt(const string& text) {
  stringstream ss{text};
```

```
  int result = 0;
  ss >> result;
  if (ss.fail()) {
    return unexpected("変換失敗"); // 変換に失敗した場合は、
                                   // 失敗した理由や状況を返す
  } else {
    return result; // 成功した場合は、成功値をそのまま返す
  }
}

expected<int, string> n1 = convertToInt("-100");
if (n1) { // operator bool()によって成功したかどうかを確認できる
  cout << n1.value() << endl; // 正常値を取り出す
}
else {
  cout << n1.error() << endl; // エラー値を取り出す
}
```

実行結果

```
-100
```

　std::expectedクラスは、正常値を表す任意の型Tか、エラー値を表す任意の型E
の、どちらかの値を代入できるクラスです。

　このオブジェクトにエラー値を代入する際は、std::unexpectedという型でエラー
値を包んでから代入します。これにより、std::expected<std::string, std::
string>のように、正常値の型とエラー値の型が同じであっても、明示的にエラー
値を代入できます。

　正常値を持っているかどうかは、bool型への変換演算子(operator bool())か、
has_value()メンバ関数を使用して判定できます。

　正常値を取り出すにはvalue()メンバ関数、エラー値を取り出すにはerror()メ
ンバ関数を使用します。

アサーションを行う

\<cassert\>ヘッダ

```
assert(expression);
```

サンプルコード

```
// この関数には0以外の整数を渡すこと！
void f(int x) {
  assert(x != 0);
}

f(1); // OK
f(0); // アサーション失敗
```

assert()は、渡された式が「真となるべき」と表明するための関数マクロです。

このマクロは、渡された式が真と評価される場合は何もせず、偽と評価される場合はプログラムを異常終了させます。

NDEBUGがプリプロセッサで定義されている場合は、assert()マクロは「#define assert(ignore) ((void)0)」のように定義され、機能が無効化されます。

assert()マクロは、開発用のバージョンに含まれるバグをリリース前に早期に発見するための機能です。リリース用のバージョンでは、上記のNDEBUGプリプロセッサによって、assert()マクロを無効化しておくことが一般的です。

assert()マクロに渡す式の中で、副作用を発生させる処理、つまりオブジェクトやシステムの状態を変更するような処理を行ってはいけません。NDEBUGプリプロセッサによってassert()マクロを無効化すると、このマクロに渡した式は実行されなくなるため、開発用バージョンとリリース用バージョンで挙動が異なってしまうためです。

参照 P.195 本章「コンパイル時にアサーションを行う」節

コンパイル時にアサーションを行う C++11

```
static_assert(constant-expression, string-literal);
static_assert(constant-expression); // C++17
```

サンプルコード

```
template <int Size>
struct Pool {
  static_assert(Size > 0, "プールサイズは0より大きくなければならない");
  char buffer[Size];
  ...
};

Pool<10> pool; // 1. OK
//Pool<0>  pool; // 2. コンパイルエラー！
//Pool<-1> pool; // 3. コンパイルエラー！
```

　static_assertは、渡された定数式が「真となるべき」と表明するアサーション機能のコンパイル時バージョンです。定数式が偽であった場合はコンパイルエラーとなり、第2実引数の文字列がコンパイルエラーのメッセージとなります。

　static_assertはマクロや関数ではなく、C++が提供するキーワードとなるため、ヘッダファイルをインクルードする必要はありません。ここでは、メモリプールを実装するための簡易コードとして、プールサイズを示すテンプレート実引数のサイズ確認をしています。

　C++17からは、第2実引数の文字列を省略できます。省略した場合のコンパイルエラーメッセージは未規定です。

参照 P.194 本章「アサーションを行う」節

システムを終了させる

<cstdlib>ヘッダ

```
namespace std {
  [[noreturn]] void exit(int status);

  // C++11
  [[noreturn]] void quick_exit(int status) noexcept;
}
```

<exception>ヘッダ

```
namespace std {
  [[noreturn]] void terminate() noexcept;
}
```

main()関数の終了以外に、任意にプログラムを終了させる方法として、以下の3つがあります。

- std::exit()
  - ⇒ グローバルオブジェクトのデストラクタを実行したあと、プログラムを終了させる
- std::quick_exit()
  - ⇒ リソースの解放をOSに任せ、グローバルオブジェクトのデストラクタを実行することなくプログラムを終了させる
- std::terminate()
  - ⇒ プログラムを異常終了させる(例外がキャッチされなかった場合に自動的に呼び出されますが、ユーザーが任意に呼び出すこともできます)

● グローバルオブジェクトのデストラクタを実行してシステムを終了させる

サンプルコード

```
struct X {
  ~X() { cout << "X dtor" << endl; }
};


X x;
```

```
exit(0); // システムを終了させる（ステータスコードは0）
```

```
X dtor
```

エラーハンドリング

● グローバルオブジェクトのデストラクタを実行せずにシステム を終了させる　C++11

サンプルコード

```
struct X {
  ~X() { cout << "X dtor" << endl; }
};

X x;

quick_exit(0); // システムを終了させる（ステータスコードは0）
```

実行結果（デストラクタは呼ばれない）

● システムを異常終了させる

サンプルコード

```
terminate(); // システムを異常終了させる
```

実行結果

This application has requested the Runtime to terminate it in an unusual
way.
Please contact the application's support team for more information.

CHAPTER 4

文字列

● C++における文字列型

C++の文字列型には、以下の3種類があります。

- C言語から引き継いだ、char などの配列による文字列型
- 上記を抽象化した、std::basic_string クラス
- 文字列を参照する std::basic_string_view クラス（ **参照** P.234 本章「低いコストで文字列を受け取る」節）

本章では std::basic_string を主に扱います。

std::basic_string クラスはテンプレート仮引数として文字型をとる、あらゆる文字型の文字列を扱うためのクラスです。その typedef として、以下の4つが定義されます。

▼ 文字列型の定義

文字列型	説明
std::string	char 型の文字列。文字コードの規定なし。Shift_JIS や EUC-JP、UTF-8 のようなマルチバイト文字列として広く使用されるほか、バイト列としても使用される
std::u8string	char8_t 型の文字列。UTF-8 文字コードの文字列 **C++20**
std::u16string	char16_t 型の文字列。UTF-16 文字コードの文字列 **C++11**
std::u32string	char32_t 型の文字列。UTF-32 文字コードの文字列 **C++11**
std::wstring	wchar_t 型の文字列。文字コードの規定なし。wchar_t のバイト数は規定されていないが、wchar_t が2バイトの環境では UTF-16 文字コードの文字列として広く使用されてきた

| 各文字列型のリテラルによる初期化

```
string a = "ABC";
u8string b = u8"ABC"; // C++20 : UTF-8
// string b = u8"ABC"; // C++17以前の環境ではこちらを使用する
u16string c = u"ABC"; // C++11 : UTF-16
u32string d = U"ABC"; // C++11 : UTF-32
wstring e = L"ABC";
```

標準で定義される std::basic_string クラスの typedef は、第1テンプレート仮引数の CharT のみを指定しています。第2テンプレート仮引数の Traits を切り替えることで、文字を比較する方法を外部から指定できます。さらに第3テンプレート仮引数の Allocator を切り替えることで、領域確保の方法を外部から指定できます。

```
namespace std {
  template <class CharT, class Traits = char_traits<CharT>,
            class Allocator = allocator<CharT>>
  class basic_string;

  typedef basic_string<char> string;
  typedef basic_string<char8_t> u8string;   // C++20
  typedef basic_string<char16_t> u16string; // C++11
  typedef basic_string<char32_t> u32string; // C++11
  typedef basic_string<wchar_t> wstring;
}
```

4

文字列

文字列オブジェクトを構築する

<string>ヘッダ

```
namespace std {
  template <class CharT, class Traits = char_traits<CharT>,
            class Allocator = allocator<CharT>>
  class basic_string {
  public:
    basic_string();
    basic_string(const basic_string& str);
    basic_string(basic_string&& str) noexcept; // C++11
    basic_string(const CharT* s);
    basic_string(size_type n, CharT c);
    template<class InputIterator>
    basic_string(InputIterator first, InputIterator last);
    explicit basic_string(
      const basic_string_view<Char, Traits>& sv); // C++17
    ~basic_string();
    ...
    static const size_type npos = -1;
  };
}
```

サンプルコード

```
string a;
string b = "sample";
string c(10, 't');
string d = b;
string e0 = b;
string e = move(e0);
string f(b.begin(), b.end());
string g(string_view("sample"));
cout << "a:" << a << endl;
cout << "b:" << b << endl;
cout << "c:" << c << endl;
cout << "d:" << d << endl;
cout << "e:" << e << endl;
cout << "f:" << f << endl;
cout << "g:" << g << endl;
```

実行結果

```
a:
b:sample
c:tttttttttt
d:sample
e:sample
f:sample
g:sample
```

　文字列オブジェクトの構築には、用途によっていくつかの方法があります。サンプルコードと対比した表を示します。

▼ 各種コンストラクタ

コード	説明
`string a;`	デフォルト構築。空の文字列を作成する
`string b = "sample";`	文字配列から文字列オブジェクトを作成する
`string c(10, 't');`	10文字分の文字 't' からなる文字列オブジェクトを作成する
`string d = b;`	コピー構築。渡された文字列オブジェクトの複製を作成する
`string e = move(e0);`	ムーブ構築。渡された文字列オブジェクトを *this に移動する。移動元オブジェクトは未規定の値となる
`string f(b.begin(), b.end());`	イテレータによって指定された範囲から文字列オブジェクトを作成する
`string g(string_view("sample"));`	文字列範囲への参照から文字列オブジェクトを作成する

　これらのコンストラクタは、テンプレート仮引数CharTと同じ文字型、あるいは文字列型などの各種引数を元に、文字列オブジェクトを作成できます。
　`std::basic_string<char>`の別名である`std::string`は、ワイド文字列「`L"ABC"`」のような異なる文字型の文字列では初期化できません。

参照 P.234 本章「低いコストで文字列を受け取る」

basic_string リテラルで構築する `C++14`

<string>ヘッダ

```cpp
namespace std {
inline namespace literals {
inline namespace string_literals {
  string operator "" s(const char* str, size_t len);
  u8string operator "" s(const char8_t* str, size_t len); // C++20
  u16string operator "" s(const char16_t* str, size_t len);
  u32string operator "" s(const char32_t* str, size_t len);
  wstring operator "" s(const wchar_t* str, size_t len);
}}}
```

サンプルコード

```cpp
using namespace std::string_literals;

auto str = "hello"s; // strはstd::string型
cout << str << endl;

auto u8str = u8"hello"s; // u8strは、C++17まではUTF-8文字コードのstd::string
                         // C++20からはstd::u8string

auto u32str = U"hello"s; // u32strはstd::u32string
```

実行結果

```
hello
```

std::basic_string向けに、リテラル演算子が定義されています。文字列リテラルのサフィックスとしてsを付けることにより、std::basic_stringオブジェクトを構築できます。

このリテラル演算子は、std::literals::string_literals名前空間で定義されています。literalsとstring_literalsはインライン名前空間として定義されていますので、以下のいずれかの名前空間をusing namespaceして使用します。

- std
- std::literals
- std::string_literals

より深い階層の名前空間を using namespace するほど、影響範囲が狭くなります。

参照 P.162 第2章「名前空間」節の「インライン名前空間」

文字列オブジェクトの基本操作

| `<string>`ヘッダ

```cpp
namespace std {
  template <class CharT, class Traits = char_traits<CharT>,
            class Allocator = allocator<CharT>>
  class basic_string {
  public:
    basic_string& operator=(const basic_string& str);
    basic_string& operator=(basic_string&& str) noexcept; // C++11
    basic_string& operator=(const CharT* s);

    basic_string& operator+=(const basic_string& str);
    basic_string& operator+=(const CharT* s);
    basic_string& operator+=(CharT c);
  };

  template <class CharT, class traits, class Allocator>
  basic_string<CharT, Traits, Allocator>
    operator+(const basic_string<CharT, Traits, Allocator>& lhs,
              const basic_string<CharT, Traits, Allocator>& rhs);

  template <class CharT, class traits, class Allocator>
  basic_string<CharT, Traits, Allocator>
    operator+(basic_string<CharT, Traits, Allocator>&& lhs,
              basic_string<CharT, Traits, Allocator>&& rhs); // C++11

  template <class CharT, class Traits, class Allocator>
  basic_string<CharT, Traits, Allocator>
    operator+(const CharT* lhs,
              const basic_string<CharT, Traits, Allocator>& rhs);

  template <class CharT, class traits, class Allocator>
  basic_string<CharT, Traits, Allocator>
  operator+(const basic_string<CharT, Traits, Allocator>& lhs,
            const CharT* rhs);

  ...
}
```

ここでは、文字列オブジェクトの基本操作である、入出力、代入、連結、比較について解説します。

● 入出力

サンプルコード

```
// 出力
string a = "hello";
cout << a << endl;

// 入力
string b;
cin >> b;
```

実行結果

```
hello
```

　std::basic_stringオブジェクトは、>>演算子によってストリームから入力、<<演算子によってストリームへ出力ができます。

● 代入

サンプルコード

```
// 文字配列の代入
string a;
a = "hello";

// 文字列オブジェクトのコピーを代入
string b;
b = a;

// 文字列オブジェクトをムーブ代入
string c0 = "world";
string c = move(c0);

cout << "a:" << a << endl;
cout << "b:" << b << endl;
cout << "c:" << c << endl;
```

実行結果

```
a:hello
b:hello
c:world
```

std::basic_stringオブジェクトは、代入演算子によって文字／文字列の代入ができます。std::basic_stringオブジェクトからのコピー代入、ムーブ代入に加え、文字配列からの代入ができます。

● 連結

サンプルコード

```
string a = "hello";
string b = " world";

// 文字列オブジェクト同士を連結
string c = a + b;

// 文字列オブジェクトと文字配列を連結
string d = a + " world";
string e = "hello" + b;

// 文字列オブジェクトと文字を連結
string f = a + '!';

cout << "c:" << c << endl;
cout << "d:" << d << endl;
cout << "e:" << e << endl;
cout << "f:" << f << endl;
```

実行結果

```
c:hello world
d:hello world
e:hello world
f:hello!
```

文字列オブジェクトの連結には、+演算子を使用します。この演算子は、以下の組み合わせをサポートしています。

- std::basic_stringオブジェクト同士
- std::basic_stringオブジェクトと文字配列

また、+=演算子によって現在の文字列オブジェクトに、文字もしくは文字列を加えることもできます。

● 比較

サンプルコード

```
string a = "123";
string b = "123";

cout << "== : " << (a == b) << endl;
cout << "!= : " << (a != b) << endl;
cout << "<  : " << (a <  b) << endl;
cout << "<= : " << (a <= b) << endl;
cout << ">  : " << (a >  b) << endl;
cout << ">= : " << (a >= b) << endl;
```

実行結果

```
== : 1
!= : 0
<  : 0
<= : 1
>  : 0
>= : 1
```

std::basic_stringオブジェクトは、==演算子、!=演算子、<演算子といった各種関係演算子によって比較できます。

大小比較の演算子は、各文字の文字コード順に比較を行います。

文字列の長さを取得する

<string>ヘッダ

```cpp
namespace std {
  template <class CharT, class Traits = char_traits<CharT>,
            class Allocator = allocator<CharT>>
  class basic_string {
  public:
    ...
    size_type size() const noexcept;
    size_type length() const noexcept;
    ...
  };
}
```

サンプルコード

```cpp
string x;
cout << "x.size():" << x.size() << endl;
cout << "x.length():" << x.length() << endl;

string y = "hello";
cout << "y.size():" << y.size() << endl;
cout << "y.length():" << y.length() << endl;
```

実行結果

```
x.size():0
x.length():0
y.size():5
y.length():5
```

　文字列オブジェクトに格納されている文字列の長さを取得するには、std::basic_
stringクラスのsize()メンバ関数もしくはlength()関数を使用します。これらの
関数に挙動の違いはありません。

　std::stringクラスをコンテナクラスと共通のインタフェースで使用したい場合
は、size()メンバ関数を使用するほうがいいでしょう。

文字列を空にする

<string>ヘッダ

```
namespace std {
  template <class CharT, class Traits = char_traits<CharT>,
            class Allocator = allocator<CharT>>
  class basic_string {
  public:
    ...
    void clear() noexcept;
    ...
  };
}
```

サンプルコード

```
string s = "hello";
cout << "s:" << s << endl;

s.clear();
cout << "s:" << s << endl;
```

実行結果

```
s:hello
s:
```

basic_string::clear()メンバ関数を使用することで、文字列オブジェクトを空にできます。

文字列が空かどうかを判定する

| <string>ヘッダ

```
namespace std {
  template <class CharT, class traits = char_traits<CharT>,
           class Allocator = allocator<CharT> >
  class basic_string {
  public:
    ...
    bool empty() const noexcept;
    ...
  };
}
```

| サンプルコード

```
// デフォルト構築状態は空
string s;
cout << "empty? :" << s.empty() << endl;

// 何らかの文字列が格納されている
s = "hello";
cout << "empty? :" << s.empty() << endl;

// 文字列を空にした
s.clear();
cout << "empty? :" << s.empty() << endl;
```

| 実行結果

```
empty? :1
empty? :0
empty? :1
```

basic_string::empty()メンバ関数を使用することで、文字列オブジェクトが空かどうかを判定できます。

　この関数は、文字列オブジェクトが空であればtrue、そうでなければfalseを返します。以下でも同様に判定できますが、空かどうかを判定する場合は、意図が明確なempty()を利用するほうが望ましいでしょう。

- s.size() == 0
- s.length() == 0

C言語インタフェースとやりとりする

<string>ヘッダ

```cpp
namespace std {
  template <class CharT, class Traits = char_traits<CharT>,
            class Allocator = allocator<CharT>>
  class basic_string {
  public:
    ...
    const CharT* c_str() const noexcept;
    const CharT* data() const noexcept;
    CharT* data() noexcept; // C++17
    ...
  };
}
```

サンプルコード

```cpp
string x = "abc";
printf("x:%s\n", x.c_str());

char y[10];
memcpy(y, x.data(), x.size());
y[x.size()] = '\0';
cout << "y:" << y << endl;
```

実行結果

```
x:abc
y:abc
```

std::basic_stringクラスのc_str()およびdata()メンバ関数は、文字列オブジェクトが格納している文字配列の先頭を指すポインタを返します。これらの関数で返される配列の長さはsize()+1となり、末尾の要素にはヌル文字('\0'文字、値0、CharTをデフォルト構築した値)が格納されます。

これらの関数を使用することで、char配列の先頭へのポインタを要求するC言語のAPIをstd::basic_stringオブジェクトに対して使用できます。ここでは、C言語の標準ライブラリ関数であるstd::printf()、std::memcpy()関数を、std::basic_stringオブジェクトに対して使用しています。

文字列オブジェクトの内容が変わった際には、c_str()／data()メンバ関数によって返されたポインタが無効になります。

なお、data()メンバ関数は、C++03においては末尾にヌル文字を付加する仕様にはなっていません。C++11から、data()メンバ関数の挙動がc_str()に合わせられることになりました。

文字列をイテレータを使用して操作する

<string>ヘッダ

```
namespace std {
  template <class CharT, class Traits = char_traits<CharT>,
            class Allocator = allocator<CharT>>
  class basic_string {
  public:
    ...

    iterator begin() noexcept;
    const_iterator begin() const noexcept;
    iterator end() noexcept;
    const_iterator end() const noexcept;

    reverse_iterator rbegin() noexcept;
    const_reverse_iterator rbegin() const noexcept;
    reverse_iterator rend() noexcept;
    const_reverse_iterator rend() const noexcept;

    const_iterator cbegin() const noexcept; // C++11
    const_iterator cend() const noexcept; // C++11
    const_reverse_iterator crbegin() const noexcept; // C++11
    const_reverse_iterator crend() const noexcept; // C++11
    ...

  };
}
```

サンプルコード

```
void foo(string::const_iterator a) {
  // 何もしない
}
void foo(string::iterator a) {
  *a = 'x';
}

// 範囲for文で文字列を走査する
string x = "hello";
cout << "x:";
for (const char& c : x) {
```

```
  cout << c;
}
cout << endl;

// 逆順イテレータの範囲で初期化
string y(x.rbegin(), x.rend());
cout << "y:" << y << endl;

// cbegin()／cend()はconst_iteratorを返す
foo(y.cbegin());
cout << "y:" << y << endl;

// begin()／end()はオブジェクトの状態によって
// iteratorかconst_iteratorかが切り替わる
foo(y.begin());
cout << "y:" << y << endl;
```

実行結果

```
x:hello
y:olleh
y:olleh
y:xlleh
```

　std::basic_stringクラスは、std::vectorやstd::mapといったコンテナと同様、イテレータインタフェースで文字列オブジェクトを操作できます。

　begin()／end()メンバ関数はそれぞれ、先頭要素を指すイテレータ、末尾要素の次を指すイテレータを返します。

　rbegin()／rend()メンバ関数は、逆順のイテレータを返します。たとえば"abc"という文字列オブジェクトの場合、rbegin()は'c'を指すイテレータを返し、rend()は'a'の前を指すイテレータを返します。

　cbegin()／cend()メンバ関数は、文字列オブジェクトがconstに指定されているかどうかに関わらず、常にconst_iteratorを返します。

　文字列オブジェクトの内容が変わった際には、イテレータが無効になります。

P.79 第2章「文」節の「範囲for文」
参照 P.390 第7章「イテレータの概要」節

文字列の一部を取得する

| <string>ヘッダ

```
namespace std {
  template <class CharT, class Traits = char_traits<CharT>,
            class Allocator = allocator<CharT>>
  class basic_string {
  public:
    ...
    basic_string substr(size_type pos = 0, size_type n = npos) const;
    ...
  };
}
```

| サンプルコード

```
string x = "abcdef";
cout << "x:" << x << endl;
cout << "x.substr():" << x.substr() << endl;
cout << "x.substr(2):" << x.substr(2) << endl;
cout << "x.substr(2, 3):" << x.substr(2, 3) << endl;
```

| 実行結果

```
x:abcdef
x.substr():abcdef
x.substr(2):cdef
x.substr(2, 3):cde
```

文字列の一部を取得するには、std::basic_stringクラスのsubstr()メンバ関数を使用します。この関数は、文字列オブジェクトから指定された範囲の文字列をコピーして返します。

この関数の引数には、それぞれ以下を指定します。

● 第1仮引数pos　⇒　取得を開始する位置
● 第2仮引数n　⇒　取得する長さ

pos > size()の場合は、std::out_of_range例外が送出されます。

文字列を数値に変換する

<string>ヘッダ **C++11**

```cpp
namespace std {
  int stoi(const string& str, size_t* idx = 0, int base = 10);
  long stol(const string& str, size_t* idx = 0, int base = 10);
  unsigned long stoul(const string& str, size_t* idx = 0,
                      int base = 10);
  long long stoll(const string& str, size_t* idx = 0, int base = 10);
  unsigned long long stoull(const string& str, size_t* idx = 0,
                            int base = 10);
  float stof(const string& str, size_t* idx = 0);
  double stod(const string& str, size_t* idx = 0);
  long double stold(const string& str, size_t* idx = 0);
}
```

サンプルコード

```cpp
// 文字列から整数への変換
int a = stoi("100");
cout << "a:" << a << endl;

// 文字列から整数への変換
// 解析終了した位置を受け取る
size_t idx;
int b = stoi("100", &idx);
cout << "b:" << b << endl;

// 文字列から整数への変換
// エラーが発生する場合
int c = stoi("100abc", &idx);
cout << "c:" << c << " idx:" << idx << endl;

// 16進数文字列から整数への変換
// 解析終了した位置を受け取る
int d = stoi("100abc", &idx, 16);
cout << "d:" << d << " idx:" << idx << endl;

// 16進数文字列から整数への変換
// 解析終了した位置を受け取らない
```

```
int e = stoi("100abc", nullptr, 16);
cout << "e:" << e << endl;

// 文字列から単精度浮動小数点数への変換
float f = stof("12.34");
cout << "f:" << f << endl;
```

実行結果

```
a:100
b:100
c:100 idx:3
d:1051324 idx:6
e:1051324
f:12.34
```

　文字列オブジェクトを各種数値型の値に変換するには、std::stoi()、std::stof()といった関数を使用します。数値型ごとに関数が用意されています。

　これらの関数は、デフォルトで10進数の数値のみが含まれる文字列を第1仮引数として受け取って、各数値型の値に変換します。変換が失敗したときには、std::invalid_argument例外が送出されます。

　変換結果が戻り値で示せる値の域を超えた場合は、std::out_of_range例外が送出されます。デフォルト実引数でヌルポインタになっている第2実引数idxで、std::size_t型の値へのポインタを渡すことにより、数値への解釈が中断されたインデックスを受け取れます。

　デフォルト実引数で10となっている第3仮引数baseでは、基数(進数)を指定できます。baseに0が指定された場合は、文字列に含まれる数値のプレフィックス、サフィックス、符号によって、基数が自動的に判別されます。

数値を文字列に変換する

4
文字列

<string>ヘッダ `C++11`

```cpp
namespace std {
  string to_string(int val);
  string to_string(unsigned val);
  string to_string(long val);
  string to_string(unsigned long val);
  string to_string(long long val);
  string to_string(unsigned long long val);
  string to_string(float val);
  string to_string(double val);
  string to_string(long double val);
}
```

サンプルコード

```cpp
// 整数を文字列に変換
string a = to_string(100);
cout << "a:" << a << endl;

// 浮動小数点数を文字列に変換
string b = to_string(123.45);
cout << "b:" << b << endl;
```

実行結果

```
a:100
b:123.450000
```

　std::to_string()関数を使用することで、各種数値型の値を文字列オブジェクトに変換できます。

　書式を指定したい場合は、std::format()関数を使用するほうがいいでしょう。

参照 P.236 本章「値を書式指定で文字列化する」節

文字列を検索する

```cpp
namespace std {
  template <class CharT, class Traits = char_traits<CharT>,
            class Allocator = allocator<CharT>>
  class basic_string {
  public:
    ...
    size_type find(const basic_string& str) const noexcept;
    size_type find(const CharT* s) const;
    size_type find(CharT c) const noexcept;
    size_type find(basic_string_view str) const noexcept;

    bool contains(basic_string_view<CharT, Traits> x) const noexcept;
// C++23
    bool contains(CharT x) const noexcept;
// C++23
    bool contains(const CharT* x) const;
// C++23
  };
}
```

サンプルコード

```cpp
string x = "abcabxabcc";

// 文字列内の指定した文字列を検索する
cout << x.find("abx") << endl;

// 文字列内の指定した文字を検索する
cout << x.find('c') << endl;

// findで見つかったかどうかを判定する
if (x.find("cc") != string::npos) {
  cout << "見つかった" << endl;
}

// containsで見つかったかどうかを判定する (C++23)
if (x.contains("cc")) {
```

```
  cout << "見つかった" << endl;
}
```

実行結果

```
3
2
見つかった
見つかった
```

文字列内の指定した文字・文字列を検索するには、std::basic_stringクラスの find()メンバ関数を使用します。この関数は、指定された文字あるいは文字列が最初に見つかった位置を返します。見つからなかった場合は、std::basic_string::npos 定数を返します。

指定した文字・文字列が含まれているかを判定するには、C++23で追加された std::basic_stringクラスのcontains()メンバ関数を使用します。指定した文字・文字列が含まれていればtrue、そうでなければfalseを返します。

文字列

先頭・終端が特定の文字列であることを判定する

<string>ヘッダ `C++20`

```cpp
namespace std {
  template <class CharT, class Traits = char_traits<CharT>,
            class Allocator = allocator<CharT>>
  class basic_string {
  public:
    ...
    bool starts_with(basic_string_view<CharT, Traits> x) const noexcept;
    bool starts_with(CharT x) const noexcept;
    bool starts_with(const CharT* x) const;

    bool ends_with(basic_string_view<CharT, Traits> x) const noexcept;
    bool ends_with(CharT x) const noexcept;
    bool ends_with(const CharT* x) const;
  };
}
```

サンプルコード

```cpp
string x = "abcVVVxyz";

if (x.starts_with("abc")) {
  cout << "先頭にマッチした" << endl;
}

if (x.ends_with("xyz")) {
  cout << "終端にマッチした" << endl;
}
```

実行結果

```
先頭にマッチした
終端にマッチした
```

文字列の先頭が指定した文字・文字列であることを判定するためには、std::basic_string クラスの starts_with() メンバ関数を使用します。

　反対に、文字列の終端を指定して文字・文字列であることを判定するためには、ends_with() メンバ関数を使用します。

効率的な文字列検索アルゴリズムを使う

◼ <functional>ヘッダ `C++17`

```
namespace std {
  template<class RandomAccessIterator1,
           class Hash = hash<typename iterator_traits<
               RandomAccessIterator1>::value_type>,
           class BinaryPredicate = equal_to<>>
  class boyer_moore_searcher;

  template<class RandomAccessIterator1,
           class Hash = hash<typename iterator_traits<
               RandomAccessIterator1>::value_type>,
           class BinaryPredicate = equal_to<>>
  class boyer_moore_horspool_searcher;
}
```

◼ サンプルコード

```
const string str = "0123456789";
const string query = "345";

const auto searcher =
  boyer_moore_horspool_searcher(query.begin(), query.end());

const auto result = searcher(str.begin(), str.end());

if (result.first != str.end()) {
  cout << "(" << distance(str.begin(), result.first) << ","
    << distance(str.begin(), result.second) << ")" << endl;
}
```

◼ 実行結果

```
(3,6)
```

C++17以降では、文字列を検索する（ 参照 P.222 本章「文字列を検索する」節）で示した方法のほかに、検索器（searcher）と呼ばれるクラスを用いて、高速に文字列を検索できます。ここでは、std::boyer_moore_searcher と、std::boyer_moore_horspool_searcher の2つの検索器を紹介します。

検索器は、構築時に前処理を行い、その結果を保持するためのメモリ領域を確保します。そのため、検索器を用いる検索は、巨大な文字列に対して高速に検索したい場合や、同じパターンで何度も検索したい場合に使用するといいでしょう。

　検索器を使用するには、検索したいパターン文字列を表すイテレータの範囲をコンストラクタに渡し、検索器オブジェクトを構築します。このコンストラクタの中で前処理とメモリ領域の確保が行われます。

　構築した検索器オブジェクトの関数呼び出し演算子に、検索対象の文字列を表すイテレータの範囲を渡すと、検索の結果がstd::pairクラスで返ります。

　指定したパターンに一致する箇所が検索対象の文字列の中に見つかった場合は、一致した範囲の先頭要素を指すイテレータと、一致した範囲の末尾要素の次を指すイテレータが、std::pairのfirst／secondメンバ変数に、それぞれ設定されます。

　指定したパターンが空文字列だった場合は、関数呼び出し演算子に渡した第1実引数の値が、first／secondメンバ変数両方に設定されます。

　指定したパターンが検索対象の文字列の中に見つからなかった場合は、関数呼び出し演算子に渡した第2実引数の値が、first／secondメンバ変数両方に設定されます。

　std::boyer_moore_searcherはボイヤー・ムーア文字列検索アルゴリズムを実装し、std::boyer_moore_horspool_searcherはボイヤー・ムーア・ホースプール文字列検索アルゴリズムを実装します。どちらも、効率的な文字列検索アルゴリズムであり、単純に線形に探索を行うよりも高速に検索できます。std::boyer_moore_searcherのほうが、std::boyer_moore_horspool_searcherよりも多くメモリを消費する代わりに、速度で優れます。

正規表現で検索する

<regex>ヘッダ C++11

```
namespace std {
  template <class CharT, class Traits = regex_traits<CharT>>
  class basic_regex;

  typedef basic_regex<char> regex;

  template <class BidirectionalIterator>
  class sub_match : … {
    …
    bool matched;
    difference_type length() const;
    string_type str() const;
  };

  template <class BidirectionalIterator,
            class Allocator = allocator<sub_match<
                                  BidirectionalIterator>>>
  class match_results;

  typedef match_results<string::const_iterator> smatch;

  template <class ST, class SA, class Allocator, class CharT,
            class Traits>
  bool regex_match(const basic_string<CharT, ST, SA>& s,
                   match_results<
                       typename basic_string<
                         CharT, ST, SA
                       >::const_iterator,
                       Allocator>& m,
                   const basic_regex<CharT, Traits>& e);

  template <class ST, class SA, class Allocator,
            class CharT, class Traits>
  bool regex_search(const basic_string<CharT, ST, SA>& s,
                    match_results<
                        typename basic_string<
                          CharT, ST, SA
```

```
                  >::const_iterator,
                  Allocator>& m,
          const basic_regex<CharT, Traits>& e);
}
```

● 文字列全体が正規表現にマッチするかを調べる

サンプルコード

```
string s = "2024/04/01";

// 日付にマッチする正規表現
regex rex{"(\\d{4})/(\\d{2})/(\\d{2})"};
smatch result;

// 入力された文字列が正規表現にマッチするか調べる
if (regex_match(s, result, rex)) {
  // マッチ結果を取り出す
  cout << result[0] << endl; // マッチ全体
  cout << result[1] << endl; // 年
  cout << result[2] << endl; // 月
  cout << result[3] << endl; // 日
}
```

実行結果

```
2024/04/01
2024
04
01
```

　文字列全体が正規表現にマッチするかを調べるには、std::regex_match() 関数を使用します。

　この関数は、第1実引数で指定された文字列が、第3実引数で指定された正規表現に、文字列全体がマッチするか否かを判定します。文字列全体が正規表現にマッチすればtrue を返しますが、部分的にマッチした場合や、まったくマッチしなかった場合はfalse を返します。

　ここでは、日付にマッチする正規表現で、文字列が日付として妥当かどうかを確認し、年／月／日それぞれの値を抽出しています。日付の判定には、以下の正規表現を使用しています。

4桁の10進数(\d{4})、スラッシュ、2桁の10進数(\d{2})、スラッシュ、
2桁の10進数(\d{2})

std::regex_match()関数の第2実引数には、std::smatchクラステンプレートのオブジェクトへの参照を渡します。マッチが成功すると、マッチ情報がこのオブジェクトにコンテナのような形式で書き込まれます。

マッチ成功後にこのオブジェクトに対して[]演算子でアクセスすると、それぞれのマッチ情報をstd::sub_matchクラスの参照として取得できます。アクセスする位置によって、それぞれ以下の情報を抽出できます。

- 0番目へのアクセス ⇒ マッチした全体の文字列
- 1番目以降へのアクセス ⇒ それぞれの正規表現にマッチした部分文字列

std::match_resultsクラステンプレートには、テンプレート引数を設定してあるsmatchという別名が用意されています。

● 文字列が正規表現に部分的にマッチするかを調べる

サンプルコード

```
string s = "今日の日付は2024/04/01です";

regex rex{"(\\d{4})/(\\d{2})/(\\d{2})"};
smatch result;
if (regex_search(s, result, rex)) {
  cout << result[0] << endl; // マッチ全体
  cout << result[1] << endl; // 年
  cout << result[2] << endl; // 月
  cout << result[3] << endl; // 日
}
```

実行結果

```
2024/04/01
2024
04
01
```

文字列が正規表現に部分的にマッチするか調べるには、std::regex_search()関数を使用します。

この関数は、第1実引数で指定された文字列が、第3実引数で指定された正規表現に、部分的にマッチするか否かを判定します。正規表現にマッチする文字列が、指定された文字列に含まれる場合はtrue、そうでなければfalseを返します。

ここでは、文章中に日付が含まれているかを判定し、含まれていたらその日付を抽出しています。

std::regexクラスで使用する正規表現は、ECMASciptに準拠した構文になって
います。

文字列

正規表現で置換する

\<regex\>ヘッダ C++11

```
namespace std {
  template <class CharT, class Traits = regex_traits<CharT>>
  class basic_regex;

  typedef basic_regex<char> regex;

  template <class Traits, class CharT, class ST, class SA,
            class FST, class FSA>
  basic_string<CharT, ST, SA>
      regex_replace(const basic_string<CharT, ST, SA>& s,
                    const basic_regex<CharT, Traits>& e,
                    const basic_string<CharT, FST, FSA>& fmt);
}
```

サンプルコード

```
string s = "今日の日付は2024/04/01です";

// 日付にマッチする正規表現
regex rex{"(\\d{4})/(\\d{2})/(\\d{2})"};

// 「YYYY/MM/DD」形式になっている日付を
// 「YYYY年MM月DD日」形式に置き換える
string format = "$1年$2月$3日";

s = regex_replace(s, rex, format);
cout << s << endl;
```

実行結果

今日の日付は2024年04月01日です

正規表現で文字列を置換するには、std::regex_replace()関数を使用します。
この関数は、以下のように動作します。

- 第1実引数で指定された文字列を対象に
- 第2実引数で指定された正規表現にマッチした部分文字列を
- 第3実引数で指定されたフォーマット（規則）に基づいて置換する

　この関数の戻り値として、置換後の新たな文字列オブジェクトが返されます。ここでは、日付が含まれている文字列の日付部分の形式を、「YYYY/MM/DD」から「YYYY年MM月DD日」に置換しています。

　置換フォーマットの "$1"、"$2"、"$3" という文字列は、それぞれ、N番目にマッチした部分文字列のプレースホルダであることを意味します。マッチした部分文字列全体には、"$&" というプレースホルダを使用します。

　std::regex クラスで使用する正規表現は、ECMASciptに準拠した構文になっています。

4

文字列

低いコストで文字列を受け取る

| <string>ヘッダ　C++17

```cpp
namespace std {
  template <class CharT, class Traits = char_traits<CharT>>
  class basic_string_view {
  public:
    constexpr basic_string_view() noexcept;
    constexpr basic_string_view(const basic_string_view&)
      noexcept = default;
    constexpr basic_string_view& operator=(const basic_string_view&)
      noexcept = default;
    constexpr basic_string_view(const CharT* str);
    constexpr basic_string_view(const CharT* str, size_type len);

    constexpr void remove_prefix(size_type n);
    constexpr void remove_suffix(size_type n);
    constexpr void swap(basic_string_view& s) noexcept;
    ...
    static constexpr size_type npos = size_type(-1);
  }

  using string_view = basic_string_view<char>;
  using u16string_view = basic_string_view<char16_t>;
  using u32string_view = basic_string_view<char32_t>;
  using wstring_view = basic_string_view<wchar_t>;
}
```

　std::basic_string_view型は、char s[128]; や文字列リテラル、std::basic_stringのように、文字の配列形式になっている文字列への参照を表す型です。文字列をコンストラクタの実引数に渡し、その文字列を参照するstd::basic_string_view型のオブジェクトを構築できます。

　文字列を変更する機能をほとんど持たない代わりに、動的なメモリ確保を行いません。

　std::basic_string型は、動的にメモリを確保するため、構築/各種変更操作にその分のコストが発生します。std::basic_string_viewでは、そのコストが発生しないため、低いコストで構築/操作できます。

std::basic_string_view は、c_str()／capacity()／get_allocator() を除く、std::basic_string型のすべてのconstメンバ関数と同様のメンバ関数を提供します。また、変更操作として、swap()／remove_prefix()／remove_suffix()を提供します。

swap()メンバ関数は、同じstd::basic_string_view型の変数と、参照先を交換します（ 参照 P.331 第6章「2つの変数を入れ替える」節）。

remove_prefix()メンバ関数は、指定された数値分、文字列の先頭を削ります。

remove_suffix()メンバ関数は、指定された数値分、文字列の末尾を削ります。

サンプルコード

```cpp
void f1(const string& str) {
  cout << str.substr(str.find("D"), 3) << endl;
}

void f2(const string_view str) {
  cout << str.substr(str.find("D"), 3) << endl;
}

f1("ABCDEFGHI"); // 動的なメモリ確保が発生する
f2("ABCDEFGHI"); // 動的なメモリ確保は発生しない

// string_viewを仮引数にとる関数は、
// 文字列リテラル、string、string_viewを受け取れる
f2(string{"ABCDEFGHI"});
f2(string_view{"ABCDEFGHI"});
```

実行結果

```
DEF
DEF
DEF
DEF
```

std::basic_string_viewのユースケースとしては、文字列リテラルをstd::basic_stringに変換することなく、std::basic_stringが定義しているメンバ関数を使用する、というものがあります。

std::basic_stringクラスには、文字数を取得するsize()メンバ関数、文字列内の特定の文字／文字列を検索するfind()メンバ関数、部分文字列を取得するsubstr()メンバ関数などの便利な機能があります。std::basic_string_viewクラスを介することで、文字列リテラルやchar配列の変数に対してこれらのメンバ関数を使用できるため、std::basic_stringへの変換にともなう動的メモリ確保を避けられます。

値を書式指定で文字列化する

<format>ヘッダ `C++20`

```
namespace std {
  template <class... Args>
  string format(string_view fmt, const Args&... args);
}
```

std::format()は、値を書式指定で文字列化する関数です。簡潔に「文字列フォーマット」と呼ばれることもあります。

第1実引数で書式文字列、第2引数以降で文字列化したい値を指定します。

サンプルコード

```
cout << format("Hello {0} World!", "C++") << endl;
cout << format("答えは{}", 42) << endl;
cout << format("{{{}}}") << endl;
```

実行結果

```
Hello C++ World!
答えは42
{}
```

std::format()関数に指定する書式文字列は、{}で囲まれた置換フィールドと呼ばれる範囲を、それ以降に指定した実引数の値で置き換えます。

"{0}"や"{1}"のように番号指定した場合は、第2引数(args...の0番目)以降の指定した実引数の値でそこが置き換えられます。たとえばformat("{1} {0}", 2, 1)は"1 2"という文字列になります。

番号を省略した"{}"を指定した場合、前の"{}"から順番に引数が置き換えられます。format("{} {}", 1, 2)は"1 2"という文字列になります。番号指定と番号省略を混在させることはできず、そのようなことをした場合は、std::format_error例外が送出されます。

置換フィールドには波カッコ構文を使用しますが、波カッコを表示したい場合、開きカッコは"{{"、閉じカッコは"}}"のように指定します。

std::format()関数の書式は、単なる引数の置き換えだけではなく、16進数や2進数での文字列化といった基数の指定、4桁0埋めといった表示幅と足りない幅を埋める0で埋める指定、浮動小数点数の精度、符号の表示有無、表示位置の指定などを指定できます。ここでは、代表的な書式をいくつか紹介します。

▼ 基数の書式

書式	説明
b,B	2進数
d	10進数
o	8進数
x	16進数(小文字)
X	16進数(大文字)
#	16進数の先頭 "0x" や2進数の "0b" など

　表示幅と足りない幅を0で埋めるには、例として "{:04}" のように指定します。こうすると、値が4桁0埋めで文字列化されます。浮動小数点数の精度としては、"{:.8f}" のように指定すると、小数点以下8桁までに丸めて文字列化されます。

　基数、桁数、精度などの書式は、"{}" や "{0}" といった置換フィールドの番号後に ":"(コロン)を書き、そのあとに指定します。基数の指定は桁数・精度のあとになります。

　正の値に対して+符号を表示したい場合は、表示幅の前に "+" を指定します。+符号の代わりにスペースを表示したい場合は、スペースを指定します。

数値書式のサンプル

```
// 2進数　(8桁0埋め)
cout << format("{:08b}", 3) << endl;
cout << format("{:#010b}", 3) << endl;

// 16進数　(小文字)
cout << format("{:x}", 10) << endl;
cout << format("{:#x}", 10) << endl;

// 浮動小数点数を小数点以下7桁に丸めて文字列化
cout << format("{0:.7f}", 3.141592653589793238463L) << endl;

// +符号を表示　(負数の-符号は常に表示される)
cout << format("{0:+} {1:+04d}", 123, -456) << endl;

// 正数は+符号の代わりにスペースを表示
cout << format("{0: } {1: 04d}", 123, -456) << endl;
```

実行結果

```
00000011
0b00000011
a
```

```
0xa
3.1415927
+123 -456
 123 -456
```

　書式を指定せず置換フィールドのみを指定した場合、デフォルトでは operator<< による出力ストリームへの出力と同じ書式になります。

　ただし、bool型に関しては、デフォルトで "true" もしくは "false" の文字列が出力されます。"1" か "0" を出力させたい場合は、{:d} のように整数出力の書式を指定します。

文字列書式のサンプル `C++23`

```cpp
cout << format("{}", "Hello") << endl;
cout << format("{:?}", "Hello") << endl;
cout << format("{:?}", "Hello\nWorld") << endl;
```

実行結果

```
Hello
"Hello"
"Hello\nWorld"
```

　文字列の場合、書式を指定せず置換フィールドのみを指定した場合、デフォルトでは引用符なしで文字列内容のみが出力されます。

　書式として "?" を指定した場合はデバッグ出力となり、引用符で囲まれ、改行コードのようなエスケープシーケンスがエスケープされて出力されます。

コンテナ書式のサンプル `C++23`

```cpp
vector<int> vi = {1, 10, 20};
cout << format("{::#x}", vi) << endl;

vector<string> vs = {"aaa", "bbb", "ccc"};
cout << format("{}", vs) << endl;
cout << format("{::}", vs) << endl;

map<int, string> m = {
  {3, "aaa"},
  {1, "bbb"},
  {4, "ccc"}
};
cout << format("{}", m) << endl;
```

実行結果

```
[0x1, 0xa, 0x14]
["aaa", "bbb", "ccc"]
[aaa, bbb, ccc]
{1: "bbb", 3: "aaa", 4: "ccc"}
{1: "bbb", 3: "aaa", 4: "ccc"}
```

コンテナの出力は、デフォルトでは以下のように出力されます。

● 配列や`std::vector`
　⇒ [1, 2, 3]のように角カッコ囲み、かつ要素を", "で区切って出力される
● `std::map`や`std::unordered_map`のようなコンテナ
　⇒ {key1: value1, key2: value2}のように波カッコ囲み、かつキーと値を
　　 ": "で区切り、要素を", "で区切って出力される

コンテナの要素に対して書式を指定するには、"{::#x}"のように、2つ目の : を
記述してそのあとに書式を書きます。

コンテナ内の文字列は、デフォルトでは引用符で囲まれ、エスケープシーケンス
がエスケープ処理されて出力されます。それを解除したい場合は、"{::}"のように
要素の書式を空で指定します。ただし、`std::map`のようなコンテナの文字列要素に
関しては引用符の出力を解除できません。

▼ 表示位置の書式

書式	説明
>	右寄せ
<	左寄せ
^	中央寄せ

表示位置の書式は、表示幅の指定とともに指定します。また、表示幅が対象の文
字列幅よりも大きい場合に、空いている場所を埋める文字も指定できます。指定順
としては、埋める文字、表示位置、幅の順です。このオプションは文字列型に対し
てだけではなく、数値型に対しても指定できます。後述の基数や精度は幅のうしろ
に指定します。

表示位置のサンプルコード

```
// 右寄せ
cout << format("{:>5}", "123") << endl;
cout << format("{:>5}", 1234) << endl;
cout << format("{:>5}", 12345) << endl;
```

```
// *で埋めて中央寄せ
cout << format("{:*^15}", "Hello") << endl;
```

実行結果

```
  123
 1234
12345
*****Hello*****
```

参照 P.251 第5章「書式指定で標準出力に書き込む」節

文字列

自作の型を文字列化できるようにする

<format>ヘッダ `C++20`

```cpp
namespace std {
  template <class T, class CharT = char>
  struct formatter;
}
```

std::format()によって任意の型の値を文字列化でき、デフォルトでは第5章「自作の型をostreamで出力できるようにする」節で紹介したようにoperator<<が定義されている型であれば文字列化できます（ **参照** P.279 第5章「自作の型をostreamで出力できるようにする」節）。

ここでは、operator<<を定義するのではなく、std::format()関数向けに自作の型を文字列化できるようにする方法を紹介します。

自作書式なし・自作の型を標準の型に変換して文字列化する

```cpp
enum color { red, green, blue };

const char* color_names[] = { "red", "green", "blue" };

template<>
struct std::formatter<color> : std::formatter<const char*> {
  auto format(color c, std::format_context& ctx) const {
    return std::formatter<const char*>::format(color_names[c], ctx);
  }
};

cout << format("{}", red) << endl;
```

実行結果

```
red
```

ここでは、列挙型colorを文字列化しています。

自作の型を文字列化するには、std::formatterクラスを、自作の型で特殊化します。そして本来であれば、std::formatterクラスの特殊化には、以下の2つのメンバ関数を実装する必要があります。

- `parse()` ⇒ 書式文字列を解析する
- `format()` ⇒ 指定の書式で文字列化する

　しかしここでは`std::formatter<const char*>`を継承して`const char*`向けの実装をそのまま使用することで、`parse()`の実装をしないで済むようにしてあります。

　`format`関数では、継承元の`format()`関数に`color`型の値を文字列化して渡し、書式の処理を継承元のクラスに任せています。この関数の戻り値型は`std::format_constext::iterator`ですが、ここではその型を気にする必要がないので省略して`auto`にしています。

　この方法は、多くの場面で応用できます。`int`や`std::string`をラップしたクラスの値を文字列化する際は、同じように`std::formatter<int>`や`std::formatter<std::string>`を継承した`formatter`クラスを定義して、`std::formatter<int>::format()`関数に処理させればよいのです。そうすることによって、`int`がもつ16進数出力の書式などをラップしたクラスの文字列化でも使用できるようになります。

　複数の値をもつ型を文字列化する場合も、`std::formatter<std::string>`を継承した`formatter`クラスを定義し、`std::format("{} {} {}", a, b, c)`のように複数の値をまとめて文字列化したものを、`std::formatter<std::string>::format()`メンバ関数で処理させればよいですね。

自作書式あり・自作の型を標準の型に変換して文字列化する

```cpp
enum color { red, green, blue };


const char* color_names[] = { "red", "green", "blue" };
const char* jp_color_names[] = { "赤", "緑", "青" };


template<>
struct std::formatter<color> {
  bool is_jp = false;

  constexpr auto parse(std::format_parse_context& ctx) {
    auto it = ctx.begin();
    if (*it == '%') {
      ++it;
      if (*it == 'j') {
        is_jp = true;
      }
      else if (*it == 'e') {
        is_jp = false;
      }
      ++it;
```

```
    }
    return it;
  }

  auto format(color c, std::format_context& ctx) const {
    return std::format_to(ctx.out(), "{}",
      is_jp ? jp_color_names[c] : color_names[c]
    );
  }
};

cout << format("{:%j} {:%e}", red, blue) << endl;
```

実行結果

赤 blue

　自作書式を定義する場合は、std::formatterクラスを自作の型で特殊化し、parse()
とformat()両方のメンバ関数を自分で定義します。

　ここでは、列挙型colorを、日本語と英語を選択して出力できるようにします。

　parse()メンバ関数には、"{}"で囲まれた個別の書式の中の、さらに引数番号と:
を除く文字列が渡されます。個別の書式文字列が"{0:%j}"だったら"%j"が渡され
ます。

　あとは、ctx.begin()からctx.end()の文字範囲を1文字ずつ解析していき、書式
を判定します。戻り値としては、解析が終了した位置のイテレータを返します。こ
の戻り値は、正しく解析終了した位置を返さないと、後続の解析がうまくいかない
ので注意してください。

　format()メンバ関数の実装では、std::format_to()関数で第1引数として出力先
のctx.out()を指定し、第2引数で出力文字列を指定します。この第2引数で、指
定された書式に従った文字列化を行います。

　これで、書式文字列として%jを指定すれば日本語の列挙値名に文字列化され、%e
を指定すれば英語の列挙値名に文字列化されます。

区切り文字を指定して文字列を分割する

| `<ranges>`ヘッダ `C++20`

```cpp
namespace std::ranges::views {
  class split;
}

namespace std {
  namespace views = ranges::views;
}
```

std::ranges::views::splitは与えられた区切り文字・区切り文字列をもとに、Rangeを分割するビューを作成するレンジアダプタです。

注意点としては、以下の2点があります。

- std::string_viewかstd::string型として区切り文字列を指定する必要がある
- splitビューの各要素はstd::ranges::subrangeだが、その型からstd::string_viewに暗黙変換ができないので、明示的に変換させる必要がある

| サンプルコード

```cpp
string_view input = "abc,123,xyz";

for (auto sub : input | views::split(string_view{","})) {
  cout << string_view{sub} << endl;
}
```

| 実行結果

```
abc
123
xyz
```

参照 P.234 本章「低いコストで文字列を受け取る」節
参照 P.396 第7章「レンジの概要」節

区切り文字を指定してコンテナを文字列連結する

<ranges>ヘッダ `C++23`

```
namespace std::ranges::views {
  class join_with;
}

namespace std {
  namespace views = ranges::views;
}
```

　std::ranges::views::join_withは与えられた区切り文字・区切り文字列をもとに、Rangeを文字列連結するビューを作成するレンジアダプタです。

　注意点としては、以下の2点があります。

- 区切り文字列として文字列リテラル(たとえば", ")を指定するとヌル終端文字'\0'も区切り文字列に含まれてしまうため、std::string_viewかstd::stringとして区切り文字列を指定する必要がある
- join_withビューは直接std::string文字列に変換はできないため、ビューからstd::stringへの明示的な変換をする必要がある

サンプルコード

```
vector<string> input = {"abc", "123", "xyz"};

auto joined = input | views::join_with(string_view{","});
string str(joined.begin(), joined.end());

cout << str << endl;
```

実行結果

```
abc,123,xyz
```

参照 P.234 本章「低いコストで文字列を受け取る」節

参照 P.396 第7章「レンジの概要」節

参照 P.398 第7章「コンテナオブジェクトを構築する」節

CHAPTER 5

入出力

概要

● C++の入出力ライブラリ

C++の入出力ライブラリの特徴は、以下のとおりです。

- **<<演算子で出力、>>演算子で入力を行う**
- **上記により、型安全性／拡張性が高い**

たとえば、std::printf()／std::scanf()のように、オブジェクトと書式文字列の組み合わせを誤る(たとえば、int型のオブジェクトに対し、%sを使用する)ことは起こりえず、型ごとに適切な入出力が自動的に行われます。

```
// 文字列"Hello"と改行 (endl) を標準出力ストリーム (cout) に出力
cout << "Hello" << endl;

// 整数値314と改行 (endl) を標準出力ストリーム (cout) に出力
cout << 314 << endl;
```

また、ユーザー定義型の入出力も、標準ライブラリで提供する数値や文字列の入出力と同じように、<<演算子および>>演算子で実現できます。

標準ライブラリには、標準入出力／ファイル／メモリに対して読み書きするストリームクラスが用意されています。

● C++のファイルシステムライブラリ　C++17

ファイルシステム上のパスを扱うためのクラス、ファイルをコピーする関数、ディレクトリ内のファイルを探索するためのイテレータクラスなどが、std::filesystem名前空間の中に定義されています。

これらのクラスや関数を使用すると、ファイルやディレクトリを探索／操作するプログラムを記述できます。

標準出力に書き込む

| `<iostream>`ヘッダ

```
namespace std {
  extern ostream cout;
}
```

| サンプルコード

```
cout << "Hello world" << endl;
```

| 実行結果

```
Hello world
```

std::coutは、標準出力へ書き込むためのオブジェクトです。std::ostream型の
オブジェクトであり、<<演算子の左辺にstd::cout、右辺に出力したいオブジェク
トを指定することで、標準出力にそのオブジェクトの内容を書き込めます。

ほかにも、std::basic_ostreamクラスのメンバ関数が使用できます。くわしくは
以下を参照してください。

参照 P.254 本章「出力の基本」節

標準エラー出力に書き込む

| <iostream>ヘッダ

```
namespace std {
  extern ostream cerr;
  extern ostream clog;
}
```

| サンプルコード

```
clog << "これはエラー出力です。" << endl;
cerr << "これもエラー出力です。" << endl;
```

| 実行結果

```
これはエラー出力です。
これもエラー出力です。
```

C++には、標準エラー出力に書き込むためのオブジェクトとして、std::clogとstd::cerrの2種類が用意されています。ともに、std::basic_ostream<char>型のオブジェクトです。

std::cerrでは、出力操作のたびに必ずバッファがフラッシュされます。そのため、エラーメッセージの出力に適しています。std::clogはstd::coutなどと同様、バッファリングされます。

標準エラー出力は、標準出力とは独立した出力先で、エラーメッセージや途中経過など、プログラムの実行結果そのものではない出力に使われます。

通常は、標準エラー出力と標準出力は同じ端末画面に紐付けられているため、どちらの出力も同じ画面上に表示されます。シェルが提供しているリダイレクトという仕組みを利用すると、標準出力の内容はファイルに書き込み、標準エラー出力は画面に出力させる、というようにそれぞれの出力先を個別に設定できます。

書式指定で標準出力に書き込む

<print>ヘッダ `C++23`

```
namespace std {
  template <class... Args>
  void print(string_view fmt,
             Args&&... args);

  template <class... Args>
  void println(string_view fmt,
               Args&&... args);
}
```

<ostream>ヘッダ `C++23`

```
namespace std {
  template <class... Args>
  void print(ostream& os,
             string_view fmt,
             Args&&... args);

  template <class... Args>
  void println(ostream& os,
               string_view fmt,
               Args&&... args);
}
```

サンプルコード

```
print("Hello {} {}\n", 123, "World");
println("Hello {} {}", 123, "World");

println(cerr, "Error! : {}", "エラー理由");
```

実行結果

```
Hello 123 World
Hello 123 World
Error! : エラー理由
```

std::print() 関数と std::println() 関数は、書式を指定して標準出力に出力する関数です。従来の std::cout よりもかんたんに書式指定ができます。

std::println() 関数は出力の末尾に改行コードが付き、std::print() 関数のほうは付きません。

出力先を標準出力にしたい場合は \<print\> ヘッダのほうの関数を使用します。出力先を標準エラーやファイルにしたい場合は、\<ostream\> ヘッダに定義されているほうの関数を使用し、第1引数として出力先を指定します。サンプルコードでは標準エラー(std::cerr)に出力しています。

書式の詳細は第4章「値を書式指定で文字列化する」節(参照 P.236 第4章「値を書式指定で文字列化する」節)、自作の型を std::format() または std::print() で出力する方法は第4章「自作の型を文字列化できるようにする」節(参照 P.241 第4章「自作の型を文字列化できるようにする」節)を参照してください。

標準入力から読み取る

5

入出力

`<iostream>`ヘッダ

```
namespace std {
  extern istream cin;
}
```

サンプルコード

```
int i;
cout << "何か好きな数値を入力してください:";
if (cin >> i) {
  cout << i << "が入力されました" << endl;
}
```

実行結果

```
(キーボードから201[Enter]と入力)
何か好きな数値を入力してください: 201
201が入力されました
```

std::cinは、標準入力から読み取るためのオブジェクトです。

std::basic_istream<char>型のオブジェクトであり、>>演算子の左辺にstd::cin、右辺に入力したいオブジェクトを指定することで、標準入力からそのオブジェクトへ値を入力できます。

ほかにも、std::basic_istreamクラスのメンバ関数が使用できます。くわしくは以下を参照してください。

参照 P.257 本章「入力の基本」節

この例のように、std::cinから入力を行う場合、直前のstd::coutに対して、マニピュレータstd::endl／std::flushを出力する必要はありません。

>>演算子内での処理の一環として、最初にstd::coutのバッファがフラッシュされます。

出力の基本

| <ostream>ヘッダまたは<iostream>ヘッダ

```cpp
namespace std {
  template <class CharT, class Traits = char_traits<CharT>>
  class basic_ostream : public basic_ios<CharT, Traits> {
  public:
    basic_ostream& operator<<(bool n);
    basic_ostream& operator<<(short n);
    basic_ostream& operator<<(unsigned short n);
    basic_ostream& operator<<(int n);
    basic_ostream& operator<<(unsigned n);
    basic_ostream& operator<<(long n);
    basic_ostream& operator<<(unsigned long n);
    basic_ostream& operator<<(long long n);          // C++11
    basic_ostream& operator<<(unsigned long long n); // C++11
    basic_ostream& operator<<(float n);
    basic_ostream& operator<<(double n);
    basic_ostream& operator<<(long double n);
    basic_ostream& operator<<(拡張浮動小数点数 n); // C++23
    basic_ostream& operator<<(const void* p);
    basic_ostream& operator<<(basic_streambuf<CharT, Traits>* sb);

    ...
  };

  template <class CharT, class Traits>
  basic_ostream<CharT, Traits>&
    operator<<(basic_ostream<CharT, Traits>& os, CharT c);
  template <class CharT, class Traits>
  basic_ostream<CharT, Traits>&
    operator<<(basic_ostream<CharT, Traits>& os, char c);
  template <class CharT, class Traits>
  basic_ostream<CharT, Traits>&
    operator<<(basic_ostream<CharT, Traits>& os, const CharT* s);
  template <class CharT, class Traits>
  basic_ostream<CharT, Traits>&
    operator<<(basic_ostream<CharT, Traits>& os, const char* s);
}
```

マニピュレータに対するもの、<string>にあるstd::basic_stringに対するものなど一部の<<演算子の宣言は省略しています。

サンプルコード

```cpp
string s = "Irowa nioedo chirinuru wo";
char c = 'A';
int i = 10;
double d = 20.25;
long double ld = 6.62606957e-34;

void* p = &c;

cout << 'A';
cout << " Text\n";
cout << s << '\n' << flush;
cout << 0 << ' ' << i << '\n';
cout << d << ' ' << ld << '\n';
cout << true << endl;
cout << p << endl;
```

実行結果

```
A Text
Irowa nioedo chirinuru wo
0 10
20.25 6.62607e-034
1
000000000027F740
```

　最後の行の出力は実行のたびに変わる可能性があります。

　ストリームへの出力は、<<演算子を使用します。<<演算子はいくらでも並べることができます。

　<<演算子の右辺に置けるオブジェクトは、次の2種類に分けられます。

● 出力対象のオブジェクト
● マニピュレータ

　組み込み型はストリームに出力できます。また<<演算子をオーバーロードすれば、ユーザー定義型もストリームに出力できます。標準ライブラリでは、以下の型が<<演算子での出力に対応しています。

- char（1文字出力）
- std::string／std::string_view（文字列出力）（ 参照 ▶ P.200 第4章「概要」節）
- std::filesystem::path（ 参照 ▶ P.281 本章「パスを扱うオブジェクトを構築する」節）
- bool
- short／unsigned short／int／unsigned int／long／unsigned long／long long／unsigned long long
- float／double／long double／std::float16_tなどの拡張浮動小数点数
- void*
- std::error_code（ 参照 ▶ P.183 第3章「システムのエラーを扱う」節）
- std::bitset
- std::complex（ 参照 ▶ P.357 第6章「複素数を扱う」節）
- std::shared_ptr（ 参照 ▶ P.315 第6章「ポインタを自動的に解放させる（共有方式）」節）
- std::sub_match（ 参照 ▶ P.228 第4章「正規表現で検索する」節）

次の型は標準ライブラリで対応していません。

- char8_t／u8string
- char16_t／u16string
- char32_t／u32string

ただし、char8_t型／std::u8string型についてはビット表現がchar8_t型とchar型で同じため、reinterpret_castを用いて出力できます。

```
u8string s = u8"text";
cout << reinterpret_cast<const char*>(s.c_str()) << endl;
```

マニピュレータとは、ストリームの状態を制御するための特別なオブジェクトです。サンプルコードでは、std::flushとstd::endlが該当します。

◎ flush と endl

std::flushは、出力ストリームのバッファを空にする（フラッシュする）、すなわち即座に出力させるマニピュレータです。

std::endlは、改行してバッファを空にするマニピュレータです。改行（'\n'）を出力したのち、std::flushを行うことと同じです。

入力の基本

> **<istream>ヘッダまたは<iostream>ヘッダ**

```
namespace std {
  template <class CharT, class Traits = char_traits<CharT>>
  class basic_istream : public basic_ios<CharT, Traits> {
  public:
    basic_istream& operator>>(bool& n);
    basic_istream& operator>>(short& n);
    basic_istream& operator>>(unsigned short& n);
    basic_istream& operator>>(int& n);
    basic_istream& operator>>(unsigned& n);
    basic_istream& operator>>(long& n);
    basic_istream& operator>>(unsigned long& n);
    basic_istream& operator>>(long long& n); // C++11
    basic_istream& operator>>(unsigned long long& n); // C++11
    basic_istream& operator>>(float& n);
    basic_istream& operator>>(double& n);
    basic_istream& operator>>(long double& n);
    basic_istream& operator>>(拡張浮動小数点数& n); // C++23
    basic_istream& operator>>(void*& p);
    basic_istream& operator>>(basic_streambuf<CharT, Traits>* sb);

    ...
  };

  template <class CharT, class Traits>
  basic_istream<CharT, Traits>&
    operator>>(basic_istream<CharT, Traits>& is, CharT& c);
}
```

マニピュレータに対するもの、<string>にあるstd::basic_stringに対するもの、推奨しないものなど、一部の>>演算子の宣言は省略しています。

サンプルコード1

```cpp
char c;
int i;
string s;
cin >> c;
cin >> i;
cin >> s;
// 上の3行は、次のようにも書けます。
// cin >> c >> i >> s;
cout << c << endl;
cout << i << endl;
cout << s << endl;
```

実行結果1

```
(キーボードからA 103 Sakura[Enter]と入力)
A
103
Sakura
```

ストリームからの入力には、>>演算子を使用します。>>演算子はいくらでも並べることができます。

標準ライブラリでは、以下の型が>>演算子での入力に対応しています。

- char（1文字入力）
- std::string（文字列入力）（ 参照 P.200 第4章「概要」節）
- std::filesystem::path（ 参照 P.281 本章「パスを扱うオブジェクトを構築する」節）
- bool
- （符号ありなし）short／int／long／long long
- float／double／long double／std::float16_tなどの拡張浮動小数点数
- void*
- std::bitset
- std::complex（ 参照 P.357 第6章「複素数を扱う」節）

なお、文字列の読み込みを行うためのchar配列に対する>>演算子も定義されていますが、古いコンパイラでは安全でない実装がされている場合があるため、原則として使用しないほうがいいでしょう。代わりに、std::string型やstd::wstring型に対して入力を行うようにします。

厳密に入力を検査したい場合、std::getline()関数で1行丸ごと（あるいはファイル全体などもっと大きな単位）で文字列として読み込み、正規表現で検索する方

法も有力です。

参照 P.261 本章「1行を読み取る」節
参照 P.228 第4章「正規表現で検索する」節

「整数値を入力しようとしているときに、整数として正しくない入力が行われた」などといった入力時のエラーの対応については、以下を参照してください。

参照 P.263 本章「ストリームのエラーを知る」節

● 空白文字による区切り

通常、<<演算子では、入力を行う前に空白類文字が読み飛ばされます。この空白の読み飛ばす処理は、以下のマニピュレータで制御できます。

- std::skipws
- std::noskipws

サンプルコード2

```
string s = " A  Z";

cout << "skipws:" << endl;
istringstream s1{s};
char cs[2];
s1 >> cs[0] >> cs[1];
for (char c : cs) {
  cout << '"' << c << '"' << endl;
}

cout << "noskipws:" << endl;
istringstream s2{s};
char cns[5];
s2 >> noskipws >> cns[0] >> cns[1] >> cns[2] >> cns[3] >> cns[4];
for (char c : cns) {
  cout << '"' << c << '"' << endl;
}
```

実行結果2

```
skipws:
"A"
"Z"
noskipws:
" "
"A"
" "
" "
"Z"
```

　マニピュレータstd::noskipwsを使用すると、通常読み飛ばされる空白類文字も入力の対象となります。このサンプルのように、char型、あるいはstd::basic_string型への入力と組み合わせて使用する場合に有効です。

　数値型への入力の場合は、std::noskipwsの指定の有無にかかわらず、空白を読み飛ばす動作が必ず行われます。

サンプルコード3

```cpp
int i;
string s;
cin >> i;
cin >> ws;
getline(cin, s);

cout << i << endl;
cout << s << endl;
```

実行結果3

```
(キーボードから101[Enter]ABC[Enter]と入力)
101
ABC
```

　マニピュレータstd::wsを使用すると、強制的に空白類文字を読み飛ばせます。

　上記のサンプルコードからcin >> ws;の行を削除すると、sにABCが入力されなくなってしまいます。なぜなら、std::wsを省略すると、101の後ろにある改行文字が、std::getline()における入力の対象となってしまうためです。

　このように、>>演算子による入力処理とその他の入力処理を併用する場合に、std::wsは有用です。

1 行を読み取る

<string>ヘッダ

```
namespace std {
  template <class CharT, class Traits, class Allocator>
  basic_istream<CharT, traits>&
  getline(basic_istream<CharT, Traits>& is,
    basic_string<CharT, Traits, Allocator>& str);

  template <class CharT, class Traits, class Allocator>
  basic_istream<CharT, Traits>&
  getline(basic_istream<CharT, Traits>&& is,
    basic_string<CharT, Traits, Allocator>& str); // C++11
}
```

サンプルコード1

```
string line;
getline(cin, line);

cout << line << endl;
```

実行結果1

```
(キーボードからABC 123[Enter]と入力)
ABC 123
```

　ストリームから1行分のテキストを読み込むには、std::getline()関数を使用します。>>演算子で読み込む場合と異なり、空白やタブ文字も入力されます。

　改行文字そのものはストリームから読み取られますが、実引数に参照として渡されたstd::basic_stringオブジェクトには格納されません。

　なお、std::basic_istreamクラスのメンバ関数にも同名のものがありますので、混同しないよう注意しましょう(メンバ関数のgetline()は、本項では取り扱いません)。

サンプルコード2

```
vector<string> input;

string line;
while (getline(cin, line)) {
  input.push_back(move(line));
}

for (const string& s : input) {
  cout << s << endl;
}
```

実行結果2

```
(キーボードからTokyo[Enter]Nagoya[Enter]Osaka[Enter]と入力)
Tokyo
Nagoya
Osaka
```

　ストリームの内容をすべて読み取って行ごとの配列に格納するには、サンプル
コード2のように記述します。std::getline()関数は、実引数に渡したストリーム
を戻り値で返します。ストリームがEOFに達するか何らかのエラーが発生すると、
ストリームのbool変換演算子でfalseが返り、whileループから脱出します（参照
P.263 本章「ストリームのエラーを知る」節）。

ストリームのエラーを知る

<ios>ヘッダまたは<iostream>ヘッダ

```cpp
namespace std {
  class ios_base {
  public:
    typedef … iostate;

    static constexpr iostate goodbit = 0;
    static constexpr iostate eofbit;
    static constexpr iostate failbit;
    static constexpr iostate badbit;
    …
  };

  template <class CharT, class Traits = char_traits<CharT>>
  class basic_ios : public ios_base {
  public:
    explicit operator bool() const;
    bool operator!() const;

    iostate rdstate() const;
    void clear(iostate state = goodbit);
    void setstate(iostate state);
    bool good() const;
    bool eof() const;
    bool fail() const;
    bool bad() const;
    …
  };
}
```

サンプルコード

```cpp
cout << "数値を入力してください" << endl;
int i;
cin >> i;
if (cin) {
  cout << i << "が入力されました。" << endl;
}
```

```
else {
    cout << "数値が入力されませんでした" << endl;
}
```

数値を入力してください
　（キーボードからa[Enter]と入力）
数値が入力されませんでした

　if文などの条件式にストリームオブジェクトを指定すると、ストリームの状態を
判定できます。この目的のため、explicitなbool変換演算子および!演算子が定義
されています。それぞれの動作は以下のとおりです。

● bool変換演算子　⇒　何もエラーが起きていない場合にtrueを返す
● !演算子　　　　　⇒　何らかのエラーが起きている場合にtrueを返す

　これは、ストリームに何かしら問題が起こっていることを知る最も単純な方法で
す。

● ストリームのエラー状態

　ストリームのエラーに関する状態を表現する型として、std::ios_base::iostate
型が存在します。
　std::ios_base::iostate型は、3ビットでエラー状態を表現します。それぞれに
対応する定数がeofbit／failbit／badbitです。
　このほか、定数goodbitも定義されています。
　これらの定数は、std::ios_baseクラスで定義されています。

▼ ストリームの状態を表す定数

定数	説明
std::ios_base::goodbit	eofbit／failbit／badbitのいずれにも該当していない状態。値0として定義されている
std::ios_base::eofbit	入力ストリームの終端に達した
std::ios_base::failbit	期待したデータの入出力が行えなかった。たとえば、数値を入力しようとしているところにその他の文字が入力されたなどといった場合が該当する
std::ios_base::badbit	データの損失が発生する類のエラー。ディスクに対する読み書きのAPIでエラーが発生したなどといった場合が該当する

　個々の状態を取得するメンバ関数としてgood()／eof()／fail()／bad()、一括し
て状態を取得するメンバ関数としてrdstate()が存在します。

▼ ストリームの状態を取得するメンバ関数

メンバ関数	説明
good()	eofbit／failbit／badbitのいずれも立っていない場合にtrueを返す
eof()	eofbitが立っている場合にtrueを返す
fail()	failbitまたはbadbitが立っている場合にtrueを返す
bad()	badbitが立っている場合にtrueを返す

● ストリームのエラー状態の変更

ストリームのエラー状態を変更するメンバ関数として、clear()とsetstate()が存在します。それぞれの動作は以下のとおりです。

- setstate() ⇒ 現在の状態に実引数stateで指定した状態を追加する
- clear() ⇒ 実引数stateで指定した状態にリセットする

たとえば、failbitが設定されている状態でsetstate(std::ios_base::badbit)を呼び出すと、failbitとbadbitが設定された状態になります。一方、clear(std::ios_base::badbit)を呼び出すと、badbitのみが設定された状態になります。

clear()メンバ関数には、デフォルト実引数が指定されています。実引数なしで呼び出すと、すべてのビットがクリアされます(good() == trueに戻る)。

入力の終わり（EOF）を判定する

<istream>ヘッダまたは<iostream>ヘッダ

サンプルコード

```
while (cin) { // あるいはwhile (!cin.eof()) {
  string s;
  cin >> s;
  cout << s << endl;
}
```

実行結果

```
(キーボードから「りんご みかん[Enter]」と入力)
りんご
みかん
```

　ストリームオブジェクトをif文やwhile文などの条件式に置くことで、入力の終わり（EOF）か否かを判定できます。これは、入力の終わりに達するとeofbitが設定されるためです。

参照 P.263 本章「ストリームのエラーを知る」節

　このサンプルでは、EOFのほかストリームにエラーがあった場合もループを脱出します。純粋にEOFか否かのみを判定したい場合は、コメントで記載したように、ストリームクラスのeof()メンバ関数を使用します。

ファイルを読み書きするストリームを作る

`<fstream>`ヘッダ

```cpp
namespace std {
  template <class CharT, class Traits = char_traits<CharT>>
  class basic_fstream : public basic_iostream<CharT, Traits> {
  public:
    basic_fstream();

    explicit basic_fstream(const char* s,
                           ios_base::openmode mode =
                             default-mode);
    // C++11
    explicit basic_fstream(const string& s,
                           ios_base::openmode mode =
                             default-mode);
    // C++17
    explicit basic_fstream(const filesystem::path& s,
                           ios_base::openmode mode =
                             default-mode);

    void open(const char* s, ios_base::openmode mode = default-mode);
    // C++11
    void open(const string& s, ios_base::openmode mode = default-mode);
    // C++17
    void open(const filesystem::path& s,
              ios_base::openmode mode = default-mode);

    bool is_open() const;

    void close();

    basic_fstream(basic_fstream&& rhs); // C++11
    basic_fstream& operator=(basic_fstream&&); // C++11
    void swap(basic_fstream& rhs);
    ...

    basic_fstream(const basic_fstream&) = delete;
    basic_fstream& operator=(const basic_fstream&) = delete;
  };
```

```
template <class CharT, class Traits = char_traits<CharT>>
class basic_ifstream : public basic_istream<CharT, Traits> {
  // 同上
};

template <class CharT, class Traits = char_traits<CharT>>
class basic_ofstream : public basic_ostream<CharT, Traits> {
  // 同上
};

typedef basic_fstream<char> fstream;
typedef basic_ifstream<char> ifstream;
typedef basic_ofstream<char> ofstream;
}
```

上記のうち、*default-mode* はそれぞれ以下の値です。

▼ *default-mode* の差異

クラス	*default-mode*
basic_fstream	ios_base::in | ios_base::out
basic_ifstream	ios_base::in
basic_ofstream	ios_base::out

サンプルコード

```
ofstream ofs{"sample.txt"};
ofs << "Sample: " << 19 << endl;
ofs.close();

ifstream ifs{"sample.txt"};
if (ifs) {
  string s;
  int i;
  ifs >> s >> i;

  cout << s << endl;
  cout << i << endl;
}
else {
  cerr << "ファイルを開くことに失敗しました。" << endl;
}
```

```
Sample:
19
```

ファイルに対する入出力を行うストリームとして、次の3種類の型が用意されています。

- 読み込み専用の std::ifstream
- 書き込み専用の std::ofstream
- 読み書き両方可能な std::fstream

◉ ファイルを開く

std::basic_fstream クラスのコンストラクタや open() メンバ関数に、ファイルパスの文字列や std::filesystem::path クラスのオブジェクトを渡すと、ファイルを開けます。ファイルを開くことに成功すると、ストリームとして読み取りまたは書き込みが可能な状態になります。

ファイルを開くことに失敗した場合、failbit が設定されます。エラー処理の詳細については、以下を参照してください。

参照 ▶ P.263 本章「ストリームのエラーを知る」節

コンストラクタや open() メンバ関数で指定する mode 仮引数は、std::ios_base クラスで定義されている以下の定数の組み合わせで指定します。

▼ openmode 型の定数

定数	説明
std::ios_base::in	入力用に開く
std::ios_base::out	出力用に開く
std::ios_base::binary	バイナリモードで読み書きする
std::ios_base::app	追記モードにする（出力が常にストリーム終端に対して行われる）
std::ios_base::noreplace C++23	新規作成で出力用に開く（ファイルが存在している場合はエラー）
std::ios_base::ate	ファイルを開いたら、ただちにファイル終端へ移動する
std::ios_base::trunc	ファイルを開いたら、必ず既存の内容を消去する

指定されたファイルが存在しなかった場合、mode に与えた実引数により、以下の挙動になります。

- `std::ios_base::in`単独または`std::ios_base::in | std::ios_base::binary`
    ⇒ エラーになる
- それ以外 ⇒ 新しくファイルを作成する

なお、`trunc` を指定しなくても、`std::ios_base::out` 単独または `std::ios_base::out | std::ios_base::binary`を指定した場合、ファイルの中身が消去されます。これは、C言語の`fopen()`関数で `"w"` を指定した場合と同じ挙動です。

ファイルの内容を消去せずに書き込みを行うには、以下のいずれかの方法があります。

- `std::ios_base::out | std::ios_base::app`として、追記モードにする
- `std::ios_base::in`を追加し、`std::ios_base::in | std::ios_base::out`などとする

ファイルを閉じる

`std::basic_fstream`クラスのデストラクタでストリームオブジェクトが破棄されると、ファイルが閉じられます。あるいは、`close()`メンバ関数を呼び出すと、即座に閉じます。

`close()`で閉じたストリームオブジェクトは、`open()`メンバ関数で任意のファイルを開くために再利用できます。

テキストモードとバイナリモード

ファイルの読み書きには2種類のモード、テキストモードとバイナリモードがあります。`std::ios_base::binary`を指定しない場合はテキストモード、指定した場合はバイナリモードになります。

テキストモードでは、実行環境によって、テキストファイルとして扱えるよう、入出力の際に追加の処理が行われる場合があります。代表的な例として、Windows環境における改行文字の扱いがあります。

- 出力時 ⇒ `'\n'`はCR LF(`"\x0d\x0a"`)の2文字に変換される
- 入力時 ⇒ CR LF(`"\x0d\x0a"`)は `'\n'` に変換される

バイナリモードでは、入出力の内容に一切の加工を行いません。

ただし、実行環境によっては正確なファイルのサイズを把握できない場合があります。たとえば、512バイトの倍数の単位でファイルサイズを管理しているシステムが存在しえます。そのような環境では、バイナリモードの場合はファイル末尾に、自動的にヌル文字が付加されます。

紙面版 電脳会議 一切無料
DENNOUKAIGI

今が旬の書籍情報を満載して
お送りします！

『電脳会議』は、年6回刊行の無料情報誌です。2023年10月発行のVol.221よりリニューアルし、**A4判・32頁カラー**とボリュームアップ。弊社発行の新刊・近刊書籍や、注目の書籍を担当編集者自らが紹介しています。今後は図書目録はなくなり、『電脳会議』上で弊社書籍ラインナップや最新情報などをご紹介していきます。新しくなった『電脳会議』にご期待下さい。

大幅
増ページで
**ボリューム
アップ！**

◆ 電子書籍・雑誌を読んでみよう!

| 技術評論社　GDP | 検索 |

で検索、もしくは左のQRコード・下の
URLからアクセスできます。

https://gihyo.jp/dp

1 アカウントを登録後、ログインします。
【外部サービス(Google、Facebook、Yahoo!JAPAN)
でもログイン可能】

2 ラインナップは入門書から専門書、
趣味書まで 3,500点以上!

3 購入したい書籍を 🛒 カート に入れます。

4 お支払いは「**PayPal**」にて決済します。

5 さあ、電子書籍の
読書スタートです!

も電子版で読める!

電子版定期購読が お得に楽しめる!

くわしくは、
「**Gihyo Digital Publishing**」
のトップページをご覧ください。

電子書籍をプレゼントしよう!

Gihyo Digital Publishing でお買い求めいただける特定の商品と引き替えが可能な、ギフトコードをご購入いただけるようになりました。おすすめの電子書籍や電子雑誌を贈ってみませんか?

こんなシーンで…
- ●ご入学のお祝いに
- ●新社会人への贈り物に
- ●イベントやコンテストのプレゼントに ………

●ギフトコードとは? Gihyo Digital Publishing で販売している商品と引き替えできるクーポンコードです。コードと商品は一対一で結びつけられています。

くわしいご利用方法は、「Gihyo Digital Publishing」をご覧ください。

電脳会議

紙面版

新規送付の お申し込みは…

電脳会議事務局 　検索

で検索、もしくは以下の QR コード・URL から
登録をお願いします。

https://gihyo.jp/site/inquiry/dennou

一切
無料！

「電脳会議」紙面版の送付は送料含め費用は
一切無料です。
登録時の個人情報の取扱については、株式
会社技術評論社のプライバシーポリシーに準
じます。

技術評論社のプライバシーポリシー
はこちらを検索。

https://gihyo.jp/site/policy/

メモリ上で読み書きする文字列ストリームを作る

```cpp
namespace std {
template <class CharT, class Traits = char_traits<CharT>,
          class Allocator<CharT>>
  class basic_stringstream : public basic_iostream<CharT, Traits> {
  public:
    explicit basic_stringstream(ios_base::openmode which = default-mode);
    explicit basic_stringstream(
      const basic_string<CharT, Traits, Allocator>& str,
      ios_base::openmode which = default-mode);

    basic_string<CharT, Traits, Allocator> str() const;
    void str(const basic_string<CharT, Traits, Allocator>& s);
    ...
  };

  template <class CharT, class Traits = char_traits<CharT>,
            class Allocator<CharT>>
  class basic_istringstream : public basic_istream<CharT, Traits> {
    // 同上
  };

  template <class CharT, class Traits = char_traits<CharT>,
            class Allocator<CharT>>
  class basic_ostringstream : public basic_ostream<CharT, Traits> {
    // 同上
  };

  typedef basic_stringstream<char> stringstream;
  typedef basic_istringstream<char> istringstream;
  typedef basic_ostringstream<char> ostringstream;
}
```

上記のうち、*default-mode* は、それぞれ以下の値です。

▼ *default-mode* の差異

クラス	*default-mode*
`basic_stringstream`	`ios_base::in	ios_base::out`
`basic_istringstream`	`ios_base::in`
`basic_ostringstream`	`ios_base::out`

サンプルコード

```
ostringstream os;

int x = 3 + 4;
os << "3 + 4 = " << x;
string output = os.str();

cout << output << endl;

istringstream is{"1000"};

int input;
is >> input;

cout << input << endl;
```

実行結果

```
3 + 4 = 7
1000
```

メモリ上の文字列に対するストリームとして、次の3種類の型が用意されています。

● 読み込み専用の `std::istringstream`
● 書き込み専用の `std::ostringstream`
● 読み書き両方可能な `std::stringstream`

`std::ostringstream` クラスは、メモリ上の文字列を出力先とするストリームです。ストリームに出力した内容は、`str()` メンバ関数で文字列として取得できます。

`std::istringstream` クラスは、メモリ上の文字列を入力元とするストリームです。コンストラクタで与えた文字列のコピーを読み取り元とします。

コンストラクタの実引数として文字列を与えると、その文字列のコピーを初期状態とするストリームを作成できます。省略した場合、中身が空のストリームが作成

されます。

　ストリームの中身は、str()メンバ関数でいつでも取得／設定できます。実引数によって、以下のように動作します。

- 実引数を与えない　　　　⇒　中身の文字列のコピーを返す
- 実引数として文字列を与える　⇒　そのコピーがストリームの中身として設定される

　なお、サンプルプログラムでは、数値を文字列にしたり、文字列を数値に変換したりしています。この用途には、std::to_string()／std::stoi()なども使用できます。

参照　P.219 第4章「文字列を数値に変換する」節
参照　P.221 第4章「数値を文字列に変換する」節

　また、ストリームを介せずに値を任意の書式で文字列化するために、std::format()関数を使用できます。

参照　P.236 第4章「値を書式指定で文字列化する」節

読み書きする位置を移動する

| <istream>ヘッダ／<ostream>ヘッダまたは<iostream>ヘッダ |

```
namespace std {
  template <class CharT, class Traits = char_traits<CharT>>
  class basic_istream : public basic_ios<CharT, Traits> {
  public:
    pos_type tellg();
    basic_istream& seekg(pos_type);
    basic_istream& seekg(off_type, ios_base::seekdir);
    ...
  };

  template <class CharT, class Traits = char_traits<CharT>>
  class basic_ostream : public basic_ios<CharT, Traits> {
  public:
    pos_type tellp();
    basic_istream& seekp(pos_type);
    basic_istream& seekp(off_type, ios_base::seekdir);
    ...
  };
}
```

　読み取り／書き込みを行う位置を移動する（シークする）処理は、入力ストリームと出力ストリームで異なる名前のメンバ関数として存在します。名前は異なりますが、それぞれ同じような挙動を示します。

サンプルコード1

```
istringstream is{"WINDY WOOD"};

string x, y, z;
is >> x;
auto pos = is.tellg();
is >> y;

is.seekg(pos);
is >> z;

cout << x << ' ' << y << ' ' << z << endl;
```

実行結果1

```
WINDY WOOD WOOD
```

　std::basic_istreamクラスのtellg()メンバ関数と、std::basic_ostreamクラスのtellp()メンバ関数は、現在の位置をstd::ios::pos_type型で返します。seekg()／seekp()メンバ関数にpos_type型のオブジェクトを渡すことで、tellg()／tellp()メンバ関数を呼び出したときの位置を復元できます。

　pos_type型は、基底クラスstd::iosでtypedefされており、実体はstd::fpos<std::mbstate_t>型です。また、std::streamposの名前でtypedefも用意されています。

　std::fpos型は、ストリーム位置を表すクラスです。

サンプルコード2

```
ostringstream os;

os << "Bad";

os.seekp(0, ios_base::beg);
os << "Good";

cout << os.str() << endl;
```

実行結果2

```
Good
```

seekg()／seekp()メンバ関数の2番目のオーバーロードは、seekdir仮引数で指定された位置からoff_type仮引数で指定されるオフセットへ移動します。ランダムアクセスにはこちらを使用します。

seekdir仮引数に対する実引数として、次のいずれかを指定できます。

▼ seekdir 型の定数

定数	説明
std::ios_base::beg	ファイルの先頭を基準とする
std::ios_base::cur	現在の位置を基準とする
std::ios_base::end	ファイルの終端を基準とする

std::ios::off_type型は、std::streamoff型からtypedefされています。std::streamoff型は、典型的にはlong long型のtypedefですが、少し古い処理系だとlongで、しかも32ビットのものもあります。その場合、大きなファイルのランダムアクセスには注意が必要です。

ファイルの内容をすべて読み込む

<iterator>ヘッダ

```cpp
namespace std {
  template <class CharT = char, class Traits = char_traits<CharT>>
  class istreambuf_iterator: {
  public:
    typedef CharT char_type;
    typedef Traits traits_type;
    typedef typename Traits::int_type int_type;
    typedef basic_istream<CharT, Traits> istream_type;

    constexpr istreambuf_iterator() noexcept;
    istreambuf_iterator(istream_type& s) noexcept;
    istreambuf_iterator(streambuf_type* s) noexcept;
    istreambuf_iterator(const istreambuf_iterator& x)
      noexcept = default;
    ~istreambuf_iterator() = default;

    CharT operator*() const;
    … operator->() const;
    istreambuf_iterator& operator++();
    … operator++(int);

    bool equal(const istreambuf_iterator& b) const;
  };

  template <class CharT, class Traits>
  bool operator==(const istreambuf_iterator<CharT, Traits>& x,
                  const istreambuf_iterator<CharT, Traits>& y);
  template <class CharT, class Traits>
  bool operator!=(const istreambuf_iterator<CharT, Traits>& x,
                  const istreambuf_iterator<CharT, Traits>& y);
}
```

....

サンプルコード

```cpp
typedef istreambuf_iterator<char> iter_type;
ifstream ifs{"in.dat", ios_base::binary};
vector<char> data{iter_type{ifs}, iter_type{}};
```

ファイルの内容をすべて読み込むには、std::istreambuf_iterator クラステンプレートが便利です。これは、ストリームが内部で保持している std::basic_streambuf クラステンプレートのオブジェクトから生のデータを読み込む入力イテレータです。

　コンストラクタの実引数に、入力元のストリームオブジェクトへの参照を与えて使用します。また、デフォルト構築した std::istreambuf_iterator オブジェクトは、ファイル終端を表します。上記コードでは、この2つの組をコンテナ std::vector のコンストラクタに渡し、変数 data にファイルの内容すべてを読み込ませています。

参照 ▶ P.261 本章「1行を読み取る」節

自作の型を ostream で出力できるようにする

サンプルコード

```
struct MyPoint {
  int x;
  int y;
};

template<typename CharT, typename Traits>
basic_ostream<CharT, Traits>&
operator<<(basic_ostream<CharT, Traits>& os, const MyPoint& pt) {
  os << pt.x << ' ' << pt.y;
  return os;
}

MyPoint pt{10, 20};
cout << pt << endl;
```

実行結果

```
10 20
```

標準ライブラリで対応していない型を<<演算子での出力対象とするには、以下のような<<演算子関数を定義します。

- 戻り値と1番目の仮引数の型　⇒　**std::basic_ostream**クラステンプレート
- 2番目の仮引数の型　　　　　⇒　出力対象の型
- 1番目の仮引数の出力ストリームオブジェクトを返すこと

この例ではstructでしたが、class／union／enumでも、<<演算子を定義できます。

自作の型を istream で入力できるようにする

サンプルコード

```cpp
struct MyPoint {
  int x;
  int y;
};

template<typename CharT, typename Traits>
basic_istream<CharT, Traits>&
operator>>(basic_istream<CharT, Traits>& is, MyPoint& pt) {
  is >> pt.x >> pt.y;
  return is;
}

MyPoint pt{};
cin >> pt;
cout << pt.x << ' ' << pt.y << endl;
```

実行結果

```
(キーボードから30 40[Enter]と入力)
30 40
```

　標準ライブラリで対応していない型を>>演算子での入力対象とするには、以下のような>>演算子関数を定義します。

- 戻り値と1番目の仮引数の型　⇒　std::basic_istream クラステンプレート
- 2番目の仮引数の型　　　　　⇒　入力対象の型
- 1番目の仮引数の入力ストリームオブジェクトを返すこと

　この例ではstructでしたが、class／union／enumでも、>>演算子を定義できます。

パスを扱うオブジェクトを構築する

5
入出力

<filesystem>ヘッダ C++17

```cpp
namespace std::filesystem {
  class path {
  public:
    enum format {
      native_format, generic_format, auto_format
    };

    path();
    template<class Source>
    path(const Source& source, format fmt = auto_format);

    path& operator/=(const path& p);
    template <class Source> path& operator/=(const Source& source);

    path& operator+=(const path& x);
    template <class Source> path& operator+=(const Source& x);

    string string() const;
    u16string u16string() const;
    u32string u32string() const;

    string generic_string() const;
    u16string generic_u16string() const;
    u32string generic_u32string() const;

    // C++17
    string u8string() const;
    string generic_u8string() const;

    // C++20以降
    u8string u8string() const;
    u8string generic_u8string() const;
    ...
  };

  // C++20以降では使用する必要がなくなるため非推奨
  template <class Source>
```

```
    path u8path(const Source& source);

    path operator/ (const path& lhs, const path& rhs);
}
```

....

サンプルコード

```
namespace fs = std::filesystem;
fs::path p1 = "/abc/def";    // 実行環境依存のマルチバイト文字列を渡して構築
fs::path p2 = L"/abc/def";   // 実行環境依存のワイド文字列を渡して構築
fs::path p3 = u"/abc/def";   // char16_t文字列を渡して構築
fs::path p4 = U"/abc/def";   // char32_t文字列を渡して構築
fs::path p5 = string("/abc/def"); // std::stringを渡して構築
fs::path p6 = u8"/abc/def";  // UTF-8文字コードの文字列を渡して構築
// C++17のC++プログラムとしてコンパイルする場合、
// char配列の文字列がUTF-8として解釈されない環境では、
// 以下のようにu8path()関数を使用して構築する必要がある。
// fs::path p6 = fs::u8path(u8"/abc/def");

cout << "A : " << p6.generic_string() << endl; // 汎用形式のパス文字列を
                                               //   stringとして取得

fs::path p7 = "/abc/def";
p7 /= "ghi"; // パスを結合する。区切り文字は自動で追加される
cout << "B : " << p7.string() << endl;

fs::path p8 = p7 / "jkl" / "mno"; // 連続でパスを結合する
cout << "C : " << p8.string() << endl;

fs::path p9 = p8 / "/pqr/stu"; // 絶対パスと結合
cout << "D : " << p9.string() << endl; // `/`演算子の右辺のパスが使用される

fs::path p10 = "/abc/def";
p10 += "ghi"; // 文字列を直接結合する。区切り文字は自動で追加されない
cout << "E : " << p10.string() << endl;
```

実行結果（環境依存）

```
A : /abc/def
B : /abc/def/ghi
C : /abc/def/ghi/jkl/mno
D : /pqr/stu
E : /abc/defghi
```

std::filesystem::pathクラスは、標準のファイルシステムライブラリでパスを
扱うためのクラスです。このクラスを使用して、パス文字列を結合したり、パス
からファイル名や拡張子を取得したりできます（ 参照 P.307 本章「パスからファイル名を
取得する」節、P.308 本章「パスから拡張子を取得する」節）。

● パスを表すオブジェクトの構築

　std::filesystem::pathクラスのコンストラクタにパスを表す文字列を渡すと、
そのパスを表すオブジェクトを作成できます。サンプルコードにあるとおり、この
コンストラクタにはwchar_tやchar32_tを使用した文字列も渡せます。渡された文
字列は実行環境のOSに合わせた文字コードへ変換され、オブジェクト内部に保持
されます。

　C++17のバージョンのC++プログラムとしてコンパイルする場合、char配列に
よる文字列の文字コードがUTF-8と解釈されない環境では、u8プレフィックスを
指定した文字列をstd::filesystem::pathクラスのコンストラクタに渡しても、正
しくUTF-8文字コードの文字列として扱われません。この場合はu8path()関数を
使用すると、渡された文字列を必ずUTF-8文字コードの文字列として解釈して、正
しくオブジェクトを構築できます。C++20からは、UTF-8文字コードの文字列を
表すu8stringクラスが導入されたため、u8path()関数は非推奨となります。

　POSIX以外の環境では、ある文字列をパスとして解釈する場合に、そのパスを現
在のOSで使用される形式のパスとして解釈するか、異なるOS間でパスを扱うた
めの汎用的な形式のパスとして解釈するかで結果が変わってしまう場合があります。
そのような場合は、コンストラクタの第2実引数に次のenum値のいずれかを渡すと、
どのようにパスを解釈するかを指定できます。

- native_format　⇒　渡されたパス文字列を、現在のOSで使用される形式の
　　　　　　　　　　　　パスとして解釈する
- generic_format　⇒　渡されたパス文字列を、汎用的な形式のパスとして解
　　　　　　　　　　　　釈する
- auto_format　　⇒　どちらの形式で解釈するかを、処理系依存の方法で自
　　　　　　　　　　　　動的に判別する

　std::filesystem::pathクラスのオブジェクトを作成したとしても、実際にファ
イルやディレクトリが作成されるわけではありません。ファイルを作成するには
std::fstreamクラス（ 参照 P.267 本章「ファイルを読み書きするストリームを作る」節）を、
ディレクトリを作成するにはcreate_directory()関数（ 参照 P.296 本章「ディレクト
リを作成する」節）を使用します。

● パス文字列の取得

　構築したオブジェクトから文字列としてパスを取得するには、以下の表に記載されたメンバ関数を使用します。このうちgeneric_が付かないバージョンのメンバ関数は、現在のOSで使用されるパスの形式に合わせたパス文字列を返し、generic_が付いたメンバ関数は、汎用的な形式のパス文字列を返します。

▼ パス文字列を取得するメンバ関数

関数名	説明
string()／generic_string()	オブジェクト内部に保持しているパスを、std::stringに変換して返す
u8string()／generic_u8string()	オブジェクト内部に保持しているパスを、UTF-8文字コードの文字列として返す（戻り値の型はC++17ではstd::stringとなり、C++20以降ではstd::u8stringとなる）
u16string()／generic_u16string()	オブジェクト内部に保持しているパスを、std::u16stringに変換して返す
u32string()／generic_u32string()	オブジェクト内部に保持しているパスを、std::u32stringに変換して返す

● パス文字列の結合

　/=演算子を使用すると、右辺に指定したパスを左辺のパスに結合できます。ただし演算子の右辺に指定したパスが絶対パスの場合は、結合ではなく左辺のパスを右辺のパスに置き換えます。

　/演算子は、左辺に指定したパスと右辺に指定したパスを結合した新たなパスを返します。サンプルコードのようにこの演算子を連続して使用すると、パスの階層を一度に結合できます。/=演算子と同じようにこの演算子を使用した場合も、右辺に指定したパスが絶対パスの場合は、結合ではなく右辺のパスがそのまま使用されます。

　/=演算子や/演算子を使用してパスを結合した場合は、パス区切り文字（POSIX環境であれば/、Windows環境であれば¥）が自動で補完されます。

　+=演算子を使用すると、左辺のパスに右辺のパスをそのまま結合します。/=演算子と異なり、この場合はパス区切り文字は自動で補完されません。

ファイルシステム関数のエラーを扱う

5

入出力

<filesystem>ヘッダ `C++17`

```cpp
namespace std::filesystem {
  class filesystem_error : public system_error {
    public:
      filesystem_error(const string& what_arg, error_code ec);
      filesystem_error(const string& what_arg,
          const path& p1, error_code ec);
      filesystem_error(const string& what_arg,
          const path& p1, const path& p2, error_code ec);
      const path& path1() const noexcept;
      const path& path2() const noexcept;
      const char* what() const noexcept override;
  };
  ...
}
```

サンプルコード

```cpp
namespace fs = std::filesystem;

fs::path tmp = fs::absolute("./tmp_for_test");
fs::create_directory(tmp);
fs::current_path(tmp);
fs::remove_all(tmp);

error_code error;
fs::path cwd = fs::current_path(error);
if (error) {
  cout << "現在の作業パスの取得に失敗 : " << error.message() << endl;
}

fs::path new_dir = "/foo/bar/new_directory"; // 親ディレクトリが
                                             // 存在しないためエラーとなる
bool created = fs::create_directory(new_dir, error);
if (!created) {
  if (error) {
    cout << "ディレクトリの作成に失敗 : " << error.message() << endl;
  } else {
```

```
    // ディレクトリは作成されなかったがエラーではない
    //（ディレクトリが既に存在していた）
  }
}

try {
  fs::path src = "./copy_from.txt";
  fs::path dest = "./copy_to.txt";
  bool copied = fs::copy_file(src, dest, fs::copy_options::skip_existing);
  if (!copied) {
    // ファイルが存在したためコピーされなかった
  }
} catch (fs::filesystem_error& e) {
  cout << e.path1() << " から " << e.path2() << " へのコピーに失敗" <<
endl;
  cout << e.what() << endl;
}
```

実行結果（環境依存）

```
現在の作業パスの取得に失敗 : No such file or directory
ディレクトリの作成に失敗 : No such file or directory
"./copy_from.txt" から "./copy_to.txt" へのコピーに失敗
filesystem error: cannot copy file: No such file or directory [./copy_from.
txt] [./copy_to.txt]
```

　以降の節で紹介するファイルシステムライブラリの関数には、std::error_code
クラスの参照を仮引数にとるバージョンと、この仮引数をとらずに例外を送出する
バージョンの2つのオーバーロードが存在しています。利用者はエラーハンドリン
グの戦略に合わせてこれらを使い分けられます。

● ファイルシステムライブラリ関数のオーバーロード

```
path current_path();
path current_path(error_code& ec);

bool create_directory(const path& p);
bool create_directory(const path& p, error_code& ec) noexcept;

bool copy_file(const path& from, const path& to,
               copy_options options);
bool copy_file(const path& from, const path& to,
               copy_options options, error_code& ec) noexcept;
```

std::error_codeクラスの参照を仮引数にとるバージョンの関数は、関数内でエラーが発生したときにエラーの内容をその参照に代入して、エラーが発生したことを呼び出し元に伝えます。

　std::error_codeクラスの参照を仮引数にとらないバージョンの関数は、関数内でエラーが発生したときにstd::filesystem::filesystem_errorクラスを例外として送出し、エラーが発生したことを呼び出し元に伝えます。

● filesystem_errorクラスについて

　std::filesystem::filesystem_errorクラスは、ファイルシステムライブラリの関数内で発生したエラーを表すためのクラスです。

　std::system_errorクラス（ 参照 P.183 第3章「システムのエラーを扱う」節）を継承しているため、code()メンバ関数を使用して、どのようなエラーが発生したかを表すstd::error_codeを取得できます。また、what()メンバ関数を使用して、エラーの内容を表す文字列を取得できます。

　path1()メンバ関数とpath2()メンバ関数を使用すると、どのパスに対する操作でエラーが発生したかを取得できます。

　current_path()関数のような、パスを1つも仮引数にとらない関数でエラーが発生した場合には、このクラスにパス情報は保持されず、path1()メンバ関数／path2()メンバ関数はどちらも空のstd::filesystem::pathクラスを返します。

　create_directory()関数のような、パスを1つだけとる関数でエラーが発生した場合は、パス情報は1つだけ保持され、path1()メンバ関数によってそのパスを取得できます。

　copy_file()関数のような、2つのパスをとる関数でエラーが発生した場合には、両方のパスがこのクラスで保持され、path1()メンバ関数／path2()メンバ関数によってそれぞれのパスを取得できます。

ファイルやディレクトリをコピーする

`<filesystem>`ヘッダ C++17

```cpp
namespace std::filesystem {
  enum class copy_options;

  bool copy_file(const path& from, const path& to);
  bool copy_file(const path& from, const path& to,
                 error_code& ec) noexcept;

  bool copy_file(const path& from, const path& to,
                 copy_options options);
  bool copy_file(const path& from, const path& to,
                 copy_options options, error_code& ec) noexcept;

  void copy(const path& from, const path& to);
  void copy(const path& from, const path& to, error_code& ec) noexcept;

  void copy(const path& from, const path& to, copy_options options);
  void copy(const path& from, const path& to, copy_options options,
            error_code& ec) noexcept;
}
```

ファイルをコピーするサンプルコード

```cpp
namespace fs = std::filesystem;

// コピーするためのファイルを、事前に用意しておく
fs::path from_path{"file_a"};
ofstream file{from_path};
file.close();

fs::path to_path{"file_b"};

// from_pathにあるファイルを、to_pathの場所にコピー。
// from_pathとto_pathに、同じファイルができあがる
fs::copy_file(from_path, to_path);

// 正常にコピーされたかどうかを確認する
if (fs::exists(to_path)) {
```

```
  cout << "成功" << endl;
}
else {
  cout << "失敗" << endl;
}
```

実行結果

成功

std::filesystem::copy_file()は、第1実引数として渡されたパスのファイルを、第2実引数として渡されたパスにコピーする関数です。この関数がエラーになる条件は、以下のようになっています。

- コピー元のファイルが存在しない
- ファイル以外をコピーしようとした
- コピー元とコピー先のパスが同じ
- コピー先にファイルがあり、ファイルの上書きを許可していない
- コピー先にファイルがあり、それをエラーにしない指定をしていない

ファイルのコピーに成功した場合にはtrueが返ります。

コピー中にエラーが発生した場合、std::error_codeクラスの参照を仮引数にとるほうのオーバーロードではfalseが返り、std::error_codeにエラーの内容が設定されます。std::error_codeクラスの参照を仮引数にとらないほうのオーバーロードではstd::filesystem::filesystem_error例外が送出されます。

コピー先にすでにファイルが存在している場合の動作は、第3実引数にファイルコピーの動作オプションを指定することでカスタマイズできます。

ファイルコピーの動作オプションを指定するサンプルコード

```
namespace fs = std::filesystem;

// "a/file.txt"ファイルが存在する前提として、
// "b/file.txt"がすでに存在していたら上書きする
fs::copy_file(
  "a/file.txt",
  "b/file.txt",
  fs::copy_options::overwrite_existing);

// 正常にコピーされたかどうかを確認する
if (fs::exists("b/file.txt")) {
  cout << "成功" << endl;
```

```
}
else {
  cout << "失敗" << endl;
}
```

実行結果

```
成功
```

ファイルコピーの動作オプションは、std::filesystem名前空間のcopy_options列挙型で定義されます。この列挙型の列挙子は、ビットマスクになっているため、複数のオプションをビット論理和の演算子でつなげて指定できます。

▼ copy_options列挙型の列挙子

列挙子	説明
none	デフォルトの挙動。コピー先にすでにファイルがあったらエラーとする。サブディレクトリはコピーしない
skip_existing	コピー先にすでにファイルがあったらエラーとせず何もしない
overwrite_existing	コピー先にすでにファイルがあったら上書きする
update_existing	コピー先のファイルがコピー元のファイルより古かったら上書きする
recursive	サブディレクトリも再帰的にコピーする（copy()関数で使用する）

ディレクトリをコピーするサンプルコード

```
namespace fs = std::filesystem;

// "a_dir/aa_dir/file.txt"ファイルが存在する前提として、
// "a_dir"ディレクトリを"b_dir"ディレクトリに再帰的にコピーする。
// "b_dir"ディレクトリがすでに存在していたら上書きする
fs::copy(
  "a_dir",
  "b_dir",
  fs::copy_options::recursive |
  fs::copy_options::overwrite_existing);

// 正常にコピーされたかどうかを確認する
if (fs::exists("b_dir/aa_dir/file.txt")) {
  cout << "成功" << endl;
}
else {
  cout << "失敗" << endl;
}
```

成功

　std::filesystem::copy()は、第1実引数として渡されたパスのファイルもしく
はディレクトリを、第2実引数として渡されたパスにコピーする関数です。この関
数は、ディレクトリをコピーする状況で使用します。この関数はデフォルトで、以
下のような動作をします。

- コピー元パスのファイル／ディレクトリが存在しない場合はエラー
- コピー元パスとコピー先パスが同じ場合はエラー
- コピー先パスにファイル／ディレクトリが存在していたらエラー
- サブディレクトリに対しては何もしない

　この関数の第3実引数でコピー動作のオプションを指定することで、コピー先に
ファイル／ディレクトリがすでに存在していた場合に、「上書きする」「エラーとしない」
などの挙動を選択でき、サブディレクトリを再帰的にコピーすることもできます。

5

入
出
力

ファイルやディレクトリの名前を変更する

<filesystem> ヘッダ `C++17`

```
namespace std::filesystem {
  void rename(const path& old_p, const path& new_p);
  void rename(const path& old_p, const path& new_p,
              error_code& ec) noexcept;
}
```

サンプルコード

```
namespace fs = std::filesystem;

// コピーするためのファイルを、事前に用意しておく
fs::path from_path{"file_a"};
ofstream file{from_path};
file.close();

fs::path to_path{"file_b"};

// from_pathのパスにあるファイルを、
// to_pathのパスに名称変更
fs::rename(from_path, to_path);

// 正常に名前が変更されたかどうかを確認する
cout << fs::exists(from_path) << endl; // falseとなる
cout << fs::exists(to_path) << endl;   // trueとなる
```

実行結果

```
0
1
```

std::filesystem::rename() は、第1実引数として渡されたパスのファイルを、第2実引数として渡されたパスに名称変更する関数です。これは、ファイル／ディレクトリの移動としても使用できます。この関数は、以下の動作をします。

● 古いパスと新しいパスが同じだった場合、何もしない
● 新しいパスにすでにファイルがあった場合、そのファイルを削除して名称変更されたファイルで置き換える

● 新しいパスにすでにディレクトリがあった場合、そのディレクトリが空であれば削除して、名称変更されたディレクトリで置き換える。新しいパスに空ではないディレクトリがあった場合はエラーとなる

ファイルやディレクトリを削除する

<filesystem>ヘッダ `C++17`

```cpp
namespace std::filesystem {
  bool remove(const path& x);
  bool remove(const path& p, error_code& ec) noexcept;

  uintmax_t remove_all(const path& p);
  uintmax_t remove_all(const path& p, error_code& ec) noexcept;
}
```

サンプルコード

```cpp
namespace fs = std::filesystem;

// 削除するためのファイルを、事前に用意しておく
fs::path sample_file{"sample_file"};
ofstream file{"sample_file"};
file.close();

// ファイルを削除
fs::remove{"sample_file"};
// 正常に削除されたかどうかを確認する
if (!fs::exists(sample_file)) {
  cout << "ファイル削除成功" << endl;
}
else {
  cout << "ファイル削除失敗" << endl;
}

// 削除するためのディレクトリを、事前に用意しておく
fs::path sample_dir{"sample_dir"};
fs::create_directory(sample_dir);

// ディレクトリを削除 (ディレクトリが空でなければエラーとなる)
fs::remove(sample_dir);
// 正常に削除されたかどうかを確認する
if (!fs::exists(sample_dir)) {
  cout << "ディレクトリ削除成功" << endl;
}
```

```
else {
  cout << "ディレクトリ削除失敗" << endl;
}
```

| 実行結果 |

ファイル削除成功
ディレクトリ削除失敗

std::filesystem::remove() は、実引数として渡されたパスのファイルまたはディレクトリを削除する関数です。ディレクトリを削除するには、中身が空（ファイル／ディレクトリが1つもない状態）になっている必要があります。

ファイル／ディレクトリの削除に成功した場合は true が返ります。存在しないファイル／ディレクトリを削除しようとした場合、エラーにはならず false が返ります。

もしも削除中にエラーが発生した場合、std::error_code クラスの参照を仮引数にとるほうのオーバーロードでは false が返り、std::error_code にエラーの内容が設定されます。std::error_code クラスの参照を仮引数にとらないほうのオーバーロードでは std::filesystem::filesystem_error 例外が送出されます。

std::filesystem::remove_all() は、実引数として渡されたパスを再帰的に削除する関数です。こちらは、ディレクトリが空でなくても削除できます。戻り値として、削除されたファイル数が返ります。

参照 P.296 本章「ディレクトリを作成する」節

ディレクトリを作成する

<filesystem>ヘッダ　C++17

```cpp
namespace std::filesystem {
  bool create_directory(const path& p);
  bool create_directory(const path& p, error_code& ec) noexcept;

  bool create_directories(const path& p);
  bool create_directories(const path& p, error_code& ec) noexcept;
}
```

サンプルコード

```cpp
namespace fs = std::filesystem;

fs::create_directory("dir1");
fs::create_directory("dir1/x");
fs::create_directory("dir1/x/y");
// 正常にディレクトリが作成されたかどうかを確認する
if (fs::exists("dir1/x/y")) {
  cout << "ディレクトリ作成成功" << endl;
}
else {
  cout << "ディレクトリ作成失敗" << endl;
}

// dir2を作り、その中にxを作り、さらにその中にyを作る
fs::create_directories("dir2/x/y");
// 正常にディレクトリが作成されたかどうかを確認する
if (fs::exists("dir2/x/y")) {
  cout << "ディレクトリ作成成功" << endl;
}
else {
  cout << "ディレクトリ作成失敗" << endl;
}
```

実行結果

```
ディレクトリ作成成功
ディレクトリ作成成功
```

`std::filesystem::create_directory()`は、実引数で渡されたパスにディレクトリを作成する関数です。1回の呼び出しで1つのディレクトリを作成できます。

　　`std::filesystem::create_directories()`もディレクトリを作成する関数です。ただし、実引数で渡されたパスに従って、途中の階層も含めて複数のディレクトリを一度に作成できる点が異なります。

　　ディレクトリの作成に成功した場合は`true`が返ります。すでに存在するディレクトリを作ろうとした場合、エラーにはならず`false`が返ります。

　　ディレクトリの作成中にエラーが発生した場合、`std::error_code`クラスの参照を仮引数にとるほうのオーバーロードでは`false`が返り、`std::error_code`にエラーの内容が設定されます。`std::error_code`クラスの参照を仮引数にとらないほうのオーバーロードでは`std::filesystem::filesystem_error`例外が送出されます。

ディレクトリ内のファイルを列挙する

<filesystem>ヘッダ C++17

```cpp
namespace std::filesystem {
  enum class directory_options {
    none, follow_directory_symlink, skip_permission_denied
  };

  class directory_entry {
    const path& path() const noexcept;
    operator const path&() const noexcept;
    bool is_directory() const;
    bool is_directory(error_code& ec) const noexcept;
    bool is_regular_file() const;
    bool is_regular_file(error_code& ec) const noexcept;
    uintmax_t file_size() const;
    uintmax_t file_size(error_code& ec) const noexcept;
    ...
  };

  class directory_iterator {
    directory_iterator() noexcept;
    explicit directory_iterator(const path& p);
    directory_iterator(const path& p, directory_options options);
    directory_iterator(const path& p, error_code& ec) noexcept;
    directory_iterator(const path& p, directory_options options,
                       error_code& ec) noexcept;

    const directory_entry& operator*() const;
    const directory_entry* operator->() const;
    directory_iterator&    operator++();
    directory_iterator&    increment(error_code& ec) noexcept;
    ...
  };
  directory_iterator begin(directory_iterator iter) noexcept;
  directory_iterator end(const directory_iterator&) noexcept;

  class recursive_directory_iterator {
    // … (directory_iteratorと同様のコンストラクタとメンバ関数)
  };
```

```
  recursive_directory_iterator begin(recursive_directory_iterator iter)
    noexcept;
  recursive_directory_iterator end(const recursive_directory_iterator&)
    noexcept;
}
```

サンプルコード

```
namespace fs = std::filesystem;

void print_directory_entry(const fs::directory_entry& entry) {
  if (entry.is_directory()) {
    cout << entry.path() << " is a directory" << endl;
  } else if (entry.is_regular_file()) {
    cout << entry.path() << " is a file" << endl;
  }
}

fs::create_directory("aaa");
// ofstreamの一時オブジェクトを構築し、aaa/bbb.txtを作成している。
// 参照 P.267 本章「ファイルを読み書きするストリームを作る」節
ofstream {"aaa/bbb.txt"};

const fs::directory_iterator end;
const fs::recursive_directory_iterator end_r;

try {
  // 現在のディレクトリ直下のファイルを探索するイテレータ
  fs::directory_iterator it{"."};

  // イテレータとfor文を使用してファイルを列挙する
  cout << "#1" << endl;
  for ( ; it != end; ++it) {
    print_directory_entry(*it);
  }
} catch (const fs::filesystem_error& e) { /* エラーハンドリング */ }

try {
  // 現在のディレクトリ以下のファイルを再帰的に探索するイテレータ
  fs::recursive_directory_iterator it_r{"."};

  // イテレータとアルゴリズムと組み合わせてファイルを列挙する
  cout << "#2" << endl;
  for_each(it_r, end_r,
```

```
        [](const fs::directory_entry& entry) {
          print_directory_entry(entry);
        });
} catch (fs::filesystem_error& e) { /* エラーハンドリング */ }
```

実行結果（環境依存）

```
#1
"./prog.cc" is a file
"./aaa" is a directory
"./prog.exe" is a file
#2
"./prog.cc" is a file
"./aaa" is a directory
"./aaa/bbb.txt" is a file
"./prog.exe" is a file
```

　std::filesystem::directory_iterator クラスと std::filesystem::recursive_
directory_iterator クラスは、ディレクトリ内のファイル／ディレクトリを列挙す
る機能をイテレータとして実装したクラスです。前者は指定したディレクトリ直下
にあるファイル／ディレクトリのみを列挙の対象とし、後者はサブディレクトリも
再帰的に辿って、指定したディレクトリ以下のすべてのファイル／ディレクトリを
列挙の対象とします。どちらのイテレータクラスも、現在の作業ディレクトリを表
す . と親ディレクトリを表す .. の2つのパスは列挙の際に現れません。

　イテレータのコンストラクタの第1実引数にディレクトリのパスを渡すと、その
ディレクトリの最初の要素を指すイテレータを構築できます。どの順番で列挙が行
われるかは実装依存です。

　コンストラクタにパスを指定せず、これらのイテレータをデフォルト構築した場
合は、ファイル／ディレクトリをすべて列挙し終わった状態を表すイテレータにな
ります。

　イテレータに対して間接参照演算子(operator*())や-> 演算子を呼び出すと、現
在列挙の対象になっているパスに関する情報を、std::filesystem::directory_entry
クラスのオブジェクト、あるいはポインタとして取得できます。このオブジェクト
を使用すると、そのパスが表す項目がファイルであるか／ディレクトリであるかを
確認したり、file_size() メンバ関数によってファイルサイズを取得したりできま
す（ **参照** P.303 本章「ファイルサイズを取得する」節）。

　++演算子を呼び出すと、現在対象としているファイル／ディレクトリを次の項目
に更新します。すべてのファイル／ディレクトリを列挙し終わって次の要素がな
かった場合に++演算子呼び出すと、イテレータはデフォルト構築されたときと同じ
状態になります。この状態になったイテレータに対して++演算子や間接参照演算子

(operator*())を呼び出してはいけません。

● 列挙の挙動を変更する

コンストラクタの第2実引数に std::filesystem::directory_options 列挙型を渡すと、ファイル/ディレクトリを列挙する際の挙動を変更できます。この列挙型の列挙子は、ビットマスクになっているため、複数のオプションをビット論理和の演算子でつなげて指定できます。

▼ directory_options 列挙型の列挙子

列挙子	説明
none	オプションを指定しない
follow_directory_symlink	列挙の際に、ディレクトリのシンボリックリンクをさらに辿るかどうか(std::filesystem::recursive_directory_iterator でのみ有効なオプション)
skip_permission_denied	列挙の際に、権限の問題によってアクセスできなかったパスをエラー扱いにせず、単に無視するかどうか

● 範囲for文と組み合わせて使用する

std::filesystem::directory_iterator クラスと std::filesystem::recursive_directory_iterator クラスには、begin()/end() 非メンバ関数が提供されているため、以下のようにイテレータを範囲for文に渡してファイル/ディレクトリを列挙できます。

```
namespace fs = std::filesystem;

fs::directory_iterator it{"."};
for (const fs::directory_entry& entry : it) {
  print_directory_entry(entry);
}
```

● 列挙時のエラーを扱う

コンストラクタ内部や、++演算子を呼び出してイテレータを進める処理でエラーが発生すると、std::filesystem::filesystem_error クラスの例外が送出され、イテレータはデフォルト構築されたときと同じ状態になります。

例外ではなく std::error_code クラスを利用してエラー情報を受け取りたい場合は、++演算子ではなく increment() メンバ関数を使用し、コンストラクタや increment() メンバ関数に std::error_code クラスのオブジェクトを渡すようにします。エラーが発生すると、渡した std::error_code クラスのオブジェクトにエラー内容が書き込まれ、イテレータはデフォルト構築されたときと同じ状態になります。

ファイル／ディレクトリが存在するか確認する

<filesystem>ヘッダ `C++17`

```
namespace std::filesystem {
  bool exists(const path& p);
  bool exists(const path& p, error_code& ec) noexcept;
}
```

サンプルコード

```
namespace fs = std::filesystem;

fs::path p{"a.txt"};

// ofstreamの一時オブジェクトを構築し、a.txtを作成している。
// 参照 P.267 本章「ファイルを読み書きするストリームを作る」節
ofstream{p};

if (fs::exists(p)) {
  cout << "存在する" << endl;
}
else {
  cout << "存在しない" << endl;
}

fs::remove(p);

if (fs::exists(p)) {
  cout << "存在する" << endl;
}
else {
  cout << "存在しない" << endl;
}
```

実行結果

```
存在する
存在しない
```

std::filesystem::exists()は、実引数で渡されたパスにファイル／ディレクトリが存在するかを確認します。

ファイルサイズを取得する

<filesystem>ヘッダ `C++17`

```cpp
namespace std::filesystem {
  uintmax_t file_size(const path& p);
  uintmax_t file_size(const path& p, error_code& ec) noexcept;
}
```

サンプルコード

```cpp
namespace fs = std::filesystem;

fs::path p{"test-file"};

// 事前にファイルを用意しておく
ofstream file{p, ios_base::binary};
file << "0123456789"; // 10バイト書き込む
file.close();

// ファイルサイズを取得
uintmax_t n = fs::file_size(p);
cout << n << endl;
```

実行結果

```
10
```

std::filesystem::file_size()は、実引数で渡されたパスのファイルサイズを返す関数です。指定されたパスが存在しない場合はエラーとなります。また、指定されたパスがディレクトリのようにファイルではない場合、その動作は実装定義となります。

参照 P.302 本章「ファイル/ディレクトリが存在するか確認する」節

現在の作業ディレクトリを取得／変更する

<filesystem>ヘッダ `C++17`

```
namespace std::filesystem {
  path current_path();
  path current_path(error_code& ec) noexcept;
  void current_path(const path& p);
  void current_path(const path& p, error_code& ec) noexcept;
}
```

サンプルコード

```
namespace fs = std::filesystem;

cout << fs::current_path() << endl;
fs::current_path("..");
cout << fs::current_path() << endl;
```

実行結果（環境依存）

```
/home/my_user
/home
```

std::filesystem::current_path()関数を使用すると、現在の作業ディレクトリを取得、あるいは変更できます。

実引数にパスを渡さずにこの関数を呼び出すと、現在の作業ディレクトリを絶対パスとして取得できます。

実引数にパスを渡してこの関数を呼び出すと、現在の作業ディレクトリを変更できます。

相対パスを絶対パスに変換する

5
入出力

`<filesystem>`ヘッダ `C++17`

```cpp
namespace std::filesystem {
  path absolute(const path& p);
  path absolute(const path& p, error_code& ec);

  path canonical(const path& p);
  path canonical(const path& p, error_code& ec);

  path weakly_canonical(const path& p);
  path weakly_canonical(const path& p, error_code& ec);
}
```

サンプルコード

```cpp
namespace fs = std::filesystem;

// 対象ファイルを事前に作っておく
ofstream{"./a.txt"};

cout << fs::absolute("./a.txt") << endl;
cout << fs::canonical("./a.txt") << endl;
cout << fs::weakly_canonical("./a.txt") << endl;
```

実行結果（環境依存）

```
"/home/my_user/./a.txt"
"/home/my_user/a.txt"
"/home/my_user/a.txt"
```

　`std::filesystem::absolute()`は、相対パスを絶対パスに変換する関数です。この関数は、対象となるパスのファイル／ディレクトリがなくても動作します。ただし、パスの正規化は行われない可能性があり、「"."(カレントディレクトリ)」や「".."(親ディレクトリ)」といったパス指定はそのままになるかもしれません。

　`std::filesystem::canonical()`は、パスの正規化をともなって、相対パスを絶対パスに変換する関数です。この関数は、対象となるパスのファイル／ディレクトリが存在していなければエラーとなります。パスの正規化によって、カレントディレクトリや親ディレクトリの指定が解決されたパスに変換されます。ただし、「"~"(ホームディレクトリ)」については未規定です。

std::filesystem::weakly_canonical() は、canonical() と同様にパスの正規化をともなって、相対パスを絶対パスに変換する関数です。canonical() は、指定されたファイル／ディレクトリが存在していなければなりませんが、この関数はもう少し弱い制限になっています。weakly_canonical() の場合には、対象ディレクトリの一番上の階層だけでも存在していれば絶対パス化ができます。この関数は、これから作るファイルの絶対パスを得るために使用できます。ただし、対象となるディレクトリがいずれの階層も存在しない場合、絶対パスにはならず、パスの正規化のみが行われます。

パスからファイル名を取得する

\<filesystem\>ヘッダ `C++17`

```cpp
namespace std::filesystem {
  class path {
  public:
    ...
    path filename() const;
    bool has_filename() const;
  };
}
```

サンプルコード

```cpp
namespace fs = std::filesystem;

cout << fs::path{"a.txt"}.filename() << endl;
cout << fs::path{"/abc/def.ghi"}.filename() << endl;
cout << fs::path{"/abc/def/"}.filename() << endl;
```

実行結果

```
"a.txt"
"def.ghi"
""
```

　filename()メンバ関数は、保持しているパスから、パス階層の最後の位置にある
パス名を返します。パス文字列の最後がパス区切り文字になっている場合は、空の
パスを返します。

　この関数は文字列処理のみによって最後の位置にあるパス名を取得します。その
ため、この関数はそのパス名が実際にファイルであるかディレクトリであるかは区
別しません。

　パス階層の最後の位置にあるパス名の存在のみ確認するには、has_filename()メ
ンバ関数を使用します。

参照 P.308 本章「パスから拡張子を取得する」節
参照 P.309 本章「パスから拡張子を除いたファイル名を取得する」節

パスから拡張子を取得する

`<filesystem>`ヘッダ　C++17

```cpp
namespace std::filesystem {
  class path {
  public:
    ...
    path extension() const;
    bool has_extension() const;
  };
}
```

サンプルコード

```cpp
namespace fs = std::filesystem;

cout << fs::path{"a.txt"}.extension() << endl;
cout << fs::path{"/abc/def.ghi"}.extension() << endl;
cout << fs::path{"a"}.extension() << endl;
cout << fs::path{"/abc/def"}.extension() << endl;
```

実行結果

```
".txt"
".ghi"
""
""
```

extension()メンバ関数は、保持しているパスの拡張子を返します。拡張子が存在しない場合は、空のパスを返します。

拡張子の存在のみ確認するには、has_extension()メンバ関数を使用します。

参照 P.307 本章「パスからファイル名を取得する」節
参照 P.309 本章「パスから拡張子を除いたファイル名を取得する」節

パスから拡張子を除いたファイル名を取得する

5

入出力

<filesystem>ヘッダ C++17

```cpp
namespace std::filesystem {
  class path {
  public:
    ...
    path stem() const;
    bool has_stem() const;
  };
}
```

サンプルコード

```cpp
namespace fs = std::filesystem;

cout << fs::path{"a"}.stem() << endl;
cout << fs::path{"a.txt"}.stem() << endl;
cout << fs::path{"/abc/def/"}.stem() << endl;
cout << fs::path{"/tmp/archive.tar.gz"}.stem() << endl;
```

実行結果

```
"a"
"a"
""
"archive.tar"
```

stem()メンバ関数は、保持しているパスに対して、階層の最後の位置にあるパス名から1つだけ拡張子を除いたものを返します。拡張子が存在しない場合は、階層の最後の位置にあるパス名をそのまま返します。パス文字列の最後がパス区切り文字になっている場合は、空のパスを返します。

拡張子を除いたパス名の存在のみ確認するには、has_stem()メンバ関数を使用します。

参照 P.307 本章「パスからファイル名を取得する」節
参照 P.308 本章「パスから拡張子を取得する」節

CHAPTER 6

ユーティリティ

乱数を生成する

```cpp
namespace std {
  template<class UIntType, size_t w, size_t n, size_t m, size_t r,
          UIntType a, size_t u, UIntType d, size_t s,
          UIntType b, size_t t,
          UIntType c, size_t l, UIntType f>
  class mersenne_twister_engine;

  typedef mersenne_twister_engine<
    uint_fast32_t, 32, 624, 397, 31, 0x9908b0df, 11,
    0xffffffff, 7, 0x9d2c5680, 15, 0xefc60000, 18, 1812433253>
  mt19937;

  class random_device;

  template<class IntType = int>
  class uniform_int_distribution;

  template <class RealType = double>
  class normal_distribution;

  template <class IntType = int>
  class discrete_distribution;
}
```

| サンプルコード |

```cpp
random_device seed_gen; // 非決定的な乱数生成器
mt19937 engine{seed_gen()}; // 擬似乱数生成器。ランダムなシードを設定する
uniform_int_distribution<> dist{0, 10}; // 分布方法

for (int i = 0; i < 5; ++i) {
  int result = dist(engine); // 乱数生成
  cout << result << endl;
}
```

C++標準の乱数生成ライブラリは、乱数を生成するために、乱数の生成法と分布法を組み合わせて使用する設計になっています。その組み合わせにはさまざまな選択肢がありますが、ここでは乱数の生成法として、代表的な擬似乱数生成法であるメルセンヌ・ツイスター法を使用しています。

　std::mt19937クラスは、メルセンヌ・ツイスター法のアルゴリズムに基づいて乱数を生成します。

　乱数の分布にはstd::uniform_int_distributionを使用しています。これは、一様整数分布のアルゴリズムに基づいて、コンストラクタで設定した範囲の値で、第1引数以上、第2引数以下の整数を、等確率に分布させます。分布クラスの関数呼び出し演算子に乱数生成器オブジェクトを渡すことにより、指定した分布と生成法による乱数を生成します。

　擬似乱数生成器は、シードと呼ばれる整数値が与えられることで、生成される乱数の初期値を決定します。同じシードを与えると同じ乱数列が生成されるという特徴があります。悪意のあるユーザーにシードがばれると、不正行為をされてしまう場合がありますので、シードもまた乱数であるとうれしい場面が多いです。std::random_deviceクラスは、環境によって使用可能な、ハードウェアによる非決定的な乱数生成器です。このクラスの関数呼び出し演算子を呼び出すと、低速ながら再現性がなく予測できない乱数が生成されます。これを擬似乱数性生成器のシードとして使用できます。

● 正規分布の乱数を生成する

サンプルコード

```
random_device seed_gen;
mt19937 engine{seed_gen()};

// 平均0.0、標準偏差1.0で正規分布させる
normal_distribution<double> dist{0.0, 1.0};

for (int i = 0; i < 10; ++i) {
  double result = dist(engine);
  cout << result << endl;
}
```

　正規分布には、std::normal_distributionクラスを使用します。

　このクラスは、テンプレートパラメータで、浮動小数点数型をとります。デフォルトはdoubleです。

　このクラスのコンストラクタがとる引数の型は、クラスのテンプレートパラメータで指定された型です。引数の意味はそれぞれ以下のとおりです。

- 第1実引数　⇒　平均値
- 第2実引数　⇒　標準偏差

std::normal_distribution クラスでは、設定されたパラメータに基づいて、平均値付近の値を生成します。平均値に近いほど生成される確率が高くなります。

● 確率を指定して乱数を生成する

サンプルコード

```
random_device seed_gen;
mt19937 engine{seed_gen()};

// 確率テーブル
vector<double> probabilities = {
  0.1, 0.2, 0.3, 0.2
};

discrete_distribution<size_t> dist{
  probabilities.begin(),
  probabilities.end()
};

for (int i = 0; i < 10; ++i) {
  size_t result = dist(engine);
  double resultProb = probabilities[result];
  cout << result << ':' << resultProb << endl;
}
```

確率を指定して乱数を生成するには、std::discrete_distribution クラスを使用します。

このクラスは、テンプレートパラメータで、整数型をとります。デフォルトは int です。

このクラスのコンストラクタは、double に変換可能な要素型のイテレータ範囲を引数としてとります。このイテレータ範囲が、確率テーブルになります。

指定する確率テーブルは、合計が1.0や10.0のような、きりのいい値になる必要はありません。

std::discrete_distribution クラスは乱数の生成結果として、選択された0から始まるインデックス番号を返します。

このサンプルコードでは、0番目が選択される確率が0.1で一番低く、2番目が選択される確率が0.3で一番高くなっています。

ポインタを自動的に解放させる（共有方式）

| <memory>ヘッダ C++11

```cpp
namespace std {
  template<class T>
  class shared_ptr {
  public:
    ...
    constexpr shared_ptr() noexcept;
    template<class Y> explicit shared_ptr(Y* p);
    template<class Y, class D> shared_ptr(Y* p, D d);
    ...
    ~shared_ptr();
    ...
    shared_ptr& operator=(const shared_ptr& r) noexcept;
    template<class Y>
    shared_ptr& operator=(const shared_ptr<Y>& r) noexcept;
    ...
    void reset() noexcept;
    template<class Y> void reset(Y* p);
    template<class Y, class D> void reset(Y* p, D d);

    T* get() const noexcept;
    T& operator*() const noexcept;
    T* operator->() const noexcept;
    ...
  };
}
```

| 基本的な使い方

```cpp
class X {
public:
  void foo() {}
  void bar() {}
};

void f() {
  shared_ptr<X> p{new X{}}; // newしたポインタからshared_ptrを構築
  {
```

```
    shared_ptr<X> q = p; // 2つのshared_ptrが同じリソースを参照する
    q->foo(); // ポインタが指しているオブジェクトのメンバにアクセスする
  } // qが破棄され、リソースを指しているshared_ptrが1つになる。
    // まだ解放されない

  p->bar(); // ここでもまだ使用可能
} // リソースを参照しているshared_ptrがなくなるので解放される
```

std::shared_ptrは、newのような方法で確保した動的リソースを、デストラクタが呼ばれたときに自動的に解放するためのクラスです。コンストラクタの実引数として、管理させたい組み込みポインタを渡し、std::shared_ptrを構築して使用します。

組み込みポインタと同様、->演算子や*演算子を使用して、ポインタが指しているオブジェクトを参照/操作できます。

std::shared_ptrはコピーが可能で、複数の std::shared_ptrのオブジェクトが1つのリソースを共有できます。同じリソースを参照しているオブジェクトがすべてなくなった際にリソースが解放されます。

なお、std::shared_ptrオブジェクトのスレッド間コピーは、スレッドセーフです。これは、std::shared_ptrクラスに使用されている参照カウントの実装がスレッドセーフに実装されていることを意味します。

再構築

```
class X { … };

void f() {
  shared_ptr<X> p{new X{}};
  p.reset(new X{}); // 構築し直す
}
```

std::shared_ptrは、reset()メンバ関数によってリソースを再構築できます。その場合、元々参照していたリソースは解放されます。

解放関数を指定する

```
void custom_fclose(FILE* p) {
  if (p != nullptr) {
    fclose(p);
  }
}


void f() {
```

```
shared_ptr<FILE> fp{fopen("a.txt", "w+"), custom_fclose};
if (!fp) {
  throw runtime_error{"ファイルを開けなかった"};
}

// ファイルに書き込む (shared_ptr::get()で組み込みポインタを取得できる)
string s = "hello";
fwrite(s.data(), s.size(), 1, fp.get());
} // ここでcustom_fcloseが呼ばれる
```

std::shared_ptrは、リソースを共有しているオブジェクトがすべてなくなった際に呼ばれる関数を指定できます。

ここでは、FILE*のリソースを管理するためにstd::shared_ptrを使用し、最後にstd::fclose()が自動的に呼ばれるようにしています。また、std::fopen()でファイルが開けなかった場合を考慮して、std::fclose()を直接指定するのではなく、ヌルポインタ検査の付いたcustom_fclose()関数を新たに定義しています。

std::shared_ptrのコンストラクタに第2実引数としてcustom_fclose()を指定することで、ファイルリソースを共有しているオブジェクトがすべてなくなった際に、custom_fclose()関数が自動的に呼ばれます。このような、ユーザー指定の解放関数は「カスタムデリータ」と呼ばれています。

| ヘルパ関数 |

```
struct X {
  X(int, double, char) {}
};

void f() {
  // Xクラスの動的リソースを作成
  shared_ptr<X> p = make_shared<X>(1, 3.14, 'a');
}
```

std::make_shared()は、std::shared_ptrオブジェクトを構築するためのヘルパ関数です。この関数は、構築するクラスのコンストラクタ仮引数を受け取って動的リソースを作成して返します。

この関数は、内部でnewを行うことから、複数の仮引数をとる関数にstd::shared_ptrオブジェクトを構築して渡す際、構築時に例外が発生した場合でもリソースリークしないという特性を持っています。

```
// T1とT2をnewしてからshared_ptrのコンストラクタが呼ばれる
// → T1とT2いずれかの構築に失敗した場合にリソースリークする
f(shared_ptr<T1>{new T1{args1...}}, shared_ptr<T2>{new T2{args2...}});

// T1とT2のnewがmake_shared()によって内部で行われる
// → T1とT2いずれかの構築が失敗した場合でもリソースリークしない
f(make_shared<T1>(args1...), make_shared<T2>(args2...));
```

ポインタを自動的に解放させる（専有方式）

| `<memory>`ヘッダ `C++11`

```
namespace std {
  template <class T>
  struct default_delete {
    constexpr default_delete() noexcept = default;
    template <class U> default_delete(const default_delete<U>&) noexcept;
    void operator()(T*) const;
  };

  template <class T> struct default_delete<T[]>;

  template <class T, class D = default_delete<T>>
  class unique_ptr {
  public:
    constexpr unique_ptr() noexcept;
    explicit unique_ptr(T* p) noexcept;
    unique_ptr(T* p, D d) noexcept;
    …
    ~unique_ptr();

    unique_ptr& operator=(unique_ptr&& u) noexcept;
    template <class U, class E>
    unique_ptr& operator=(unique_ptr<U, E>&& u) noexcept;

    T& operator*() const;
    T* operator->() const noexcept;
    T* get() const noexcept;
    …
    explicit operator bool() const noexcept;
    void reset(T* p) noexcept;
  };
}
```

6

ユーティリティ

```
class X {
public:
  void foo() {}
};

void f() {
  unique_ptr<X> p{new X{}}; // newしたポインタからunique_ptrを構築
//unique_ptr<X> q = p; // コンパイルエラー！コピー不可
  p->foo(); // ポインタが指しているオブジェクトのメンバにアクセスする
} // 解放される
```

　std::unique_ptrは、std::shared_ptr（ 参照 P.315 本章「ポインタを自動的に解放させる（共有方式）」節）と同じく、newのような方法で確保した動的リソースを、デストラクタが呼ばれたときに自動的に解放するためのクラスです。コンストラクタの実引数として、管理させたい組み込みポインタを渡し、std::unique_ptrを構築して使用します。

　組み込みポインタと同様、->演算子や*演算子を使用して、ポインタが指しているオブジェクトを参照／操作できます。

　std::unique_ptrは、std::shared_ptrと異なり、コピーができません。そのため、リソースを参照しているオブジェクトが1つであることが保証されます。

```
class X { … };

void f() {
  unique_ptr<X> p{new X{}};

  vector<unique_ptr<X>> v;
  v.push_back(move(p)); // pが指すリソースの管理をvに移動する
}
```

　std::unique_ptrは、std::move()関数によって、リソースとその管理をほかのstd::unique_ptrオブジェクトに移動できます。

　移動したあと、移動元のstd::unique_ptrオブジェクトは、リソースを参照していない状態になります。

```
void custom_fclose(FILE* p) {
  if (p != nullptr) {
    fclose(p);
    cout << "custom_fclose" << endl;
  }
}

void f() {
  unique_ptr<FILE, void(*)(FILE*)> fp{fopen("a.txt", "w+"), custom_fclose};

  // ファイルに書き込む（unique_ptr::get()で組み込みポインタを取得できる）
  string s = "hello";
  fwrite(s.data(), s.size(), 1, fp.get());
} // ここでcustom_fcloseが呼ばれる
```

std::unique_ptrは、std::shared_ptr（ 参照 P.315 本章「ポインタを自動的に解放させる（共有方式）」節）と同様に、リソースを参照しているオブジェクトがなくなった際に呼ばれる関数を指定できます。

ここでは、FILE*のリソースを管理するためにstd::unique_ptrを使用し、最後にcustom_fclose()が自動的に呼ばれるようにしています。

std::shared_ptr と異なり、std::unique_ptr の場合は、解放関数の型を std::unique_ptrの第2テンプレート実引数で明示的に指定する必要があります。

上記のサンプルにおいて、custom_fclose()関数の型はvoid(*)(FILE*)であるため、その関数ポインタの型をstd::unique_ptrに指定しています。

6

ユーティリティ

```
struct X {
  X(int, double, char) {}
};

void f() {
  // Xクラスの動的リソースを作成
  unique_ptr<X> p = make_unique<X>(1, 3.14, 'a');
}
```

6
ユーティリティ

　std::make_unique()は、std::unique_ptrオブジェクトを構築するためのヘルパ
関数です。この関数は、構築するクラスのコンストラクタ仮引数を受け取って動的
リソースを作成して返します。

　ヘルパ関数が必要になる理由は、以下を参照してください。

参照　P.315 本章「ポインタを自動的に解放させる（共有方式）」節

オブジェクトの生死を監視する

<memory>ヘッダ `C++11`

```cpp
namespace std {
  template<class T>
  class weak_ptr {
  public:
    constexpr weak_ptr() noexcept;
    template <class Y>
    weak_ptr(const shared_ptr<Y>& r) noexcept;

    template <class Y>
    weak_ptr& operator=(const shared_ptr<Y>& r) noexcept;

    ...
    bool expired() const noexcept;
    shared_ptr<T> lock() const noexcept;
  };
}
```

基本的な使い方

```cpp
class X {
public:
  int get() const { return 1; }
};

void f() {
  weak_ptr<X> wp;
  {
    shared_ptr<X> sp{new X{}};
    wp = sp;

    // wpが監視しているshared_ptrオブジェクトが存在していれば、
    // lock()メンバ関数でshared_ptrオブジェクトを取得できる
    if (shared_ptr<X> p = wp.lock()) {
      cout << "point 1 : " << p->get() << endl;
    }
    else {
      cout << "point 2 : sp is dead" << endl;
```

```
  }
} // spが解放される

if (shared_ptr<X> p = wp.lock()) {
  cout << "point 3 : " << p->get() << endl;
}
else {
  cout << "point 4 : sp is dead" << endl;
}
}
```

実行結果

```
point 1 : 1
point 4 : sp is dead
```

　std::weak_ptr は、所有権を保持しないスマートポインタクラスです。std::shared_ptrが指すオブジェクトが生きているかどうかを監視して、生きていればそのstd::shared_ptrオブジェクトを取得できます。

　std::weak_ptrの使い方として、まずstd::shared_ptrをコンストラクタもしくは代入演算子で代入することで、監視対象を自身に登録します。std::shared_ptr型オブジェクト同士の代入と違い、所有権を共有するオブジェクトとしてはみなされません。std::weak_ptrクラスのlock()メンバ関数を呼び出すことで、監視対象のstd::shared_ptrオブジェクトを取得できます。監視対象がすでに死んでいた場合、つまりstd::shared_ptrオブジェクトの共有者がゼロで、すでにリソースが解放されている場合は、空のstd::shared_ptrオブジェクトが返されます。

　std::weak_ptrは、非同期処理のような、処理を開始して、その処理が終了するころにはリソースが解放されている可能性のあるオブジェクトがある場合に使用できます。具体的な例として、以下のような状況で使用できるでしょう。

● GUIで「開始」ボタンを押して処理が返ってくる前に「閉じる」ボタンを押して結果を受け取らず、処理自体は継続する(もしくは即座に終了できない)ような状況
● シューティングゲームで機体から発射された弾丸が発射元機体の情報を持ち、その機体が爆破されても弾丸自体は生きていてほしいというような状況。弾丸がほかの機体に当たったとして、ダメージは与えられても、スコアを受け取るべき機体はいない

参照 P.315 本章「ポインタを自動的に解放させる(共有方式)」節

型の最大値を取得する

6

ユーティリティ

<limits>ヘッダ

```
namespace std {
  template<class T>
  class numeric_limits {
  public:
    static constexpr T max() noexcept;
  };
}
```

サンプルコード

```
cout << numeric_limits<int>::max() << endl;
cout << numeric_limits<size_t>::max() << endl;
cout << numeric_limits<double>::max() << endl;
cout << numeric_limits<bool>::max() << endl; // trueを意味する1が出力される
```

実行結果（環境依存）

```
2147483647
18446744073709551615
1.79769e+308
1
```

　型の最大値を取得するには、std::numeric_limits<T>::max()を使用します。

　この関数は、標準で定義される算術型（整数型、浮動小数点数型、論理型）で使用できます。

　この関数が返す値は、実行環境によって異なります。

複数の値のうち、最も大きい値を取得する

<algorithm>ヘッダ

```
namespace std {
  template<class T>
  constexpr const T& max(const T& a, const T& b);

  template<class T, class Compare>
  constexpr const T& max(const T& a, const T& b, Compare comp);

  template<class T>
  constexpr T max(initializer_list<T> t); // C++11

  template<class T, class Compare>
  constexpr T max(initializer_list<T> t, Compare comp); // C++11
}
```

サンプルコード

```
struct Greater {
  template <class T>
  bool operator()(const T& a, const T& b) const {
    return a > b;
  }
};

cout << max(3, 1) << endl;       // 2引数バージョン
cout << max({3, 1, 4}) << endl; // N要素バージョン

// 比較関数を指定するバージョン
cout << max(3, 1, Greater{}) << endl;
cout << max({3, 1, 4}, Greater{}) << endl;
```

```
3
4
1
1
```

　std::max()は、実引数で渡された値から最も大きい値を計算して返す関数です。
3個以上の値から最大値を取得するには、初期化子リストを使用します。

　std::max()関数は、内部でa < bという式で値の大小を比較しますが、最後の実
引数に関数オブジェクトを渡すことで、比較の処理を切り替えられます。ここでは、
a > bという式で比較を行うGreater関数オブジェクトを指定することで、std::max()
の大小比較を逆にしています。

　この関数には、C++14からconstexprが付加されました。

6

ユーティリティ

複数の値のうち、最も小さい値を取得する

<algorithm>ヘッダ

```cpp
namespace std {
  template<class T>
  constexpr const T& min(const T& a, const T& b);

  template<class T, class Compare>
  constexpr const T& min(const T& a, const T& b, Compare comp);

  template<class T>
  constexpr T min(initializer_list<T> t); // C++11

  template<class T, class Compare>
  constexpr T min(initializer_list<T> t, Compare comp); // C++11
}
```

サンプルコード

```cpp
struct Greater {
  template <class T>
  bool operator()(const T& a, const T& b) const {
    return a > b;
  }
};

cout << min(3, 1) << endl;      // 2引数バージョン
cout << min({3, 1, 4}) << endl; // N要素バージョン

// 比較関数を指定するバージョン
cout << min(3, 1, Greater{}) << endl;
cout << min({3, 1, 4}, Greater{}) << endl;
```

6

実行結果

```
1
1
3
4
```

std::min()は、実引数として渡された値から最も小さい値を計算して返す関数です。

3個以上の値から最小値を取得するには、初期化子リストを使用します。

std::min()関数は、内部でa < bという式で値の大小を比較しますが、最後の実引数に関数オブジェクトを渡すことで、比較の処理を切り替えられます。ここでは、a > bという式で比較を行うGreater関数オブジェクトを指定することで、std::min()の大小比較を逆にしています。

この関数には、C++14からconstexprが付加されました。

ユーティリティ

値を範囲内に収める

<algorithm>ヘッダ `C++17`

```
namespace std {
  template <class T>
  constexpr const T&
    clamp(const T& v, const T& low, const T& high);

  template <class T, class Compare>
  constexpr const T&
    clamp(const T& v, const T& low, const T& high, Compare comp);
}
```

サンプルコード

```
int x = 3;

// xの値を0-2の範囲内に収める
int y = clamp(x, 0, 2);
cout << y << endl;
```

実行結果

```
2
```

　std::clamp()は、第1実引数で与えた値を、範囲内に収める関数です。範囲は第2引数が最小値、第3実引数が最大値というように指定します。この関数の戻り値として、最小値未満にならず、最大値を超えない範囲に収められた値が返されます。
　この関数は内部でa＜bという式で値の大小を比較しますが、最後の実引数に関数オブジェクトを渡すことで、比較の処理を切り替えられます。

2つの変数を入れ替える

■ <algorithm>ヘッダ C++03 / <utility>ヘッダ C++11

```cpp
namespace std {
  template<class T>
  void swap(T& a, T& b)
          noexcept(…Tのメンバ変数のswapが例外を送出しない場合…);

  template <class T, size_t N>
  void swap(T (&a)[N], T (&b)[N]) noexcept(noexcept(swap(*a, *b)));
}
```

■ サンプルコード

```cpp
int a = 1;
int b = 2;

swap(a, b);

cout << a << ", " << b << endl;
```

■ 実行結果

```
2, 1
```

std::swap()関数は、同じ型の2つの変数への参照を実引数にとり、その中身を入れ替えます。配列によるオーバーロードも提供されているため、要素数が同じであれば、組み込み配列も入れ替えできます。

std::swap()関数は、対象の型およびその型のメンバのswap処理が例外を送出しない場合に限り、決して例外を送出しません。

■ <utility>ヘッダ C++14

```cpp
namespace std {
  template <class T, class U=T>
  T exchange(T& obj, U&& new_val);
}
```

サンプルコード

```
int a = 1;
int b = 2;

int before = exchange(a, b);

cout << a << endl;
cout << b << endl;
cout << before << endl;
```

実行結果

```
2
2
1
```

std::exchange()関数は、同じ型の2つの変数を実引数にとり、第1実引数である変数への参照に、第2実引数の値を代入します。そして戻り値として、第1実引数の変更前の値を返します。

この関数による値の入れ替えは、値の更新を検出して何らかの処理をするプログラムを、書きやすくします。

絶対値を求める

<cstdlib>ヘッダ／<cmath>ヘッダ

```cpp
namespace std {
  // <cstdlib> : 整数の絶対値関数
  int abs(int);
  long abs(long);
  long long abs(long long);

  // <cmath> : 浮動小数点数の絶対値関数
  float abs(float);
  double abs(double);
  long double abs(long double);
}
```

サンプルコード

```cpp
cout << "int : "    << abs(-3) << endl;
cout << "long : "    << abs(-4L) << endl;
cout << "float : " << abs(-3.13f) << endl;
cout << "double : " << abs(-3.14) << endl;
```

実行結果

```
int : 3
long : 4
float : 3.13
double : 3.14
```

　std::abs()は、実引数で渡された値の絶対値を求める関数です。実引数で渡した値の絶対値が戻り値として返されます。

　この関数はたとえば、2つの値の差分を求める際に使用できます。数値型の変数aとbがあった場合、abs(a - b)のように減算結果の絶対値をとることで、値が小さいほうから大きいほうを引いてしまった場合でも、正の値として差分を求められます。

浮動小数点数を近い整数に丸める

|<cmath>ヘッダ C++11

```
namespace std {
  double round(double x);
  float round(float x);
  long double round(long double x);

  float nearbyint(float x);
  double nearbyint(double x);
  long double nearbyint(long double x);
}
```

| サンプルコード

```
cout << "[round]" << endl;
cout << "2.4 to " << round(2.4) << endl;
cout << "2.5 to " << round(2.5) << endl;
cout << "2.6 to " << round(2.6) << endl;

cout << "\n[nearbyint]" << endl;
cout << "2.4 to " << nearbyint(2.4) << endl;
cout << "2.5 to " << nearbyint(2.5) << endl;
cout << "2.6 to " << nearbyint(2.6) << endl;
```

| 実行結果

```
[round]
2.4 to 2
2.5 to 3
2.6 to 3

[nearbyint]
2.4 to 2
2.5 to 2
2.6 to 3
```

`std::round()`は、実引数で渡された浮動小数点数の小数部を四捨五入する関数です。実引数が中間値（x.5）であった場合に0から遠いほうにある整数に丸められます。この関数の戻り値として、実引数で渡された値を四捨五入した浮動小数点数が返されます。

`std::nearbyint()`は、実引数で渡された浮動小数点数が中間値であった場合に、偶数方向に丸める関数です。「最近接偶数への丸め」や「銀行丸め」などと呼ばれる丸め方式です。この関数の戻り値として、実引数で渡された値を丸めた浮動小数点数が返されます。

基本的には、四捨五入よりも、最近接偶数への丸めを使用することを推奨します。最近接偶数への丸めは、丸めた値を集計した際に、丸め前の値を集計した場合との誤差が少なくなることで知られています。

ユーティリティ

浮動小数点数の切り上げを行う

<cmath>ヘッダ

```
namespace std {
  double ceil(double x);
  float ceil(float x);
  long double ceil(long double x);
}
```

サンプルコード

```
cout << "double : " << ceil(3.1) << endl;
cout << "float : " << ceil(3.1f) << endl;
cout << "long double : " << ceil(3.1L) << endl;
```

実行結果

```
double : 4
float : 4
long double : 4
```

std::ceil()は、実引数で渡された浮動小数点数の小数点以下を切り上げる関数
です。戻り値として、実引数として渡された値を切り上げた浮動小数点数が返され
ます。

浮動小数点数の切り捨てを行う

<cmath>ヘッダ

```
namespace std {
  double floor(double x);
  float floor(float x);
  long double floor(long double x);
}
```

サンプルコード

```
cout << "double : " << floor(3.8) << endl;
cout << "float : " << floor(3.8f) << endl;
cout << "long double : " << floor(3.8L) << endl;
```

実行結果

```
double : 3
float : 3
long double : 3
```

std::floor()は、実引数で渡された浮動小数点数の小数点以下を切り捨てる関数です。戻り値として、実引数で渡された値を切り捨てた浮動小数点数が返されます。

三角関数（正弦／余弦）を扱う

<cmath>ヘッダ

```cpp
namespace std {
  double cos(double x);
  float cos(float x);
  long double cos(long double x);

  double sin(double x);
  float sin(float x);
  long double sin(long double x);
}
```

<numbers>ヘッダ `C++20`

```cpp
namespace std::numbers {
  template <class T>
  inline constexpr T pi_v = …;

  template <浮動小数点数型 T>
  inline constexpr T pi_v<T> = …;

  inline constexpr double pi = pi_v<double>;
}
```

サンプルコード

```cpp
// C++17までは、円周率の取得にこの関数を使用する
template <class T>
constexpr T my_pi() {
  return 3.141592653589793238463L;
}

cout << "theta\tsin\t\tcos" << endl;
cout << setprecision(3) << fixed;

for (int i = 0; i < 13; ++i) {
  double theta = i * 15;

  // C++17までは、pi<double>の代わりにmy_pi<double>()を使用する
  double s = sin(theta * pi_v<double> / 180.0);
```

```
  double c = cos(theta * pi_v<double> / 180.0);

  cout << theta << '\t' << s << '\t' << c << endl;
}
```

```
theta   sin    cos
0.000   0.000  1.000
15.000  0.259  0.966
30.000  0.500  0.866
45.000  0.707  0.707
60.000  0.866  0.500
75.000  0.966  0.259
90.000  1.000  0.000
105.000 0.966  -0.259
120.000 0.866  -0.500
135.000 0.707  -0.707
150.000 0.500  -0.866
165.000 0.259  -0.966
180.000 0.000  -1.000
```

　三角関数には正弦(sine)、余弦(cosine)、正接(tangent)がありますが、ここで
はよく使用する正弦、余弦を扱います。

　正弦を計算するにはstd::sin()関数、余弦を計算するにはstd::cos()関数を使
用します。これらの関数に、角度をラジアンで渡すことで、正弦と余弦を求められ
ます。

　ここではサンプルとして、0度から始まり、15度刻みに、正弦と余弦の数値を出
力しています。角度をディグリで表現し、それをラジアンに変換してから、
std::sin()、std::cos()関数に渡しています。

　C++20からは、標準ライブラリで円周率の定数として、std::numbers::pi_v変
数テンプレートが定義されています。この変数テンプレートには、テンプレートと
して任意の浮動小数点数型を指定することで、その型の円周率を取得できます。
double型として規定されたstd::numbers::pi変数も定義されています。

平方根を求める

|<cmath>ヘッダ

```
namespace std {
  double sqrt(double x);
  float sqrt(float x);
  long double sqrt(long double x);
}
```

|サンプルコード

```
for (double d = 2.0; d < 10.0; d += 1.0) {
  double result = sqrt(d);
  cout << result << endl;
}

cout << "error: " << sqrt(-1.0) << endl;
```

|実行結果

```
1.41421
1.73205
2
2.23607
2.44949
2.64575
2.82843
3
error: nan
```

std::sqrt()は、実引数として渡された浮動小数点数の平方根を求める関数です。戻り値として、実引数で渡された値の平方根が返されます。負の値を渡した場合は定義域エラーとなります。

累乗を求める

<cmath>ヘッダ

```
namespace std {
  float pow(float x, float y);
  double pow(double x, double y);
  long double pow(long double x, long double y);
}
```

サンプルコード

```
double x = pow(2.0, 3.0); // 2の3乗
cout << x << endl;

double y = pow(2.0, 0.0); // 2の0乗
cout << y << endl;

double z = pow(2.0, -1.5); // 2の-1.5乗
cout << z << endl;
```

実行結果

```
8
1
0.353553
```

std::pow()は、第1実引数の浮動小数点数xと、第2実引数の浮動小数点数yについて、xのy乗の値を求める関数です。

第2実引数には、0や負数、小数点以下の値を持つ浮動小数点数なども指定できます。

求められた累乗の値が、戻り値として返されます。

指数関数と対数関数を計算する

| <cmath>ヘッダ

```cpp
namespace std {
  浮動小数点数型 exp(浮動小数点数型 x);

  浮動小数点数型 exp2(浮動小数点数型 x);        // C++11

  浮動小数点数型 log(浮動小数点数型 x);

  浮動小数点数型 log2(浮動小数点数型 x);        // C++11

  浮動小数点数型 log10(浮動小数点数型 x);
}
```

| サンプルコード

```cpp
for (double x = 0.0; x < 10.0; x += 1.0) {
  // eを底とする指数関数（eのx乗）を計算する
  double exp_value = exp(x);
  cout << "exp(" << x << ") : " << exp_value << endl;

  // eを底とする対数関数（xがeの何乗か）を計算する
  double log_value = log(exp_value);
  cout << "log(" << exp_value << ") : " << log_value << endl;
}
cout << endl;

// 2を底とする指数関数（2のx乗）を計算する
cout << "exp2(8) : " << exp2(8.0) << endl;

// 2を底とする対数関数（xが2の何乗か）を計算する
cout << "log2(256) : " << log2(256.0) << endl;

// 10を底とする対数関数（xが10の何乗か）を計算する
cout << "log10(10,000,000,000) : " << log10(10'000'000'000) << endl;
```

実行結果

```
exp(0) : 1
log(1) : 0
exp(1) : 2.71828
log(2.71828) : 1
exp(2) : 7.38906
log(7.38906) : 2
exp(3) : 20.0855
log(20.0855) : 3
exp(4) : 54.5982
log(54.5982) : 4
exp(5) : 148.413
log(148.413) : 5
exp(6) : 403.429
log(403.429) : 6
exp(7) : 1096.63
log(1096.63) : 7
exp(8) : 2980.96
log(2980.96) : 8
exp(9) : 8103.08
log(8103.08) : 9

exp2(8) : 256
log2(256) : 8
log10(10,000,000,000) : 10
```

　std::exp()は、実引数の浮動小数点数xにおいて、ネイピア数eをx乗した値を求める関数です。この関数は、複数の連続した値の差を大きくしたいときに使用できます。

　std::log()は、xがネイピア数eの何乗かを求める関数です。この関数は、std::exp()とは反対に、複数の連続した値の差を小さくしたいときに使用できます。

　std::exp2()は、2のx乗を求める関数です。これはたとえば、実引数として8を与えることで、8ビットでの値のとりうる範囲を求められます。std::log2()はその逆で、xが2の何乗かを求められます。

　std::log10()は、xが10の何乗かを求める関数です。この関数は、10進数の値が何桁かを求めるときに使用できます。

実行時型情報を扱う

<typeinfo>ヘッダ

```cpp
namespace std {
  class type_info {
  public:
    virtual ~type_info();
    bool operator==(const type_info& rhs) const noexcept;
    bool operator!=(const type_info& rhs) const noexcept;
    bool before(const type_info& rhs) const noexcept;
    size_t hash_code() const noexcept; // C++11
    const char* name() const noexcept;

    type_info(const type_info& rhs) = delete;
    type_info& operator=(const type_info& rhs) = delete;
  };
}
```

サンプルコード

```cpp
class Base {
public:
  virtual ~Base() {}
};

class Derived1 : public Base {};
class Derived2 : public Base {};

template <class T>
void printType(const T& x) {
  const type_info& type = typeid(x);
  if (type == typeid(Base)) {
    cout << "Base" << endl;
  }
  else if (type == typeid(Derived1)) {
    cout << "Derived1" << endl;
  }
  else if (type == typeid(Derived2)) {
    cout << "Derived2" << endl;
  }
```

```
  else {
    cout << "Unknown Type" << endl;
  }
}

void f(int input) {
  Base* p = nullptr;
  if (input == 0) {
    p = new Derived1{};
  }
  else {
    p = new Derived2{};
  }

  printType(*p);
  delete p;
}

f(0);
f(1);
```

|実行結果|

```
Derived1
Derived2
```

typeidキーワードの実引数として、型もしくは値を渡すことで、その型の実行時の情報を、const std::type_info&型の値として取得できます。

上記のサンプルでは、実行時に生成するオブジェクトの型を切り替える処理を行っています。その値をtypeidに渡して型情報を取得し、現在その値がどんな型なのかをif文などで判定することで、その値が現在どの型なのかを調べています。

ここでは、std::type_info型同士の等値比較によって判定していますが、以下の方法もあります。

● name()メンバ関数を使用し、型名を取得して比較する
● hash_code()メンバ関数を使用し、型ごとの一意なハッシュ値を取得して比較する

ただし、name()メンバ関数については、返される型名が型ごとに一意になるかどうかや、完全な型名が返されるかどうかの保証はないので注意してください。

関数オブジェクトを変数に持つ

| \<functional\>ヘッダ C++11 |

```cpp
namespace std {
  class bad_function_call : public exception;

  template <class> class function; // 先行宣言

  template <class R, class... ArgTypes>
  class function<R(ArgTypes...)> {
  public:
    function() noexcept;
    function(const function&);
    function(function&&);
    template<class F> function(F);
    ...

    function& operator=(const function&);
    function& operator=(function&&);
    function& operator=(nullptr_t);
    template<class F> function& operator=(F&&);

    ~function();

    void swap(function&) noexcept;
    explicit operator bool() const noexcept;

    R operator()(ArgTypes...) const;

    ...
  };
}
```

```
struct foo {
  int operator()(int x, int y) const { return x + y; }
};

int bar(int x, int y) { return x * y; }

function<int(int, int)> f = foo();
function<int(int, int)> g = bar;
function<int(int, int)> h = [](int x, int y) { return x - y; };

int fResult = f(1, 2);
cout << "f : " << fResult << endl;

int gResult = g(3, 4);
cout << "g : " << gResult << endl;

int hResult = h(6, 5);
cout << "h : " << hResult << endl;
```

```
f : 3
g : 12
h : 1
```

std::functionは、関数オブジェクトや関数ポインタを変数に保持するために使
用するクラスです。

std::functionクラスのテンプレート実引数には、保持する関数のシグネチャを
以下のような形式で指定します。

戻り値型(実引数型1, 実引数型2, …, 実引数型N)

コンストラクタと代入演算子によって、指定したシグネチャを持つ関数オブジェクトまたは関数ポインタを代入できます。また、関数呼び出し演算子にその関数の実引数を渡すことによって、保持した関数を実行できます。

　std::functionクラスは、特にラムダ式を変数に保持する場合に必要になります。ラムダ式によって生成される関数オブジェクトは、コンパイラによって一意な型が生成され、その型はコーディング中にはわかりません。そのため、スコープを越えてラムダ式の関数オブジェクトを変数に保持したい場合には、std::functionクラスのオブジェクトに代入する必要があります。

参照 P.137 第2章「ラムダ式」節

ユーティリティ

　std::functionクラスのオブジェクトにヌルポインタを代入すると、そのオブジェクトを、関数オブジェクトや関数ポインタを保持していない空の状態に戻せます。

　空の状態のオブジェクトに対して関数呼び出し演算子を実行した場合、std::bad_function_callが例外として送出されます。

　オブジェクトが空かどうかは、boolへの型変換演算子で判定できます。

時間演算を行う

<chrono>ヘッダ　**C++11**

```
namespace std {
namespace chrono {
  template <class Rep, class Period = ratio<1>>
  class duration;

  template <class Clock, class Duration = typename Clock::duration>
  class time_point;

  template <class ToDuration, class Rep, class Period>
  constexpr ToDuration duration_cast(const duration<Rep, Period>& d);

  template <class ToDuration, class Clock, class Duration>
  time_point<Clock, ToDuration>
    time_point_cast(const time_point<Clock, Duration>& t);

  using nanoseconds = dutation<…>;
  using microseconds = dutation<…>;
  using milliseconds = dutation<…>;
  using seconds = dutation<…>;
  using minutes = dutation<…>;
  using hours = dutation<…>;

  class system_clock;
  class steady_clock;
  class high_resolution_clock;

  …durationとtime_pointの各種演算子…
}}
```

<chrono>ヘッダには、時間演算のためのクラス、関数群が用意されています。基本的な要素として、以下の3種類のクラスがあります。

- 経過時間を表現するdurationクラス
- 時間軸上の一点を指すtime_pointクラス
- 分解能別の時計クラス

これらは、std::chrono名前空間で定義されます。

以下の表に、<chrono>ヘッダが提供するdurationクラスの別名、および時計クラスをまとめます。

▼ duration クラスの別名

typedef名	説明
nanoseconds	ナノ秒
microseconds	マイクロ秒
milliseconds	ミリ秒
seconds	秒
minutes	分
hours	時

▼ 時計クラスの種類

時計クラス名	説明
system_clock	time_tと互換性のある時計クラス
steady_clock	物理的な時間のように、逆行しない時計を表現するクラス
high_resolution_clock	高分解能な時計クラス。多くの場合、system_clockとsteady_clockのうち、分解能がいいほうの別名となる

● 現在時間を取得する

サンプルコード

```
// 現在日時を取得
system_clock::time_point p = system_clock::now();

// エポックからの経過時間（秒）を取得
seconds s = duration_cast<seconds>(p.time_since_epoch());

cout << s.count() << endl;
```

実行結果

```
1331800826
```

各種時計クラスのstaticメンバ関数now()を呼び出すことにより、現在日時を指すtime_pointオブジェクトを取得できます。

また、std::chrono::time_pointクラスのメンバ関数time_since_epoch()を呼び出すことにより、エポック（1970年1月1日0時0分）からの経過時間を取得できます。

now()関数によって返されるtime_pointの単位は、実行環境によって異なります。

6
ユーティリティ

● 現在日時を書式出力する `C++20`

| サンプルコード

```cpp
// 実装定義の時間単位を持つUTCタイムゾーンの現在日時
system_clock::time_point now = system_clock::now();

// 秒単位を持つUTCタイムゾーンの現在日時
sys_seconds sec_now = floor<seconds>(now);

// 現在のタイムゾーンで現在日時を出力する。
// (コンピュータに日本のタイムゾーンが設定されていたら、
// 日本の現在日時が出力される)
cout << "1 : " <<
  zoned_time{current_zone(), now} << endl;
cout << "2 : " <<
  zoned_time{current_zone(), sec_now} << endl; // 秒単位

// UTCタイムゾーンで現在日時を出力する
cout << "3 : " << sec_now << endl;

// タイムゾーンを明示的に指定して現在日時を出力する
cout << "4 : " << zoned_time{"Asia/Tokyo", sec_now} << endl;
cout << "5 : " << zoned_time{"UTC", sec_now} << endl;

// 日時フォーマットを指定して出力
cout << "6 : " <<
  format("%Y年%m月%d日 %H時%M分%S秒",
         zoned_time{"Asia/Tokyo", sec_now}
  ) << endl;

// 日付だけ、時間だけ出力
// (引数位置の指定{0}と組み合わせて書式を指定できる)
cout << "7 : " <<
  format("{:%Y年%m月%d日}",
    zoned_time{"Asia/Tokyo", sec_now}) << endl;
cout << "8 : " <<
  format("{0:%H時%M分%S秒}",
    zoned_time{"Asia/Tokyo", sec_now}) << endl;
```

```
1 : 2024-03-01 15:32:45.330140 JST
2 : 2024-03-01 15:32:45 JST
3 : 2024-03-01 06:32:45
4 : 2024-03-01 15:32:45 JST
5 : 2024-03-01 06:32:45 UTC
6 : 2024年03月01日 15時32分45秒
7 : 2024年03月01日
8 : 15時32分45秒
```

C++20以降は、カレンダーとタイムゾーンの機能が導入されたので、日時を文字列として出力できます。std::chrono::system_clockで得られる日時はUTCタイムゾーンなので、日本のタイムゾーンとして日時を出力したい場合は、std::chrono::zoned_timeクラスを使用して、"Asia/Tokyo"のタイムゾーンに変換して出力する必要があります。

また、std::chrono::system_clockで得られる日時は、コンパイラによっては小数点以下の秒を持っている場合があり、その場合は小数点以下の値も出力されます。小数点以下の値が不要であれば、std::chrono::floor<std::chrono::seconds>(tp)のようにして、秒単位の日時に変換する必要があります。

日時は、デフォルトでは「2024-03-01 15:32:45.330140 JST」のような書式で出力されますが、std::format()関数（ 参照 P.236 第4章「値を書式指定で文字列化する」節）を使用して、任意の書式で日時を出力できます。代表的な日時の書式には以下のようなものがあります。

▼ 代表的な日時の書式

書式	説明
%Y	年（4桁0埋め）
%m	月（2桁0埋め）
%d	日（2桁0埋め）
%H	時（2桁0埋め）
%M	分（2桁0埋め）
%S	秒（2桁0埋め）。小数点以下の秒を保持していれば出力する
%Z	タイムゾーン名の略称。JSTやUTC
%z	UTCタイムゾーンからの差分時間。日本なら+0900

指定時間まで待機する

サンプルコード

```
system_clock::time_point p = system_clock::now() + seconds{10};

cout << "start" << endl;

// 10秒間待機する
while (p > system_clock::now()) {
}

cout << "end" << endl;
```

これを実行すると、「start」と出力されてから10秒後に「end」と出力されます。

std::chrono::time_pointクラスのオブジェクトは、std::chrono::durationクラスのオブジェクトと演算できます。たとえばstd::chrono::seconds(10)を、std::chrono::time_pointに加算することにより、「現在から10秒後の時間」を表現できます。そして加算された時間とnow()を比較することにより、一定時間待機するスリープ処理ができます。

時間の演算は、以下の組み合わせで、+、-、*、/、%の四則演算とその複合演算が用意されています。

- std::chrono::duration同士
- std::chrono::durationとstd::chrono::time_pointの組み合わせ

また、std::chrono::duration同士とstd::chrono::time_point同士では、==、!=、<、<=、>、>=の比較演算子が用意されています。

ここでは、時間演算のサンプルとして待機処理を示しましたが、実際に待機処理するには、sleep系関数（ 参照 P.507 第8章「現在のスレッドをスリープする」節）を使用するといいでしょう。

単位の変換

サンプルコード

```
// 分解能の高い単位への変換（秒からミリ秒）
milliseconds ms = seconds{3};
cout << ms.count() << endl;

// 分解能の低い単位への変換（ミリ秒から秒）
seconds s = duration_cast<seconds>(milliseconds{2300});
cout << s.count() << endl;
```

```
3000
2
```

　経過時間を表すstd::chrono::durationクラスのオブジェクト同士では各種演算を行えますが、異なる単位同士の演算には以下の2つの変換がありえます。

- より分解能の高い型(たとえば秒からミリ秒)への変換
  - ⇒　この場合は暗黙に変換できる

- 分解能の低い型(たとえばミリ秒から秒)への変換
  - ⇒　この場合は、桁落ちによって情報が欠損する恐れがあるため、暗黙の型変換はコンパイルエラーとなる

　分解能の低い型に変換する場合は、std::chrono::duration_cast()関数を使用して、「情報が欠損してもかまわない」という意図を明示する必要があります。

● 異なる単位同士の演算

サンプルコード

```
milliseconds ms = seconds{3} + milliseconds{20};
cout << ms.count() << endl;
```

実行結果

```
3020
```

　異なる単位のstd::chrono::durationクラスのオブジェクト同士を演算した場合、その戻り値型は、左辺と右辺のうち分解能の高い型になります。
　たとえば、秒とミリ秒を計算した場合には、情報が欠損せず、分解能の高いミリ秒が選択されます。

● durationリテラルで経過時間値を構築する　　C++14

<chrono>ヘッダ

```
namespace std {
inline namespace literals {
inline namespace chrono_literals {
constexpr chrono::hours operator "" h(unsigned long long);
constexpr chrono::duration<unspecified, ratio<3600,1>> operator ""
h(long double);
```

```
constexpr chrono::minutes operator "" min(unsigned long long);
constexpr chrono::duration<unspecified, ratio<60,1>>
  operator "" min(long double);
constexpr chrono::seconds operator "" s(unsigned long long);
constexpr chrono::duration<unspecified> operator "" s(long double);
constexpr chrono::milliseconds operator "" ms(unsigned long long);
constexpr chrono::duration<unspecified, milli>
  operator "" ms(long double);
constexpr chrono::microseconds operator "" us(unsigned long long);
constexpr chrono::duration<unspecified, micro>
  operator "" us(long double);
constexpr chrono::nanoseconds operator "" ns(unsigned long long);
constexpr chrono::duration<unspecified, nano>
  operator "" ns(long double);
}}

namespace chrono {
using namespace literals::chrono_literals;
}}
```

6

ユーティリティ

サンプルコード

```
using namespace std::chrono_literals;
auto sec = 30s;  // seconds型のオブジェクトを構築する
auto min = 1min; // minutes型のオブジェクトを構築する

auto sum = sec + min; // seconds + minutes = seconds
cout << sum.count() << "秒" << endl;
```

実行結果

```
90秒
```

　std::chrono::durationクラスの各経過時間の型向けに、リテラル演算子が定義されています。

　std::chrono::durationクラスのリテラルは、整数値をとるバージョンと、浮動小数点数をとるバージョンの2つが用意されています。浮動小数点数値をリテラルとすると、経過時間の内部表現を浮動小数点数型に設定できます。

　これらリテラル演算子は、std::literals::chrono_literals名前空間で定義されています。literalsとchrono_literalsはインライン名前空間として定義されていますので、以下のいずれかの名前空間をusing namespaceして使用します。

- **std**
- **std::literals**
- **std::chrono_literals**

より深い階層の名前空間を using namespace するほど、影響範囲が狭くなります。

参照 P.158 第2章「名前空間」節

6

ユーティリティ

複素数を扱う

|<complex>ヘッダ

```
namespace std {
  template<class T> class complex;
  template<> class complex<float>;
  template<> class complex<double>;
  template<> class complex<long double>;
}
```

<complex>ヘッダには、以下が定義されています。

- 複素数を扱うための std::complex クラス
- std::complex クラスに対する数学系関数のオーバーロード

ここでは、その基本的な使い方を示します。

● 値の設定と取得

|サンプルコード

```
// 初期値の設定
complex<double> c{12.34, 56.78};

// 再設定
c.real(12.34);
c.imag(56.78);

double r = real(c); // c.real()でもOK
double i = imag(c); // c.imag()でもOK

cout << "real:" << r << endl;
cout << "imag:" << i << endl;
```

|実行結果

```
real:12.34
imag:56.78
```

std::complex クラスのオブジェクトで値を設定／取得するには、上記サンプルの

ように、コンストラクタおよびreal()、imag()関数を使用します。

コンストラクタの引数は以下のようになっています。

- 第1実引数 ⇒ 実部
- 第2実引数 ⇒ 虚部

初期値を設定しない場合、テンプレート実引数で指定した型の初期化された値が自動的に設定されます（float、double、long doubleでは0.0）。

初期化後に値を再設定した場合には、メンバ関数版のreal()、imag()に、値を実引数で渡します。

設定されている値を取得するには、以下のいずれかを実行します。

- 非メンバ関数のstd::real()関数およびstd::imag()関数に、std::complexクラスのオブジェクトへの参照を渡す
- メンバ関数版のreal()、imag()関数を、実引数なしで実行する

● 複素数の基本関数を使用する

サンプルコード

```cpp
template <class T>
constexpr T pi() {
  return 3.141592653589793238463L;
}

complex<double> c{-1, 1};

// 絶対値を求める
double r1 = abs(c);
cout << "abs : " << r1 << endl;

// 偏角を求める
double r2 = arg(c);
cout << "arg : " << r2 << endl;

// ノルム（絶対値の2乗）を求める
double r3 = norm(c);
cout << "norm : " << r3 << endl;

// 共役複素数（complex(real, -imag)）を求める
complex<double> r4 = conj(c);
cout << "conj : " << r4 << endl;
```

```
// 複素射影直線（リーマン球面への射影）を求める
complex<double> r5 = proj(c);
cout << "proj : " << r5 << endl;

// 絶対値（第1引数）と偏角（第2実引数）を指定し、極座標を計算する
complex<double> r6 = polar(3.0, pi<double>() / 2.0);
cout << "polar : " << r6 << endl;
```

実行結果

```
abs : 1.41421
arg : 2.35619
norm : 2
conj : (-1,-1)
proj : (-1,1)
polar : (1.83691e-016,3)
```

　複素数の基本操作のために、std::abs()関数、std::arg()関数、std::norm()関数、std::conj()関数、std::proj()関数、std::polar()関数が定義されています。以下の表に一覧を示します。

▼ complex の数学系関数

関数名	説明
`T abs(const complex<T>&);`	絶対値
`T arg(const complex<T>&);`	偏角
`T norm(const complex<T>&);`	ノルム
`complex<T> conj(const complex<T>&);`	共役複素数
`complex<T> proj(const complex<T>&);`	複素射影直線（リーマン球面への射影）
`complex<T> polar(const T&, const T& = 0);`	極座標

● 複素数の演算

サンプルコード

```
complex<double> c1{1, 1};
complex<double> c2{2, 2};

c1 += c2;
cout << "+= : " << c1 << endl;

c1 -= c2;
cout << "-= : " << c2 << endl;
```

```
complex<double> r1 = c1 + c2;
cout << "+ : " << r1 << endl;

complex<double> r2 = c2 - c1;
cout << "- : " << r2 << endl;

complex<double> r3 = c1 * c2;
cout << "* : " << r3 << endl;

complex<double> r4 = c2 / c1;
cout << "/ : " << r4 << endl;

complex<double> r5 = c1 * 3.0;
cout << "* double : " << r5 << endl;
```

実行結果

```
+= : (3,3)
-= : (2,2)
+ : (3,3)
- : (1,1)
* : (0,4)
/ : (2,0)
* double : (3,3)
```

std::complexクラスは、std::complexクラスオブジェクト同士および要素型の値の演算で、以下をサポートしています。

- +、-、*、/の四則演算
- +と-の単項演算子
- ==、!=の比較演算子

これらを使用することで、複素数の演算ができます。

● 数学系関数を使用する

サンプルコード

```
complex<double> c{12.34, 56.78};
complex<double> result = cos(c);

cout << result << endl;
```

```
(2.22324e+024,5.12053e+023)
```

std::complexを扱うための数学系関数のオーバーロードは、std::complexクラスのオブジェクトを受け取り、新たなstd::complexクラスのオブジェクトを返すよう、統一的に定義されています。

ここではstd::cos()関数を例に取り上げていますが、ほかの関数も同じように扱えます。

以下は、std::complexのために定義されている、数学系関数の一覧です。これらの関数はすべて、std名前空間で定義されます。

▼ complex の数学系関数

関数名	説明
complex<T> acos(const complex<T>&);	逆余弦 **C++11**
complex<T> asin(const complex<T>&);	逆正弦 **C++11**
complex<T> atan(const complex<T>&);	逆正接 **C++11**
complex<T> acosh(const complex<T>&);	双曲線逆余弦 **C++11**
complex<T> asinh(const complex<T>&);	双曲線逆正弦 **C++11**
complex<T> atanh(const complex<T>&);	双曲線逆正接 **C++11**
complex<T> cos(const complex<T>&);	余弦
complex<T> cosh(const complex<T>&);	双曲線余弦
complex<T> exp(const complex<T>&);	指数関数
complex<T> log(const complex<T>&);	自然対数
complex<T> log10(const complex<T>&);	常用対数
complex<T> pow(const complex<T>&, const T&);	累乗
complex<T> pow(const complex<T>&, const complex<T>&);	
complex<T> pow(const T&, const complex<T>&);	
complex<T> sin(const complex<T>&);	正弦
complex<T> sinh(const complex<T>&);	双曲線正弦
complex<T> sqrt(const complex<T>&);	平方根
complex<T> tan(const complex<T>&);	正接
complex<T> tanh(const complex<T>&);	双曲線正接

● complex リテラルで構築する **C++14**

<complex>ヘッダ

```
namespace std {
inline namespace literals {
inline namespace complex_literals {
  constexpr complex<double> operator"" i(long double);
```

```
constexpr complex<double> operator"" i(unsigned long long);
constexpr complex<float> operator"" if(long double);
constexpr complex<float> operator"" if(unsigned long long);
constexpr complex<long double> operator"" il(long double);
constexpr complex<long double> operator"" il(unsigned long long);
}}}
```

サンプルコード

```
using namespace std::complex_literals;

// 実部0.0、虚部1.0のcomplex<double>型オブジェクトを作る
auto c = 1.0i;

cout << c << endl;
```

実行結果

```
(0,1)
```

std::complexクラス向けに、リテラル演算子が定義されています。リテラルの値としては、虚部を記述します。それによって、虚部が指定された値、実部が0.0のstd::complexオブジェクトが構築されます。

std::complexクラスのリテラルには、要素型による種類があり、それぞれ以下のようになります。

- iサフィックス ⇒ std::complex<double>型のリテラル
- ifサフィックス ⇒ std::complex<float>型のリテラル
- ilサフィックス ⇒ std::complex<long double>型のリテラル

これらリテラル演算子は、std::literals::complex_literals名前空間で定義されています。literalsとcomplex_literalsはインライン名前空間として定義されていますので、以下のいずれかの名前空間をusing namespaceして使用します。

- std
- std::literals
- std::complex_literals

より深い階層の名前空間をusing namespaceするほど、影響範囲が狭くなります。

参照 P.158 第2章「名前空間」節

ペアを扱う

`<utility>`ヘッダ

```
namespace std {
  template <class T1, class T2>
  struct pair {
    T1 first;
    T2 second;
    ...
  };

  template <class T1, class T2>
  constexpr pair<T1, T2> make_pair(T1&&, T2&&);
}
```

`<utility>`ヘッダには、異なる2つの型の値を持つ「ペア」を表現するための std::pairクラスが定義されています。ここでは、その基本的な使い方を示します。

サンプルコード

```
// 初期値の設定
pair<int, string> p{1, "hello"};

// まとめて値を設定する
p = make_pair(2, "world");

// 値を参照する
cout << p.first << endl;
cout << p.second << endl;
```

実行結果

```
2
world
```

std::pairクラスの初期値を設定するには、コンストラクタの引数に、それぞれ以下の値を渡します。

- 第1実引数　⇒　1要素目の値
- 第2実引数　⇒　2要素目の値

設定された値を参照するには、first、secondというpublicメンバ変数を使用します。

デフォルトコンストラクタでstd::pairクラスのオブジェクトを構築した場合、first、secondメンバ変数は、それぞれのクラスのデフォルトコンストラクタの呼び出しによって初期化されます。

std::make_pair()関数は、std::pairクラスのオブジェクトを構築するヘルパ関数です。この関数を使用すると、関数テンプレートの型推論によって、std::pairの要素型を入力する手間を省略できます。この関数には、C++14からconstexprが付加されています。

上記サンプルでのstd::make_pair()の結果型は、std::pair<int, const char*>となります。std::pairは、変換可能な型から変換を行うコンストラクタと代入演算子を持っているため、std::pair<int, std::string>型である変数pに代入できます[1]。

注1　std::make_pair()関数の戻り値の型は、T1、T2がstd::reference_wrapper型である場合、特殊な振る舞いをします。T1およびT2のそれぞれの型Tが、std::reference_wrapper<T>の場合は、T&型に展開されます。

タプルを扱う

6

ユーティリティ

`<tuple>`ヘッダ `C++11`

```
namespace std {
  template <class... Args> class tuple;

  template <class... Types>
  constexpr tuple<Types ...> make_tuple(Types&&...);
}
```

`<tuple>`ヘッダには、N個の型の値を持つ「タプル」を表現するためのstd::tupleクラスが定義されています。ここでは、その基本的な使い方を示します。

サンプルコード

```
// 初期値の設定
tuple<int, char, string> t{1, 'a', "hello"};

// まとめて値を設定する
t = make_tuple(2, 'b', "world");

// 値を参照する
cout << get<0>(t) << endl;
cout << get<1>(t) << endl;
cout << get<2>(t) << endl;
```

実行結果

```
2
b
world
```

std::tupleクラスの初期値を設定するには、コンストラクタの実引数に、各要素の値を順番に渡します。

設定された値を参照するには、std::get()関数を使用します。テンプレート実引数に参照する要素の添え字を指定することで、要素を取り出します。

デフォルトコンストラクタでstd::tupleクラスのオブジェクトを構築した場合、各要素は、それぞれのクラスのデフォルトコンストラクタ呼び出しによって初期化されます。

std::make_tuple()関数は、std::tupleクラスのオブジェクトを構築するヘルパ関数です。この関数を使用すると、関数テンプレートの型推論によって、std::tupleの要素型を入力する手間を省略できます。この関数には、C++14からconstexprが付加されます。

上記サンプルでのstd::make_tuple()の結果型は、std::tuple<int, char, const char*>となります。std::tupleは、変換可能な型から変換を行うコンストラクタと代入演算子を持っているため、std::tuple<int, char, std::string>型である変数tに代入できます[注2]。

注2　std::make_tuple()関数の戻り値の型は、仮引数がstd::reference_wrapper型である場合、特殊な振る舞いをします。各型がstd::reference_wrapper<T>の場合は、T&型に展開されます。

継承関係にない複数の型を、1つのオブジェクトに代入する（静的）

| <variant>ヘッダ `C++17`

```cpp
namespace std {
  template <class... Types>
  class variant {
  public:
    constexpr variant();
    variant(const variant&);
    variant(variant&&);

    template <class T>
    constexpr variant(T&&);

    ~variant();

    variant& operator=(const variant&);
    variant& operator=(variant&&);
    template <class T> variant& operator=(T&&);

    constexpr size_t index() const noexcept;
  };

  template <class T, class... Types>
  constexpr T& get(variant<Types...>&);
  template <class T, class... Types>
  constexpr T&& get(variant<Types...>&&);
  template <class T, class... Types>
  constexpr const T& get(const variant<Types...>&);
  template <class T, class... Types>
  constexpr const T&& get(const variant<Types...>&&);

  template <class T, class... Types>
  constexpr T* get_if(variant<Types...>*) noexcept;
  template <class T, class... Types>
  constexpr const T* get_if(const variant<Types...>*) noexcept;

  template <class Visitor, class... Variants>
  constexpr R visit(Visitor&& vis, Variants&&... vars);
}
```

```
// vにはint値、char値、string値のいずれかを代入できる
variant<int, char, string> v = 3;

// 代入されているint値を取り出す
int n = get<int>(v);
cout << "int値 : " << n << endl;

// 文字列を代入して取り出す
v = "Hello";
string s = get<string>(v);
cout << "string値 : " << s << endl;

// どの型の値が代入されているか判定する
if (v.index() == 2) {
  cout << "vには文字列が代入されています" << endl;
}

// 代入されている値をポインタで取り出す。
// 指定された型が代入されていなかったら、ヌルポインタが返る
if (string* p = get_if<string>(&v)) {
  cout << "string値 : " << *p << endl;
}
else {
  cout << "string値は代入されていません" << endl;
}
```

実行結果

```
int値 : 3
string値 : Hello
vには文字列が代入されています
string値 : Hello
```

　std::variantクラスは、指定された候補の型の値を代入できる型です。たとえば、サンプルコードにあるstd::variant<int, char, std::string>という型のオブジェクトには、int型、char型、std::string型のいずれかの値を代入でき、再代入によって型を切り替えることもできます。

　このクラスの初期値を指定せず、デフォルト構築した場合は、最初に指定した型（この例ではint）でデフォルト構築されます。

　代入されている値を取り出すには、std::get()関数にテンプレート実引数として取り出したい型を指定します。指定された型が代入されていなかった場合は、

std::bad_variant_access例外が送出されます。

　指定された型が代入されていない場合に、例外ではなく戻り値で判定したいという状況では、std::get_if()関数を使用します。この関数にstd::variantクラスのオブジェクトへのポインタを指定し、テンプレート実引数に取り出したい型を指定すると、戻り値として指定された型のオブジェクトがポインタで返されます。指定された型が代入されていない場合は、ヌルポインタが返ります。

　現在どの型が代入されているかを判定するには、index()メンバ関数を使用します。この関数を呼び出すことで、現在代入されている型がインデックス値として返されます。インデックス値は、std::variantクラスのテンプレート実引数として指定した候補の型が、先頭から0、1、2、…のように割り振られます。

● ビジターを使用する

サンプルコード

```
struct PrintVisitor {
  void operator()(int x) {
    cout << "int値 : " << x << endl;
  }

  void operator()(char x) {
    cout << "char値 : " << x << endl;
  }

  void operator()(const string& x) {
    cout << "string値 : " << x << endl;
  }
};

variant<int, char, string> v = 3;

visit(PrintVisitor{}, v); // 代入されている値を出力する

v = "Hello";              // 文字列を代入し、
visit(PrintVisitor{}, v); // 代入されている値を出力する
```

実行結果

```
int値 : 3
string値 : Hello
```

　ビジターは、動的に型が切り替わる状況で、代入されている型の判定と値の取り出しを、安全に行う仕組みです。ビジターは、関数呼び出し演算子を持つクラスと

して定義します。関数呼び出し演算子は、std::variantクラスに指定した候補の型を仮引数として受け取るように定義し、それを候補の型ごとにオーバーロードします。複数の型が共通のインタフェースで扱える場合は、関数呼び出し演算子を関数テンプレートにすると、複数の型に対する処理をまとめて定義できます。

std::visit()関数の第1実引数としてビジタークラスのオブジェクト、第2実引数としてstd::variantクラスのオブジェクトを指定することで、std::variantクラスのオブジェクトに現在代入されている型に対応した、ビジターの関数呼び出し演算子が呼び出されます。

ビジターの関数呼び出し演算子は戻り値を返すこともでき、その戻り値がstd::visit()関数の戻り値となります。ビジターからの戻り値の型は、候補のオーバーロードすべてで共通でなければなりません。

● ラムダ式をビジターとして使用する

サンプルコード

```cpp
// 代入されうるすべての型に共通インタフェースを使用する
auto printer = [](const auto& x) {
  cout << x << endl;
};

variant<int, char, string> v = 3;

visit(printer, v); // 代入されている値を出力する

v = "Hello";       // 文字列を代入し、
visit(printer, v); // 代入されている値を出力する
```

実行結果

```
3
Hello
```

std::variantを操作する処理ごとに、その操作を行うビジタークラスを定義するのは冗長になりがちです。もし、候補の型すべてに対して共通の操作をする場合には、任意の型を受け取るジェネリックラムダをビジターとして使用することで、より簡潔にビジターを書けます。

参照 P.42 第2章「型」節の「共用体」
参照 P.141 第2章「ラムダ式」節の「ジェネリックラムダ」

継承関係にない複数の型を、1つのオブジェクトに代入する（動的）

```cpp
namespace std {
  class any {
  public:
    constexpr any() noexcept;
    any(const any& other);
    any(any&& other) noexcept;

    template <class T>
    any(T&& value);

    ~any();

    any& operator=(const any& rhs);
    any& operator=(any&& rhs) noexcept;

    template <class T>
    any& operator=(T&& rhs);

    const type_info& type() const noexcept;
  };

  template <class T>
  T any_cast(const any& operand);
  template <class T>
  T any_cast(any& operand);
  template <class T>
  T any_cast(any&& operand);

  template <class T>
  const T* any_cast(const any* operand) noexcept;
  template <class T>
  T* any_cast(any* operand) noexcept;
}
```

サンプルコード

```cpp
// any型には、コピー可能なあらゆる型のオブジェクトを代入できる。
// ここではint値を代入している
any x = 3;

// 代入されている値を取り出す
int n = any_cast<int>(x);
cout << "int値: " << n << endl;

// 文字列を代入する
x = string{"Hello"};
string s = any_cast<string>(x);
cout << "string値: " << s << endl;

// どの型が代入されているかを判定する
if (x.type() == typeid(string)) {
  cout << "xには文字列が代入されています" << endl;
}

// 代入されている値を参照で取り出す
string& r = any_cast<string&>(x);
r = "こんにちは";

// 代入されている値をポインタで取り出す。
// 指定された型が代入されていなかったら、ヌルポインタが返る
if (string* p = any_cast<string>(&x)) {
  cout << "string値: " << *p << endl;
}
else {
  cout << "string値は代入されていません" << endl;
}
```

実行結果

```
int値: 3
string値: Hello
xには文字列が代入されています
string値: こんにちは
```

　std::anyクラスは、コピーが可能な型であればなんでも代入できる型です。サンプルコードでは、int値とstd::string値を同じstd::anyクラスのオブジェクトに代入し、型を動的に切り替えています。

　代入されている値を取り出すには、std::any_cast()関数にテンプレート実引数

6

ユーティリティ

372

として取り出したい型を指定します。この関数は、std::anyオブジェクトの与え方によって、2種類の振る舞いをします。

▼ any_cast() の振る舞い

実引数	戻り値	指定された型が代入されていない場合
std::anyオブジェクトのコピーか参照	代入されているオブジェクト	std::bad_any_cast例外が送出される
std::anyオブジェクトへのポインタ	代入されているオブジェクトへのポインタ	ヌルポインタが返る

　std::any_cast() 関数で、オブジェクトの参照を取り出したい場合は、any_cast<T&>(x)のようにテンプレート実引数を参照で指定します。

　std::anyクラスはなんでも代入できる反面、制約が弱いためにバグが入り込みやすくなります。事前に代入可能な型を列挙できるのであればstd::variant(参照 P.367 本章「継承関係にない複数の型を、1つのオブジェクトに代入する（静的）」節）を使用することを検討しましょう。

2つの数値の間の値を得る

<numeric>ヘッダ C++20

```
template<class T>
T midpoint(T a, T b);
```

サンプルコード

```
cout << midpoint(0, 10) << endl;
cout << midpoint(0.3, 1.2) << endl;
```

実行結果

```
5
0.75
```

std::midpoint()関数は、2つの数値を実引数にとり、その中間の値を返します。

中間値は単純には(a+b)/2で求められますが、巨大な数値の場合、オーバーフローが発生し正確な値が得られません。その場合でも、std::midpoint()を用いると中間の値を得られます。

<cmath>ヘッダ C++20

```
namespace std {
  float lerp(float a, float b, float t) noexcept;
  double lerp(double a, double b, double t) noexcept;
  long double lerp(long double a, long double b, long double t)
    noexcept;
}
```

サンプルコード

```
double start = 0.0;
double end = 100.0;

for (double t = 0.0; t <= 1.0; t += 0.1) {
  cout << lerp(start, end, t) << endl;
}
```

```
0
10
20
30
40
50
60
70
80
90
100
```

std::lerp()関数は、浮動小数点型の仮引数aとbの間の値を仮引数tに与えた割合で線形補間した値を返します。仮引数tには基本的に0.0～1.0までの値を与えますが、1.0よりも大きい数値も与えられます。

この関数を用いると、始点と終点を先に定め、その中間点を割合から求める手法がとりやすくなります。

6

ユーティリティ

ビット演算を行う

<bit>ヘッダ C++20

```
namespace std {
  template<class T> bool has_single_bit(T x) noexcept;
  template<class T> T bit_ceil(T x) noexcept;
  template<class T> T bit_floor(T x) noexcept;
  template<class T> T bit_width(T x) noexcept;

  template<class T> T rotl(T x, int n) noexcept;
  template<class T> T rotr(T x, int n) noexcept;

  template<class T> int countl_zero(T x) noexcept;
  template<class T> int countl_one(T x) noexcept;
  template<class T> int countr_zero(T x) noexcept;
  template<class T> int countr_one(T x) noexcept;
  template<class T> int popcount(T x) noexcept;
}
```

サンプルコード

```
cout << "-- has_single_bit --" << endl;
cout << (has_single_bit(7u) ? "true" : "false") << endl; // false
cout << (has_single_bit(8u) ? "true" : "false") << endl; // true

cout << "-- bit_ceil/bit_floor --" << endl;
cout << bit_ceil(5u) << endl;   // 8
cout << bit_floor(5u) << endl;  // 4

cout << "-- bit_width --" << endl;
cout << bit_width(5u) << endl;  // 3
cout << bit_width(16u) << endl; // 5

cout << "-- rotl/rotr --" << endl;
uint16_t x = 0b1100000000001000;
cout << rotl(x, 2) << endl;     // 0b0000000000100011 == 35
cout << rotr(x, 5) << endl;     // 0b0100011000000000 == 17920

cout << "-- count --" << endl;
uint8_t y = 0b00101111;
```

```
cout << countl_zero(y) << " "    // 2
     << countl_one(y)  << " "    // 0
     << countr_zero(y) << " "    // 0
     << countr_one(y)  << " "    // 4
     << popcount(y)    << endl;  // 5
```

実行結果

```
-- has_single_bit --
false
true
-- bit_ceil/bit_floor --
8
4
-- bit_width --
3
5
-- rotl/rotr --
35
17920
-- count --
2 0 0 4 5
```

C++にはビット演算を行う演算子(|／&／^)が用意されていますが、<bit>ヘッダに定義された関数を使用すると特定のビット演算をよりかんたんに実行できます。

これらの関数には符号なし整数型の値を渡せます。

多くのCPUはビット演算を行うための組み込み命令をいくつか用意しています。ここで解説する関数はそのような組み込み命令を利用する形で実装されることがあり、高速動作が期待できる、応用の幅が広いビット演算命令群になっています。

▼ ビット演算関数の動作

関数名	動作
has_single_bit()	実引数に渡した値の中にビットが1つだけ立っているか(すなわち値が2の累乗になっているかどうか)を判定する
bit_ceil()	実引数に渡した値と同じかそれより大きな2の累乗の数のうち、最も小さいものを返す
bit_floor()	実引数に渡した値と同じかそれより小さな2の累乗の数のうち、最も大きいものを返す
bit_width()	実引数に渡した値を表現するために必要なビット数を返す
rotl()	第1実引数に渡した値を、第2実引数に指定した分だけ左循環シフトして返す
rotr()	第1実引数に渡した値を、第2実引数に指定した分だけ右循環シフトして返す
countl_zero()	実引数に渡した値に対して、左(最上位桁)から連続した0のビット数を返す
countl_one()	実引数に渡した値に対して、左(最上位桁)から連続した1のビット数を返す
countr_zero()	実引数に渡した値に対して、右(最下位桁)から連続した0のビット数を返す
countr_one()	実引数に渡した値に対して、右(最下位桁)から連続した1のビット数を返す
popcount()	実引数に渡した値に含まれる1のビット数を返す

エンディアンを取得／変換する

<bit>ヘッダ `C++20`

```cpp
namespace std {
  enum class endian { little, big, native };

  // C++23以降
  template<class T> constexpr T byteswap(T n) noexcept;
}
```

サンプルコード

```cpp
if (endian::native == endian::little) {
  cout << "現在の環境は: リトルエンディアン" << endl;
} else if (endian::native == endian::big) {
  cout << "現在の環境は: ビッグエンディアン" << endl;
} else {
  cout << "現在の環境は: その他のエンディアン" << endl;
}

uint16_t a = 0x1234;
uint32_t b = 0x12345678;
uint64_t c = 0x123456789abcdef0;

cout << hex << "0x" << a << " => " << "0x" << byteswap(a) << endl;
cout << hex << "0x" << b << " => " << "0x" << byteswap(b) << endl;
cout << hex << "0x" << c << " => " << "0x" << byteswap(c) << endl;
```

実行結果（環境依存）

```
現在の環境は: リトルエンディアン
0x1234 => 0x3412
0x12345678 => 0x78563412
0x123456789abcdef0 => 0xf0debc9a78563412
```

　現在の環境のエンディアンを取得するにはstd::endian列挙型を使用します。std::endian::nativeがstd::endian::littleとstd::endian::bigどちらに等しいか比較することで、現在の環境がリトルエンディアンかビッグエンディアンかを判別できます。

　どちらとも等しくない場合は現在の環境がそれ以外の特殊なエンディアン環境で

あることを表します。

● エンディアンの変換 `C++23`

std::byteswap()関数は、整数型の実引数に対してバイト単位で順序を反転した
値を返します。この関数は、整数のエンディアン変換を行うときに使用します。

スタックトレースを取得する

<stacktrace>ヘッダ `C++23`

```
namespace std {
  class stacktrace {
    static stacktrace current();
    ...
  };
}
```

サンプルコード

```
void func1() { cout << stacktrace::current() << endl; }
void func2() { func1(); }
void func3() { func2(); }

func3();
```

実行結果（環境依存）

```
0> C:\Users\User\develop\Project1\main.cpp(10): Project1!func1+0x44
1> C:\Users\User\develop\Project1\main.cpp(11): Project1!func2+0x20
2> C:\Users\User\develop\Project1\main.cpp(12): Project1!func3+0x20
3> C:\Users\User\develop\Project1\main.cpp(17): Project1!main+0x20
4> D:\a\_work\1\s\src\vctools\crt\vcstartup\src\startup\exe_common.inl(79):
 Project1!invoke_main+0x39
5> D:\a\_work\1\s\src\vctools\crt\vcstartup\src\startup\exe_common.inl(288)
: Project1!__scrt_common_main_seh+0x12E
6> D:\a\_work\1\s\src\vctools\crt\vcstartup\src\startup\exe_common.inl(331)
: Project1!__scrt_common_main+0xE
7> D:\a\_work\1\s\src\vctools\crt\vcstartup\src\startup\exe_main.cpp(17)
: Project1!mainCRTStartup+0xE
8> KERNEL32!BaseThreadInitThunk+0x1D
9> ntdll!RtlUserThreadStart+0x28
```

　スタックトレース（関数の呼び出し階層の情報）を取得するにはstd::stacktrace
クラスを使用します。あるスレッド（ 参照 P.492 第8章「概要」節）でstd::stacktrace
クラスのcurrent()静的メンバ関数を呼び出すと、そのスレッドの現在の実行位置
でのスタックトレース情報を持ったstd::stacktraceオブジェクトを取得できます。
　取得したstd::stacktraceクラスのオブジェクトをstd::coutなどのストリーム

に渡すとスタックトレース情報を出力できます。実際にスタックトレース情報がど
のように出力されるかは実装依存です。

コンテナとアルゴリズム

コンテナとアルゴリズムの概要

● コンテナとは

コンテナは同じ型のオブジェクトの集まりを表現するクラスです。可変長配列、双方向リスト、連想配列、スタック、キューなどのデータ構造を表すコンテナが、標準ライブラリで提供されています。

以下はC++標準ライブラリに定義されたコンテナの一覧です。

▼ コンテナ／コンテナアダプタ一覧

コンテナ	説明	ヘッダ	カテゴリ
array	固定長配列	`<array>`	シーケンスコンテナ C++11
vector	可変長配列	`<vector>`	シーケンスコンテナ
forward_list	単方向連結リスト	`<forward_list>`	シーケンスコンテナ C++11
list	双方向連結リスト	`<list>`	シーケンスコンテナ
deque	両端キュー	`<deque>`	シーケンスコンテナ
queue	キュー	`<queue>`	コンテナアダプタ
priority_queue	優先順位付きキュー	`<priority_queue>`	コンテナアダプタ
stack	スタック	`<stack>`	コンテナアダプタ
set	順序付き集合（重複不可）	`<set>`	連想コンテナ
multiset	順序付き集合（重複可能）	`<set>`	連想コンテナ
unordered_set	順序なし集合（重複不可）	`<unordered_set>`	非順序連想コンテナ C++11
unordered_multiset	順序なし集合（重複可能）	`<unordered_set>`	非順序連想コンテナ C++11
flat_set	順序付き集合（重複不可）	`<flat_set>`	コンテナアダプタ C++23
flat_multiset	順序付き集合（重複可能）	`<flat_set>`	コンテナアダプタ C++23
map	順序付き連想配列（キーの重複不可）	`<map>`	連想コンテナ
multimap	順序付き連想配列（キーの重複可能）	`<map>`	連想コンテナ
unordered_map	順序なし連想配列（キーの重複不可）	`<unordered_map>`	非順序連想コンテナ C++11
unordered_multimap	順序なし連想配列（キーの重複可能）	`<unordered_map>`	非順序連想コンテナ C++11
flat_map	順序付き連想配列（キーの重複不可）	`<flat_map>`	コンテナアダプタ C++23
flat_multimap	順序付き連想配列（キーの重複可能）	`<flat_map>`	コンテナアダプタ C++23

シーケンスコンテナは、要素の順序が維持されるコンテナです。

連想コンテナは、要素が整列されて格納されるコンテナです。

非順序連想コンテナは、要素に順序がないコンテナです。ハッシュを使用して管理されています。

コンテナアダプタは、実際にはコンテナではなく、ほかのコンテナへの操作を一部制限する形でデータ構造を表現します。

それぞれのコンテナの詳細は、「各コンテナの紹介」(参照 P.386 本章「各コンテナの紹介」節)を参照してください。

● アルゴリズムとは

C++におけるアルゴリズムとは、コンテナやなんらかのデータ構造に対して、各要素を横断しながら特定の処理を行うための関数のことをいいます。標準ライブラリでは、要素を検索するfind()(参照 P.440 本章「要素を検索する」節)や、ソートを行うsort()(参照 P.435 本章「ソートする」節)など、さまざまなアルゴリズムが以下のヘッダで提供されています。

▼ アルゴリズムを提供しているヘッダ

ヘッダ	説明
<algorithm>	一般的な処理を行うアルゴリズム
<numeric>	数値演算のためのアルゴリズム
<memory>	メモリ上のデータ列に対するアルゴリズム

各アルゴリズムは、次節で紹介しているイテレータの仕組みによって、特定の型に依存しないように定義されています(参照 P.390 本章「イテレータの概要」節)。

C++17では、各要素を横断する処理を並列化して実行する仕組みが導入されました。大量の要素に対して高速に処理を行いたい場合には、これを利用するとパフォーマンスの向上が期待できます(参照 P.544 第8章「並列アルゴリズムを使用する」節)。

C++23以降、新しいアルゴリズム関数はstd::ranges名前空間にのみ追加されます。なるべくstd::ranges名前空間のアルゴリズムを利用するのが良いでしょう(参照 P.396 本章「レンジの概要」節)。

● アルゴリズムの計算量

本書では、アルゴリズムの計算量の表記にビッグオー記法を採用しています。この記法は、計算量が要素数に応じてどのように大きくなるのかを示します。

たとえば$O(1)$は、要素数に関わらず、定数時間で処理が完了することを意味します。

$O(n)$と書いた場合は、要素数に比例して、計算量が線形に増加することを意味します。

各コンテナの紹介

● array `C++11`／vector

　配列を表すコンテナです。std::arrayは固定長配列で、std::vectorは可変長配列です。

　要素は、連続したメモリ領域に格納されます。

　[]演算子がオーバーロードされているため、組み込み配列のように、添字で各要素にアクセスできます。

　パフォーマンスを意識する場合、std::vectorへ要素を追加する際にメモリの再確保と要素の再配置が発生しうる点に留意する必要があります。

● forward_list `C++11`／list

　連結リストを表すコンテナです。

　要素は、数珠つなぎになったデータ構造に格納されます。

　std::forward_listは、先頭から末尾方向へのみ要素をたどれる単方向リストです。

　std::listは、先頭から末尾方向、末尾から先頭方向へ要素をたどれる双方向リストです。

● deque

　双方向キューを表すコンテナです。std::vectorとほぼ同じですが、先頭への挿入／削除も高速に行える点が異なります。

● queue／priority_queue／stack

　それぞれキュー、優先順位付きキュー、スタックを表すコンテナです。

　キューは、末尾に要素を追加し、先頭から要素を取り出せる、先入先出法(FIFO：First In First Out)のコンテナです。

　優先順位付きキューは、高い優先順位を持つ要素から順に取り出せるキューです。デフォルトでは値が大きい要素ほど高い優先順位が割り当てられます。

　スタックは、末尾に要素を追加し、末尾要素から処理していく先入後出法(FILO：First In Last Out)のコンテナです。

　これらはコンテナアダプタと呼ばれるクラステンプレートです。ほかのシーケンスコンテナへの操作を制限することで、それぞれのデータ構造を表現しています。

　std::queue／std::stackでは、内部でstd::dequeをデフォルトで使用します。

　std::priority_queueでは、内部でstd::vectorをデフォルトで使用します。

● set／multiset／unordered_set `C++11`／unordered_multiset `C++11`／flat_set `C++23`／flat_multiset `C++23`

集合を表す連想コンテナです。

std::set／std::multiset／std::flat_set／std::flat_multisetは、キーの比較関数(デフォルトでは<演算子)に基づいて、要素の挿入／削除時に自動的にソートします。unorderedコンテナの場合は、キーのハッシュ[注1]を使用して要素が管理されます。

要素の検索にそれらを前提とした高速なアルゴリズムを使用するため、これらのコンテナのfind()メンバ関数を使用すると、線形に検索を行うよりも高速に検索できます。

std::set／std::unordered_set／std::flat_setは、等価な要素を複数格納できません。一方、std::multiset／std::unordered_multiset／std::flat_multisetは、複数格納できます。

このうち、std::flat_set／std::flat_multisetはコンテナアダプタであり、内部でstd::vectorをデフォルトで使用します。

● map／multimap／unordered_map `C++11`／unordered_multimap `C++11`／flat_map `C++23`／flat_multimap `C++23`

キーと値のペアで要素を保持する連想コンテナです。「辞書」と呼ばれることもあります。キーを指定して値を検索することにより、任意の要素を高速に発見できます。

std::map／std::multimap／std::flat_map／std::flat_multimapは、キーの比較関数(デフォルトでは<演算子)に基づいて、要素の挿入／削除時に自動的にソートします。

std::unordered_map／std::unordered_multimapでは、キーのハッシュを使用して要素を管理します。

std::map／std::unordered_map／std::flat_mapは、等しいキーを持つ要素を複数格納できません。一方、std::multimap／std::unordered_multimap／std::flat_multimapは、複数格納できます。

このうち、std::flat_map／std::flat_multimapはコンテナアダプタであり、内部でstd::vectorをデフォルトで使用します。

7

コンテナとアルゴリズム

注1 ハッシュとは、データに対応するよう生成された値のことです。同じデータからは同じハッシュ値が生成されます。unorderedコンテナは、キーとなるデータを丸々扱うのではなく、キーに対応したハッシュ値を内部的に扱います。

○ basic_string

標準の文字列クラスである std::basic_string は、文字型を格納するコンテナとしても扱えます。ほかのコンテナと同様に、標準アルゴリズムを適用できます。

○ initializer_list `C++11`

std::initializer_list は、{x, y, z} 形式のリテラルを受け取るための特殊な型です。同じ機能を持つ型は、ユーザーには定義できません。

たとえば、void f(std::initializer_list<int>); と宣言された関数は、以下の記法で呼び出せます。

```
f({1, 7, 2, 3});
```

標準ライブラリが提供するコンテナは、すべて std::initializer_list を受け取るコンストラクタを提供しています。

○ コンテナの選び方

では、どのようにコンテナを選べばよいのでしょうか。ほかのコンテナを選ぶ理由が特にない場合、std::vector を使用しましょう。単純な配列であるがゆえ、メモリの利用効率やアクセス速度で多くの場合に優れています。高速な検索が必要な場合は、std::map や std::unordered_map のような、連想コンテナを使用しましょう。

○ 連想コンテナの選び方

std:set／std::map には多くのバリエーションがあり、それぞれ性能が異なります。どれを使おうか迷ったときには、次の表を参考に決めると良いでしょう。

▼ 連想コンテナの性能特性一覧

連想コンテナ	挿入速度	検索速度	列挙速度	メモリ使用量
set／map	◎	△	○	○
flat_set／flat_map	△	○	◎	◎
unordered_set／unordered_map	○	◎	△	△

○ コンテナ固有のメンバ関数

std::map／std::multimap／std::unordered_map／std::unordered_multimap は、メンバ関数に find() を持ちます。これは、内部構造を利用した高速な検索を提供します。

ほかにも、アルゴリズムと同名のメンバ関数が提供されている例として、std::list

のsort()などがあります。これは、std::listはランダムアクセスができず、アルゴリズムのstd::sort()を利用できないために、メンバ関数として特別に提供されているものです。

標準アルゴリズムにある機能が、コンテナのメンバ関数にも提供されている場合、コンテナのメンバ関数を呼んだほうがいいでしょう。

std::vector<bool>について

std::vectorには、bool型に対しての特殊化が用意されており、bool型の可変長配列ではなく、ビット配列を表現するコンテナになっています。

本書では解説しませんが、std::vector<bool>は、bool以外の要素を格納するvectorとはいくつか異なる点があります。単にbool型を格納する可変長配列が欲しい場合は、std::deque<bool>を使用するといいでしょう。

コンテナの構築時にクラステンプレートの型推論を利用する `C++17`

コンテナは、通常、宣言時に要素の型を明示します。

しかし、P.122 第2章「テンプレート」節で解説した、クラステンプレートの型推論を用いると、一部のコンテナで初期化時に要素を与える場合、型の記述を省略できます。特に、std::arrayでは、要素の個数も自動的に推論されます。

```
vector v = {1.4, 1.7, 2.2};
array arr = {'a', 'b', 'c'};
set s = {1, 2, 3};
```

ただし、以下のような場合は、型推論をうまく利用できず、コンパイルエラーになります。

```
vector v = {}; // 要素数が0では要素型を推論できない
array arr = {1, 1u}; // 要素の型が異なる
array str = "Hello"; // 文字列リテラルがポインタに変換されるため、
                     // array<char, 6>と推論されない
map m = {{1, 'a'}, {2, 'b'}}; // 辞書型では、明示的に型を指定する
                              // 必要がある
```

7

コンテナとアルゴリズム

イテレータの概要

● イテレータとは

　イテレータとは、データ構造の各要素を横断する処理を抽象化した仕組みです。C++では、イテレータによって、コンテナの型に依存しないアルゴリズムを定義できます。たとえば、以下はコンテナから任意の値を検索するアルゴリズムの実装例です。

```
template <class Iterator, class T>
Iterator my_find(Iterator first, Iterator last, T value) {
  while (first != last) {
    if (*first == value) {
      return first;
    }
    ++first;
  }
  return first; // 範囲の終端まで到達していたら、見つからなかったとみなす
}
```

　このmy_find()関数は、std::vectorやstd::listといった具体的なコンテナ型のオブジェクトを操作するのではなく、イテレータを介して、コンテナが保持している要素を順番に取得し、対象の要素を検索します。

　そのような処理を可能にするため、イテレータは以下の操作が可能なクラスとして設計されています。

- ● *演算子による要素の間接参照
- ● ++演算子による次の要素への移動

　イテレータは、コンテナとアルゴリズムをつなぐ中間インタフェースとしての役割を果たします。次に、このアルゴリズムをstd::vectorに適用する例を示します。

```
// コンテナから値3を検索する
vector<int> v = {1, 2, 3, 4, 5};
decltype(v)::iterator it = my_find(v.begin(), v.end(), 3);
if (it != v.end()) { // 見つかった
  cout << *it << endl; // 見つかった要素を参照する。3が出力される
}
else {
  // 見つからなかった
}
```

アルゴリズムでは、「対象とする先頭の要素を指すイテレータ」と「対象とする末尾の要素の次を指すイテレータ」の2つのイテレータによって、アルゴリズムで処理するデータの範囲を表します。

　上の例では、コンテナのbegin()／end()メンバ関数で取得したイテレータをmy_find()関数に渡しています。標準コンテナでは、begin()／end()メンバ関数によって、コンテナが保持する要素全体の先頭要素を指すイテレータと、末尾要素の次を指すイテレータを取得できるため、ここではコンテナが保持するすべての要素を含む範囲がmy_find()関数に指定されています。

　また、下の例のように、コンテナの部分的な範囲をアルゴリズムに指定することもできます。

```
// 範囲begin-begin+3から値2を検索する
vector<int> v = {1, 2, 3, 4, 5};
decltype(v)::iterator it = my_find(v.begin(), next(v.begin(), 3), 2);
```

　ここで使用しているstd::next()関数は、<iterator>ヘッダで定義される「イテレータをN回進める」ための関数です。

　ここでは、begin()から3回進めたイテレータを、末尾の要素の次を指すイテレータとして指定しているため、{1, 2, 3}までの範囲がmy_find()関数に指定されます。

　イテレータの「*演算子での間接参照や++演算子による次の要素へ移動が可能」という仕様は、ポインタのインタフェースに合わせて設計されたものであるため、ポインタもイテレータとして使用できます。

　以下のサンプルコードは、配列の要素を指すポインタをイテレータとしてmy_find()関数に渡すサンプルです。

```
// 配列から値3を検索する
int ar[5] = {1, 2, 3, 4, 5};
int* p = my_find(ar, ar + 5, 3);
if (p != ar + 5) { // 見つかった
  cout << *p << endl; // 3が出力される
}
```

　このように、イテレータによって、コンテナの型に依存しないアルゴリズムを定義できることがわかりました。この例で使用したmy_find()関数と同等の機能は、標準ライブラリのfind()関数として提供されています（ 参照 P.440 本章「要素を検索する」節）。

◉ イテレータの分類

標準ライブラリで定義されているイテレータの分類を紹介します。標準ライブラリが提供するアルゴリズムは、これらのいずれかのイテレータを要求します。

▶ 入力イテレータ(InputIterator)

イテレータの前進、要素の読み出しができます。

`std::istream_iterator`が入力イテレータに属します。

▶ 出力イテレータ(OutputIterator)

イテレータの前進、要素の書き込みができます。

`std::back_insert_iterator`、`std::insert_iterator`などが出力イテレータに属します(参照 P.415 本章「挿入イテレータを使用する」節)。

▶ 前方イテレータ(ForwardIterator)

イテレータの前進、要素の読み出し、書き込みができます。

入力イテレータ、出力イテレータが要求される場面でも、前方イテレータは使用できます。

以下のコンテナにおけるイテレータなどが、前方イテレータに属します。

- `std::forward_list`
- `std::unordered_map`
- `std::unordered_set`

▶ 双方向イテレータ(BidirectionalIterator)

イテレータの前進と後退、要素の読み出し、書き込みができます。

前方イテレータを要求される場面でも、双方向イテレータは使用できます。

以下のコンテナにおけるイテレータなどが、双方向イテレータに属します。

- `std::list`
- `std::map`
- `std::set`

▶ ランダムアクセスイテレータ(RandomAccessIterator)

イテレータの前進と後退、要素の読み書きに加えて、任意の位置にある要素にアクセスできます。

双方向イテレータを要求される場面でも、ランダムアクセスイテレータは使用できます。

以下のコンテナにおけるイテレータなどが、ランダムアクセスイテレータに属します。

- `std::deque`

▶ 隣接イテレータ（ContiguousIterator） `C++20`

ランダムアクセスイテレータとして使用でき、さらに要素同士がメモリ上で連続して配置されていることが保証されているイテレータです。

以下のコンテナにおけるイテレータなどが、隣接イテレータに属します。

- `std::array`
- `std::string`
- `std::vector`（ただし要素型が`bool`の場合は、多くの実装でイテレータが隣接イテレータではなくランダムアクセスイテレータになります）

配列の要素を指すポインタも、隣接イテレータとして扱えます。

標準ライブラリのイテレータは、以下の図のような関係性を持っています。この図の矢印は、「前方向イテレータは入力イテレータとしても扱える」という、継承と同じis-a関係を意味します。

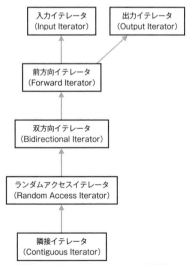

▲ 標準ライブラリのイテレータの関係性

● コンテナのイテレータインタフェース

　ここでは、コンテナをアルゴリズムに適用するためのイテレータインタフェース
を紹介します。

▶ begin()／end()メンバ関数

```
iterator begin() noexcept;
const_iterator begin() const noexcept;

iterator end() noexcept;
const_iterator end() const noexcept;
```

　標準ライブラリのすべてのコンテナは、begin()／end()メンバ関数を持っています。
　iteratorは、指し示す要素を変更できるイテレータの型で、各コンテナでtypedef
されています。
　const_iteratorは、指し示す要素を変更できないイテレータの型です。iterator
型はconst_iterator型に変換できますが、その逆はできません。
　これらイテレータ型の具体的な実装は、処理系に任されています。
　begin()／end()が返すイテレータは、コンテナのオブジェクトが非constかconst
かによって、返される型が以下のように変わります。

- コンテナオブジェクトが非const ⇒ iterator型が返される
- コンテナオブジェクトがconst ⇒ const_iteratorが返される

▶ cbegin()／cend()メンバ関数　　`C++11`

```
const_iterator cbegin() const noexcept;
const_iterator cend() const noexcept;
```

　begin()／end()と同じく、標準ライブラリのすべてのコンテナは、cbegin()／
cend()メンバ関数を持っています。
　これらの関数は、コンテナオブジェクトが非constかconstかに関わらず、常に
const_iterator型を返します。

▶ rbegin()／rend()／crbegin()／crend()メンバ関数
　※ array／deque／list／vector／map／set

```
reverse_iterator rbegin() noexcept;
const_reverse_iterator rbegin() const noexcept;
reverse_iterator rend() noexcept;
const_reverse_iterator rend() const noexcept;
```

```
// C++11
const_reverse_iterator crbegin() const noexcept;
const_reverse_iterator crend() const noexcept;
```

　双方向に横断可能なコンテナは、逆順イテレータのインタフェースを持っています。
これらの関数は、コンテナを逆順にアクセスするイテレータを返します。

　rbegin()メンバ関数は、末尾要素を指すイテレータを返し、返されたイテレータ
を進めると、前の要素に移動します。

　rend()メンバ関数は、先頭要素の1つ前を指すイテレータを返します。返される
イテレータの型は、コンテナオブジェクトがconstか非constかで、以下のように
変わります。

- コンテナオブジェクトが非const　⇒　reverse_iteratorが返される
- コンテナオブジェクトがconst　⇒　const_reverse_iteratorが返される

　crbegin()／crend()メンバ関数は、コンテナオブジェクトが非constかconstか
に関わらず、常にconst_reverse_iteratorを返します。

▶非メンバ関数

| <iterator>ヘッダ

- begin()／end()　`C++11`
- cbegin()／cend()　`C++14`
- rbegin／rend()／crbegin()／crend()　`C++14`

　これらの関数を用いても、コンテナの同名メンバ関数と等価なイテレータを得ら
れます。メンバ関数版と異なり、組み込み配列や初期化子リストからも関数名と対
応するイテレータを得られます。

◉ レンジとは

レンジとは、要素の範囲を抽象化した概念です。配列/コンテナはそのままレンジとして扱えます。

<algorithm>ヘッダに定義されたアルゴリズムは、std::ranges名前空間にも同名のアルゴリズムが定義されます。

std::ranges名前空間に定義されたアルゴリズムは、適用する対象として要素と範囲を指す2つのイテレータの組の代わりにレンジを仮引数に受け取ります。

```cpp
vector<char> v = {'B', 'E', 'Z', 'B'};

// どちらも2が出力される
cout << count(v.cbegin(), v.cend(), 'B') << endl;
cout << ranges::count(v, 'B') << endl;
```

また、範囲for文にもレンジを渡せます。

◉ ビュー

ビューとは、レンジとして扱える軽量なオブジェクトです。

標準ライブラリに定義されるビューはコンテナと異なり、配列のコピーを所有しません。

レンジとして各要素にアクセスされた際に初めて要素を参照/生成/変換することでレンジとして振る舞います。

◉ レンジアダプタ

レンジアダプタは、レンジに対する複数の操作を合成する仕組みです。レンジアダプタの適用には|(バーティカルバー)演算子を用います。

たとえば、次のレンジアダプタを用いたコードは、

```cpp
vector<int> v = {1, 7, 8, 9, 4, 2};
auto f = [](int x) { return x % 2 == 1; };
auto g = [](int x) { return x * 10; };

for (auto x : v | views::filter(f) | views::transform(g)) {
  cout << x << ' ';  // 「10 70 90 」が出力される
}
```

以下と等価になります。

```
for (auto _x : v) {
  if (f(_x)) {
    auto x = g(_x);
    cout << x << ' ';
  }
}
```

　このように、一回のループで複数の処理が行われるため、効率的に操作を合成できます。

　標準ライブラリのレンジアダプタは、std::ranges::views名前空間に定義されます。また、std::ranges::views名前空間は、std::viewsという別名が定義されています。

● コンテナへの変換　C++23

　std::ranges::to()を用いてレンジをコンテナに変換できます。この関数は<ranges>ヘッダに定義されています。

　この関数は、変換先のコンテナの型をテンプレート実引数に指定します。実引数にレンジを与えるか、レンジアダプタの最後に適用すると、指定したコンテナの型に変換されます。

```
vector<int> v = {1, 2, 3, 4, 5};
auto is_even = [](int x) { return x % 2 == 0; };
auto is_odd = [](int x) { return x % 2 == 1; };

list<int> evens = ranges::to<list<int>>(v | views::filter(is_even));
deque<int> odds = v | views::filter(is_odd) | ranges::to<deque<int>>();

for (auto x : evens) {
  cout << x << ' '; // 「2 4」が出力される
}
cout << endl;
for (auto x : odds) {
  cout << x << ' '; // 「1 3 5」が出力される
}
```

コンテナオブジェクトを構築する

コンテナ／コンテナアダプタオブジェクトの構築には、用途によっていくつかの方法があります。各コンテナの種類ごとに、サンプルコードと対比した表を示します。

これらのコンストラクタは、テンプレート実引数で指定した要素の型（mapなどはキーの型と値の型）のオブジェクトから各種のコンテナを作成できます。特に、イテレータを実引数にとるコンストラクタは、あるコンテナから別のコンテナへの変換に使用できます。

本書では解説しませんが、コンテナクラスによっては、比較に用いる関数オブジェクトや、ハッシュ値を求める関数オブジェクトなどを受け取るコンストラクタを持っているものがあります。

◎ array

std::arrayクラスは、`<array>`ヘッダをインクルードすると使用できます。

サンプルコード1

```cpp
void output(const array<int, 4>& container) {
  cout << '{';
  for (int x : container) {
    cout << x << ' ';
  }
  cout << '}' << endl;
}

array<int, 4> a;
array<int, 4> b = {};
array<int, 4> c = {2, 3, 5, 7};
array<int, 4> d = c;
array<int, 4> e0 = c;
array<int, 4> e = move(e0);
output(a);
output(b);
output(c);
output(d);
output(e);
```

398

実行結果1

```
{1629101750 2675740 2665592 1229148993 }
{0 0 0 0 }
{2 3 5 7 }
{2 3 5 7 }
{2 3 5 7 }
```

※1行目の値は不定です

▼ 各種コンストラクタ（array）

コンストラクタ	説明
array<int, 4> a;	デフォルト構築。要素数4個のarrayオブジェクトを作成する。各要素はデフォルト初期化で構築される
array<int, 4> b = {};	初期化子リストからarrayオブジェクトを作成する。各要素は値初期化（デフォルトコンストラクタ呼び出しまたは0クリア）される
array<int, 4> c = {2, 3, 5, 7};	初期化子リストからarrayオブジェクトを作成する
array<int, 4> d = c;	コピー構築。渡されたarrayオブジェクトの複製を作成する
array<int, 4> e = move(e0);	ムーブ構築。渡されたarrayオブジェクトの中身を*thisに移動する

std::arrayクラスは、テンプレート実引数で要素の型と要素の数を指定します。コンストラクタが定義されていないため、組み込み配列と同様に、初期化リストで初期化する値を指定できます。

要素の型に組み込み型やC言語の構造体を指定しているstd::arrayクラスをデフォルト構築した場合は、組み込み配列におけるデフォルト構築と同様に、各要素の値が不定になります。これを0クリアするには、変数bの例のように、空の初期化子リストを使用します。

コピー構築／ムーブ構築は、要素の型がそれぞれコピー可能／ムーブ可能な場合のみ利用できます。

● deque／list／forward_list／vector

array以外のシーケンスコンテナです。それぞれ、クラス名と同名の<deque>／<list>／<forward_list>／<vector>ヘッダをインクルードすると使用できます。

サンプルコード2

```
void output(const vector<double>& container) {
  cout << '{';
  for (double x : container) {
    cout << x << ' ';
  }
```

```
  cout << '}' << endl;
}

vector<double> a;
vector<double> b(4);
vector<double> c(5, 129.3);
vector<double> d = {3., 3.1, 3.14};
vector<double> e = b;
vector<double> f0 = b;
vector<double> f = move(f0);
vector<double> g(c.begin(), c.end());
output(a);
output(b);
output(c);
output(d);
output(e);
output(f);
output(g);
```

7 コンテナとアルゴリズム

実行結果2

```
{}
{0 0 0 0 }
{129.3 129.3 129.3 129.3 129.3 }
{3 3.1 3.14 }
{0 0 0 0 }
{0 0 0 0 }
{129.3 129.3 129.3 129.3 129.3 }
```

▼ 各種コンストラクタ (deque / list / forward_list / vector)

コンストラクタ	説明
vector<double> a;	デフォルト構築。空のコンテナを作成する
vector<double> b(4);	要素数4個のコンテナオブジェクトを作成する。各要素は値初期化(デフォルトコンストラクタ呼び出しまたは0クリア)される
vector<double> c(5, 129.3);	要素数5個のコンテナオブジェクトを作成する。各要素は2番目の実引数で指定した値(ここでは129.3)のコピーで構築される
vector<double> d = {3., 3.1, 3.14};	初期化子リストからコンテナオブジェクトを作成する
vector<double> e = b;	コピー構築。渡されたコンテナオブジェクトの複製を作成する
vector<double> f = move(f0);	ムーブ構築。渡されたコンテナオブジェクトの中身を *this に移動する。移動元オブジェクトは未規定の値となる
vector<double> g(c.begin(), c.end());	イテレータによって指定された範囲からコンテナオブジェクトを作成する

array以外のシーケンスコンテナは、テンプレート実引数で要素の型を指定します。また、上記のコンストラクタが共通して存在します。

　コピー構築は、要素の型がコピー可能な場合のみ利用できます。

● set／multiset／unordered_set／unordered_multiset／ flat_set／flat_multiset

　集合を表す連想コンテナです。それぞれのクラスを利用するためにインクルードするヘッダは以下のとおりです。

- std::set クラス／std::multiset クラス
  ⇒ <set> ヘッダ
- std::unordered_set クラス／std::unordered_multiset クラス
  ⇒ <unordered_set> ヘッダ
- std::flat_set クラス／std::flat_multiset クラス
  ⇒ <flat_set> ヘッダ

| サンプルコード3

```cpp
void output(const set<char>& container) {
  cout << '{';
  for (char x : container) {
    cout << x << ' ';
  }
  cout << '}' << endl;
}


set<char> a;
set<char> b = {'X', 'Y', 'Z'};
set<char> c = b;
set<char> d0 = b;
set<char> d = move(d0);
set<char> e(b.begin(), b.end());
output(a);
output(b);
output(c);
output(d);
output(e);
```

| 実行結果3

```
{}
{X Y Z }
{X Y Z }
```

```
{X Y Z }
{X Y Z }
```

▼ 各種コンストラクタ（set ／ multiset ／ unordered_set ／ unordered_multiset ／ flat_set ／ flat_multiset）

コンストラクタ	説明
set<char> a;	デフォルト構築。空のコンテナを作成する
set<char> b = {'X', 'Y', 'Z'};	初期化子リストからコンテナオブジェクトを作成する
set<char> c = b;	コピー構築。渡されたコンテナオブジェクトの複製を作成する
set<char> d = move(d0);	ムーブ構築。渡されたコンテナオブジェクトの中身を *this に移動する。移動元オブジェクトは未規定の値となる
set<char> e(b.begin(), b.end());	イテレータによって指定された範囲からコンテナオブジェクトを作成する

　集合を表現するコンテナは、テンプレート実引数として、要素の型1つを指定する必要があります。

　コンストラクタは、上記のものが共通して存在します。要素がキーと値に分かれていない点を除き、連想配列のコンテナのコンストラクタと同じ構成です。シーケンスコンテナと異なり、初期要素の個数を指定するコンストラクタがありません。

　コピー構築は、要素の型がコピー可能な場合のみ利用できます。

◉ map ／ multimap ／ unordered_map ／ unordered_multimap ／ flat_map ／ flat_multimap

　キーと値のペアで要素を保持する連想配列です。それぞれのクラスを利用するためにインクルードするヘッダは以下のとおりです。

- std::map クラス／std::multimap クラス
  ⇒ <map> ヘッダ
- std::unordered_map クラス／std::unordered_multimap クラス
  ⇒ <unordered_map> ヘッダ
- std::flat_map クラス／std::flat_multimap クラス
  ⇒ <flat_map> ヘッダ

サンプルコード4

```cpp
void output(const map<string, int>& container) {
  cout << '{';
  for (const auto& x : container) {
    cout << '(' << x.first << ',' << x.second << ") ";
  }
  cout << '}' << endl;
```

```
}

map<string, int> a;
map<string, int> b = {
  {"red", 1},
  {"blue", 2},
};
map<string, int> c = b;
map<string, int> d0 = b;
map<string, int> d = move(d0);
map<string, int> e(b.begin(), b.end());
output(a);
output(b);
output(c);
output(d);
output(e);
```

実行結果4

```
{}
{(blue,2) (red,1) }
{(blue,2) (red,1) }
{(blue,2) (red,1) }
{(blue,2) (red,1) }
```

▼ 各種コンストラクタ（map／multimap／unordered_map／unordered_multimap／flat_map／flat_multimap）

コンストラクタ	説明
map<string, int> a;	デフォルト構築。空のコンテナを作成する
map<string, int> b = {{"red", 1}, {"blue", 2}};	初期化子リストからコンテナオブジェクトを作成する
map<string, int> c = b;	コピー構築。渡されたコンテナオブジェクトの複製を作成する
map<string, int> d = move(d0);	ムーブ構築。渡されたコンテナオブジェクトの中身を*thisに移動する。移動元オブジェクトは未規定の値となる
map<string, int> e(b.begin(), b.end());	イテレータによって指定された範囲からコンテナオブジェクトを作成する

　連想配列を表現するコンテナは、ほかのコンテナクラスと異なり、第1テンプレート実引数にキーの型、第2テンプレート実引数に値の型を指定します。

　コンストラクタは、上記のものが共通して存在します。シーケンスコンテナと異なり、初期要素の個数を指定するコンストラクタがありません。

　コピー構築は、要素の型がコピー可能な場合のみ利用できます。

● queue

キューを表現するコンテナアダプタのstd::queueクラスには、以下のようなメンバ関数が存在します。

- 値を追加するpush()／emplace()メンバ関数
- 先頭要素を参照するfront()メンバ関数
- 先頭要素を削除するpop()メンバ関数

なお、pop()メンバ関数は値を返しません。

std::queueクラスは、コピー可能／ムーブ可能です。

| サンプルコード5

```cpp
queue<string> q;

q.push("ramen");
q.push("udon");
q.push("soba");

while (!q.empty()) {
  cout << q.front() << endl;
  q.pop();
}
```

| 実行結果5

```
ramen
udon
soba
```

● priority_queue

優先順位付きキューを表現するコンテナアダプタのstd::priority_queueクラスには、以下のようなメンバ関数が存在します。

- 値を追加するpush()／emplace()メンバ関数
- 先頭要素を参照するtop()メンバ関数
- 先頭要素を削除するpop()メンバ関数

なお、pop()メンバ関数は値を返しません。

std::priority_queueクラスは、コピー可能／ムーブ可能です。

サンプルコード6

```
priority_queue<string> q;

q.push("ramen");
q.push("udon");
q.push("soba");

while (!q.empty()) {
  cout << q.top() << endl;
  q.pop();
}
```

実行結果6

```
udon
soba
ramen
```

● stack

スタックを表現するコンテナアダプタである std::stack クラスには、以下のようなメンバ関数が存在します。

- 値を追加する push() ／ emplace() メンバ関数
- 末尾要素を参照する top() メンバ関数
- 末尾要素を削除する pop() メンバ関数

なお、pop() メンバ関数は値を返しません。
std::stack クラスは、コピー可能／ムーブ可能です。

サンプルコード7

```
stack<string> s;

s.push("ramen");
s.push("udon");
s.push("soba");

while (!s.empty()) {
  cout << s.top() << endl;
  s.pop();
}
```

```
soba
udon
ramen
```

● レンジからコンテナを構築する C++23

std::from_rangeオブジェクトをコンテナのコンストラクタ第1実引数に指定することで、レンジからコンテナを構築できます。

std::from_rangeオブジェクトは<ranges>ヘッダに定義されています。

サンプルコード8

```
vector<int> v{from_range, views::iota(1) | views::take(5)};

for (auto x : v) {
  cout << x << ' ';
}
```

実行結果8

```
1 2 3 4 5
```

計算量

- デフォルト構築
  - std::array : $O(N)$
  - その他 : $O(1)$
- コピー構築 : $O(N)$
- ムーブ構築
  - std::array : $O(N)$
  - その他 : $O(1)$
- 要素数を指定しての構築
  - シーケンスコンテナ : $O(N)$
- イテレータ／レンジを指定しての構築
  - シーケンスコンテナ : $O(N)$
  - std::vectorに入力イテレータを与えた場合 : メモリ確保に$O(logN)$と要素のコピーコンストラクタ呼び出しに$O(N)$
  - 連想コンテナ
    - ソートされている場合 : $O(N)$
    - ソートされていない場合 : $O(N * logN)$
  - 非順序連想コンテナ : 平均$O(N)$、最悪$O(N^2)$

コンテナに要素を追加する

7

コンテナとアルゴリズム

書式

◉ 先頭に要素を追加する

▶deque／list／forward_list

```cpp
template <class... Args>
  void emplace_front(Args&&... args); // C++11, C++14
template <class... Args>
  T& emplace_front(Args&&... args); // C++17からT&が返る

void push_front(const T& x);
void push_front(T&& x); // C++11

template <class R>
void prepend_range(R&& rg); // C++23
```

◉ 末尾に要素を追加する

▶vector／deque／list

```cpp
template <class... Args>
  void emplace_back(Args&&... args); // C++11, C++14
template <class... Args>
  T& emplace_back(Args&&... args); // C++17からT&が返る

void push_back(const T& x);
void push_back(T&& x); // C++11

template <class R>
void append_range(R&& rg); // C++23
```

▶basic_string

```cpp
basic_string& operator+=(const basic_string& str);
basic_string& operator+=(const CharT* s);
basic_string& operator+=(CharT c);
basic_string& operator+=(initializer_list<CharT>); // C++11
basic_string& append(const basic_string& str);
basic_string& append(const basic_string& str, size_type pos,
                     size_type n);
basic_string& append(const CharT* s, size_type n);
```

```cpp
basic_string& append(const CharT* s);
basic_string& append(size_type n, CharT c);
template<class InputIterator>
  basic_string& append(InputIterator first, InputIterator last);
basic_string& append(initializer_list<CharT>); // C++11
void push_back(CharT c);

template<class R>
basic_string& append_range(R&& rg); // C++23
```

● 任意の位置に要素を追加する

▶ vector / deque / list

```cpp
template <class... Args>
  iterator emplace(const_iterator position, Args&&... args); // C++11

iterator insert(const_iterator position, const T& x);
iterator insert(const_iterator position, T&& x); // C++11
iterator insert(const_iterator position, size_type n, const T& x);
template <class InputIterator>
  iterator insert(const_iterator position,
                  InputIterator first,
                  InputIterator last);
iterator insert(const_iterator position, initializer_list<T> il);
// C++11

template <class R>
iterator insert_range(const_iterator position, R&& rg); // C++23
```

▶ forward_list

```cpp
template <class... Args>
  iterator emplace_after(const_iterator position, Args&&... args);
  // C++11

iterator insert_after(const_iterator position, const T& x);
iterator insert_after(const_iterator position, T&& x); // C++11
iterator insert_after(const_iterator position, size_type n, const T& x);

template <class InputIterator>
  iterator insert_after(const_iterator position,
                        InputIterator first,
                        InputIterator last);
iterator insert_after(const_iterator position, initializer_list<T> il);
```

```
// C++11

template <class R>
iterator insert_range_after(const_iterator position, R&& rg); // C++23
```

▶ basic_string

```
basic_string& insert(size_type pos1, const basic_string& str);
basic_string& insert(size_type pos1, const basic_string& str,
                     size_type pos2, size_type n);
basic_string& insert(size_type pos, const CharT* s, size_type n);
basic_string& insert(size_type pos, const CharT* s);
basic_string& insert(size_type pos, size_type n, CharT c);
iterator insert(const_iterator p, CharT c);
iterator insert(const_iterator p, size_type n, CharT c);
template<class InputIterator>
  iterator insert(const_iterator p,
                  InputIterator first, InputIterator last);
iterator insert(const_iterator p, initializer_list<CharT>); // C++11

template<class R>
iterator insert_range(const_iterator p, R&& rg); // C++23
```

サンプルコード

```cpp
class Point {
  int x, y;

public:
  Point(int x, int y)
    : x{x}, y{y} {}

  void show() const {
    cout << "(" << x << ", " << y << ")" << endl;
  }
};


vector<Point> points;

points.emplace_back(1, 2);
points.emplace_back(3, 4);

for (const Point& p : points) {
```

```
    p.show();
}
```

```
(1, 2)
(3, 4)
```

　ここでは、emplace_back()メンバ関数を使用して、std::vectorコンテナのオブジェクトの末尾に要素を追加しています。

　emplace_back()／emplace()メンバ関数は、追加する要素のコンストラクタに与える実引数をとり、コンテナ内に直接要素を構築します。コピー／ムーブの発生を抑制できるので、構築やコピーのコストが大きいクラスについては、push_back()／insert()メンバ関数の代わりに、emplace_back()／emplace()メンバ関数を使用するといいでしょう。

　サンプルは示しませんが、任意の位置に要素を挿入するinsert()／emplace()メンバ関数は、std::forward_listコンテナを除いて、指定位置にある要素の前に挿入します。std::forward_listの場合、挿入関数の名前がinsert_after()／emplace_after()になっているとおり、指定位置にある要素の後ろに挿入します。

　std::vector／std::basic_stringは、要素を追加する際に、メモリの再確保、およびコンテナ内の要素の再配置が行われることがあります。そのとき、要素の追加に時間がかかることがあります。

● 連想コンテナに要素を追加する

▶連想コンテナ／非順序連想コンテナ

```
template <class... Args>
  iterator emplace_hint(const_iterator position, Args&&... args);
  // C++11
```

```
template <class InputIterator>
  void insert(InputIterator first, InputIterator last);
void insert(initializer_list<value_type> il); // C++11
iterator insert(const_iterator position, const value_type& x);
```

```
template <class R>
void insert_range(R&& rg); // C++23
```
....

▶非順序連想コンテナ（キー重複不可）

```
template <class... Args>
  pair<iterator, bool> emplace(Args&&... args); // C++11
```

```
pair<iterator, bool> insert(const value_type& x);
```

▶非順序連想コンテナ(キー重複可能)

```
template <class... Args>
  iterator emplace(Args&&... args); // C++11
iterator insert(const value_type& x);
```

▶ flat_map `C++23` / unordered_map `C++11` / map

```
template <class P>
  pair<iterator, bool> insert(P&& obj);
template <class P>
  iterator insert(const_iterator hint, P&& obj);
```

▶ flat_set `C++23` / unordered_set `C++11` / set

```
pair<iterator, bool>
  insert(value_type&& x);
iterator insert(const_iterator hint, value_type&& x);
```

▶ flat_multimap `C++23` / unordered_multimap `C++11` / multimap

```
template <class P>
  iterator insert(P&& obj);
template <class P>
  iterator insert(const_iterator hint, P&& obj);
```

▶ flat_multiset `C++23` / unordered_mutliset `C++11` / multiset

```
iterator insert(value_type&& x);
iterator insert(const_iterator hint, value_type&& x);
```

サンプルコード

```cpp
map<string, int> m = {{"a", 1}, {"c", 3}};

cout << m.insert({"b", 2}).second << endl;
cout << m.insert({"a", 9}).second << endl;

for (const auto& e : m) {
  cout << e.first << " : " << e.second << endl;
}
```

実行結果

```
1
0
```

```
a : 1
b : 2
c : 3
```

　ここでは、insert()メンバ関数を使用して、std::mapコンテナのオブジェクトに
要素を挿入しています。
　コンテナへ要素を追加する関数には、以下の3種類があります。

- 末尾に追加するpush_back()／append_range()
- 先頭に追加するpush_front()／prepend_range()
- 任意の位置に追加するinsert()系の関数

　また、コンテナ内に要素を直接構築する(コピーもムーブも発生しない)、emplace()
系のメンバ関数があります。
　insert()では、イテレータ範囲と初期化子リストを渡すことにより、複数の要素
を追加することもできます。レンジから複数の要素を追加する場合は、prepend_
range()／append_range()／insert_range()を利用できます。
　キー／要素の重複を許さない連想コンテナ(set／mapを名前に含むコンテナのう
ちmultiを名前に含まないもの)のinsert()は、std::pair<Iterator, bool>を返し
ます。firstには、挿入した要素の位置を示すイテレータが入ります。secondは、
trueかfalseかで以下の意味となります。

- secondがtrueの場合　⇒　挿入に成功したことを表す
- secondがfalseの場合　⇒　挿入に失敗したことを表す
  (すでに等価なキーの要素が存在することを意味し、firstに等価な要素の位置
  を示すイテレータが入る)

　キー／要素の重複を許す連想コンテナ(multiで始まる、set／mapを名前に含む
コンテナ)のinsert()には、単に挿入した位置を示すイテレータのみが返ります。
　insert()メンバ関数には、コンテナによっては、挿入位置のヒントとなるイテレー
タを受け取るバージョンがありますが、これを使用することで高速な挿入が可能です。
　順序を持つ連想コンテナのstd::multimap／std::multisetの場合、重複キーの要
素は、同じキーを持つ要素群の末尾に挿入されます。

　なお、ここでのサンプルコードでは、範囲for文でautoを使用していますが、const
auto&の本来の型は、以下になります。

```
const std::pair<const std::string, int>&
```

firstの型にconstが付いているのが注意点です。autoを使用せず、まちがって以下のように記述してしまうと、異なる型とみなされ、型変換による不要なコピーが発生してしまうので注意してください。

```
const std::pair<std::string, int>&
```

● イテレータの無効化について

挿入操作では、一定の条件でそれまで保持していたイテレータと、要素への参照が無効になります。無効になったイテレータと参照にアクセスした場合の挙動は、未定義となります。以下に、無効になる条件をまとめます。

▶ list／forward_list／set／map

イテレータと参照は無効にならない。

▶ unordered_set／unordered_map

バケットが一定量埋まったら、イテレータが無効になる。参照は無効にならない。

▶ vector

挿入によって size() が capacity() を超える場合に、メモリの再確保が行われる。その際は、すべての要素に対するイテレータと参照が無効になる。

再確保が起こらなかった場合、挿入した位置とそれ以降の要素に対するイテレータと参照が無効になる。

▶ deque

両端以外への挿入では、すべての要素に対するイテレータと参照が無効になる。

両端への挿入では、すべての要素に対するイテレータが無効になるが、参照は無効にならない。

計算量

- **push_front()** : $O(1)$
- **push_back()／emplace_back()** : $O(1)$、std::vector は償却定数時間で $O(1)$
- 単一要素の **insert()／emplace()**
  - std::list : $O(1)$
  - std::deque : $O(N)$、先頭もしくは末尾への挿入は $O(1)$
  - std::vector : $O(N)$、末尾への挿入は償却定数時間で $O(1)$
  - 連想コンテナ : $O(logN)$、ヒントが適切なら償却定数時間で $O(1)$
  - 非順序連想コンテナ : 平均で $O(1)$、最悪 $O(N)$

- 範囲の `insert()`
  - `std::list` ： 挿入する範囲 first-last を N として、 $O(N)$
  - `std::deque` ： 挿入位置から先頭と後方に近いほうの距離を M、挿入する範囲 first-last を N として、 $O(M+N)$
  - `std::vector` ： 挿入位置から終端までの距離を M、挿入する範囲 first-last を N として、 $O(M+N)$。ただし入力イテレータの場合は $O(M*N)$
  - 連想コンテナ：自身の範囲を M、挿入する範囲 first-last を N として、 $N*log(M+N)$
  - 非順序連想コンテナ：自身の範囲を M、挿入する範囲 first-last を N として、平均 $O(N)$、最悪 $O(N*(M+N))$
- 単一要素の `insert_after()` ／ `emplace_after()` ： $O(1)$
- 範囲の `insert_after()` ：挿入する範囲 first-last を N として、 $O(N)$
- `emplace_hint()`
  - 連想コンテナ： $O(logN)$、ヒントが適切なら償却定数時間で $O(1)$
  - 非順序連想コンテナ：平均 $O(1)$、最悪 $O(N)$

挿入イテレータを使用する

`<iterator>`ヘッダ

```cpp
namespace std {
  template <class Container>
  class back_insert_iterator {
    explicit back_insert_iterator(Container& x);
    ...
  };

  template <class Container>
  class front_insert_iterator {
    explicit front_insert_iterator(Container& x);
    ...
  };

  template <class Container>
  class insert_iterator {
    explicit insert_iterator(Container& x,
                             typename Container::iterator i);
    ...
  };

  template <class Container>
  back_insert_iterator<Container> back_inserter(Container& x);

  template <class Container>
  front_insert_iterator<Container> front_inserter(Container& x);

  template <class Container>
  insert_iterator<Container> inserter(Container& x,
                                      typename Container::iterator i);
}
```

サンプルコード

```cpp
vector<int> xs = { 1, 2, 3, 4, 5, 6 };
list<int> ys = { 100, 200 };

// ysの先頭に値を追加するイテレータ
```

7

コンテナとアルゴリズム

415

```
front_insert_iterator<list<int>> it{ys};

// copy_if()関数は、指定された範囲のうち条件を満たす要素を、
// 第3実引数のイテレータに書き込むアルゴリズム
copy_if(xs.begin(), xs.end(),
        it,
        [](auto n) { return n % 2 == 0; });

for (int x : ys) { cout << x << " "; }
cout << endl;

ys = { 100, 200 };

// back_inserter()を使用して
// 末尾に値を追加する挿入イテレータを作成
copy_if(xs.begin(), xs.end(),
        back_inserter(ys),
        [](auto n) { return n % 2 == 0; });

for (int x : ys) { cout << x << " "; }
cout << endl;
```

7

コンテナとアルゴリズム

| 実行結果 |

```
6 4 2 100 200
100 200 2 4 6
```

std::back_insert_iterator／std::front_insert_iterator／std::insert_
iteratorの各クラスは、コンテナへ値を追加する仕組みを提供するイテレータで、
挿入イテレータと呼ばれます。

これらのイテレータクラスは出力イテレータとして実装されており、代入演算子
(operator=())によってイテレータに値が書き込まれると、コンストラクタで渡さ
れたコンテナにその値を追加します(参照 P.390 本章「イテレータの概要」節)。

各挿入イテレータがコンテナへ値を追加する際に呼び出すメンバ関数は、以下の
とおりです。標準のコンテナクラス以外にも、自作のコンテナクラスが同様のメン
バ関数を持っている場合は、そのコンテナクラスに対して挿入イテレータを使用で
きます。

```
```

▼ 挿入イテレータが呼び出すメンバ関数

イテレータ	メンバ関数	説明
std::back_insert_iterator	push_back()	コンテナの末尾に値を追加する
std::front_insert_iterator	push_front()	コンテナの先頭に値を追加する
std::insert_iterator	insert()	コンテナの指定した位置に値を追加する

● 挿入イテレータを生成する関数

std::back_inserter()／std::front_inserter()／std::inserter()関数は、実引数の型から挿入イテレータの型を推論し、挿入イテレータを生成するヘルパ関数です。

コンテナの要素を参照する

書式

▶ forward_list `C++11` / list / deque / vector / array `C++11` / basic_string

```
T&       front();
const T& front() const;
```

▶ list / deque / vector / array `C++11` / basic_string

```
T&       back();
const T& back() const;
```

▶ vector / array `C++11` / basic_string

```
T&       operator[](size_type n);
const T& operator[](size_type n) const;
T&       at(size_type n);
const T& at(size_type n) const;
```

▶ map / unordered_map `C++11`

```
T& operator[](const key_type& x);
T& operator[](key_type&& x);
T& at(const key_type& x);
const T& at(const key_type& x) const;
```

サンプルコード

```
map<string, int> m = {{"a", 1}, {"c", 3}};

try {
  cout << m.at("a") << endl;
  cout << m.at("b") << endl;
}
catch (out_of_range& e) {
  cout << e.what() << endl;
}
```

実行結果（例外のエラーメッセージは環境依存）

```
1
map::at
```

ここでは、std::mapコンテナのオブジェクトに対して、キーを指定して要素を取得する処理を行っています。

　コンテナの要素を参照するには、イテレータのほかに、これらの関数も使えます。

　front()メンバ関数はコンテナの先頭要素、back()メンバ関数は末尾の要素への参照を返します。

　std::deque／std::vector／std::array／std::basic_stringは、at()メンバ関数／[]演算子にインデックスを与えると、その位置の値への参照を返します。[]演算子でコンテナの範囲外にあたるインデックスを指定した場合の挙動は、未定義です。一方、at()メンバ関数でコンテナの範囲外にあたるインデックスを指定した場合、std::out_of_range例外が送出されます。

　std::arrayクラスのこれらメンバ関数のconst版には、C++14からconstexprが付加されています。

　std::map／std::unordered_mapでは、at()メンバ関数／[]演算子にキーを与えると、対応する値への参照を返します。この2つの関数は、コンテナに存在しないキーを指定した場合の挙動が以下のように異なります。

- [] 演算子　　　⇒　デフォルトコンストラクタで初期化した新しい要素をキーとともに挿入し、その要素への参照を返す
- at() メンバ関数　⇒　std::out_of_range例外を送出する

　このように、std::map／std::unordered_mapクラスの[]演算子はコンテナを変更する動作をともなうため、これらのクラスはconst修飾された[]演算子を持ちません。

計算量

- [] 演算子、at() メンバ関数
  - シーケンスコンテナ : $O(1)$
  - 連想コンテナ : $O(logN)$
  - 非順序連想コンテナ : 平均$O(1)$、最悪$O(N)$

コンテナの要素数を得る

| <iterator>ヘッダ

```
namespace std {
  // C++17
  template <class C>
  constexpr auto size(const C& c) -> decltype(c.size());
  template <class T, size_t N>
  constexpr size_t size(const T (&array)[N]) noexcept;

  // C++20
  template<class C>
  constexpr 符号付き整数型 ssize(const C& c);
  template<class T, 符号付き整数型 N>
  constexpr 符号付き整数型 ssize(const T (&array)[N]) noexcept;
```

▶ array **C++11**

```
constexpr size_type size() const noexcept;
```

▶ その他のコンテナ

```
size_type size() noexcept;
```

| サンプルコード1

```
vector<int> v = { 3, 1, 8 };

cout << size(v) << endl;
cout << v.size() << endl;
```

| 実行結果1

```
3
3
```

std::size()関数を使用すると、コンテナ/配列の要素数が得られます。
コンテナの場合、size()メンバ関数でも、要素数が得られます。

サンプルコード2

```cpp
void output_without_last(const vector<int>& v) {
  cout << '{';
  for (int i = 0; i < ssize(v) - 1; ++i) {
    cout << v[i] << ' ';
  }
  cout << '}' << endl;
}

vector<int> v1 = { 3, 1, 8 };
vector<int> v2 = {};

output_without_last(v1);
output_without_last(v2);
```

実行結果2

```
{3 1 }
{}
```

　std::ssize()関数を使用すると、符号つき整数型で要素数を得られます。型は実装により異なります。

　上記の例のように、符号なし整数型ではオーバーフローが発生してしまう処理を記述する場合に便利です。

計算量

- std::size()関数：$O(1)$
- std::ssize()関数：$O(1)$
- size()メンバ関数：$O(1)$

コンテナのサイズを変更する

書式

▶deque／forward_list **C++11** ／list／vector

```cpp
void resize(size_type sz);
void resize(size_type sz, const T& c);
```

▶basic_string

```cpp
void resize(size_type n);
void resize(size_type n, CharT c);
```

サンプルコード

```cpp
vector<string> v;

// 要素数を0から2に拡張
// 追加する要素の値を"C++"に設定
v.resize(2, "C++");

// 要素数を2から5に拡張（空文字列が追加される）
v.resize(5);

for (const string& s : v) {
  cout << '[' << s << ']' << endl;
}

cout << v.size() << endl;
```

```
[C++]
[C++]
[]
[]
[]
5
```

resize()メンバ関数は、指定されたサイズまでコンテナを拡張/縮小します。

コンテナを拡張する場合、追加される要素は、第2実引数の値で初期化されます。第2実引数を渡さない場合、デフォルトコンストラクタで初期化されます。

コンテナを縮小する場合、末尾から要素を削除します。

std::arrayは要素数が固定であるため、メンバ関数はありません。

計算量

- resize() : $O(N)$

コンテナを空にする

書式

```
void clear() noexcept;
```

サンプルコード

```cpp
forward_list<int> ls = {0, 1, 2, 3, 4, 5, 6, 7};
ls.clear();

if (ls.empty()) {
  cout << "コンテナは空" << endl;
}
else {
  cout << "コンテナは空ではない" << endl;
}
```

実行結果

```
コンテナは空
```

clear()メンバ関数は、コンテナの要素をすべて削除します。

std::arrayは要素数が固定であるため、メンバ関数はありません。

計算量

● clear() : $O(N)$ [注2]

注2 デストラクタを呼び出す必要のない、int や char のような組み込み型を要素とするコンテナの場合、
$O(1)$ 計算量で実装される可能性があります。

コンテナが空かどうか調べる

<iterator>ヘッダ `C++17`

```
namespace std {
  template <class C>
  constexpr auto empty(const C& c) -> decltype(c.empty());

  template <class T, size_t N>
  constexpr bool empty(const T (&array)[N]) noexcept;

  template <class E>
  constexpr bool empty(initializer_list<E> il) noexcept;
}
```

▶ array `C++11`

```
constexpr bool empty() const noexcept;
```

▶ その他のコンテナ

```
bool empty() const noexcept;
```

サンプルコード

```
void print_bool(bool b) {
  if (b) { cout << "true" << endl; }
  else { cout << "false" << endl; }
}

vector<int> v;

// まだ要素がない
print_bool(v.empty());

v.push_back(1); // 要素を追加
print_bool(v.empty());

v.pop_back(); // 追加した要素を削除
print_bool(v.empty());
```

```
true
false
true
```

　std::empty()関数は、コンテナ/配列が空かどうかを返します。

　コンテナの場合、empty()メンバ関数も、空かどうかを返します。

　空かどうかはsize() == 0でも同様に判断できますが、意図が明確なこちらを利用するほうが望ましいでしょう。

計算量

● std::empty()関数：$O(1)$
● empty()メンバ関数：$O(1)$

コンテナの要素すべてに対して指定した処理を行う

7

コンテナとアルゴリズム

<algorithm>ヘッダ

```
namespace std {
  template<class InputIterator, class Function>
  Function for_each(InputIteartor first, InputIterator last,
                    Function f);

  // C++17
  template<class InputIterator, class Size, class Function>
  InputIterator for_each_n(InputIterator first, Size n, Function f);
}
```

サンプルコード

```
vector<int> v = { 1, 2, 3 };

for_each(v.begin(), v.end(), [](int& n) { n *= 3; });
for_each_n(v.data(), v.size(), [](int n) { cout << n << endl; });
```

実行結果

```
3
6
9
```

　ここでは、std::vectorコンテナのオブジェクトに含まれるすべての値に3をかけ、その後すべての要素を標準出力に出力しています。

　std::for_each()は、範囲first-lastの要素すべてに対して、関数オブジェクトfを適用します。

　std::for_each_n()は、firstから、n個の要素すべてに対して、関数オブジェクトfを適用します。

計算量

- std::for_each()：$O(N)$
- std::for_each_n()：$O(N)$

参照 P.79 第2章「文」節の「範囲for文」

コンテナを指定した値で埋める

<algorithm>ヘッダ

```cpp
namespace std {
  template<class ForwardIterator, class T>
  void fill(ForwardIterator first, ForwardIterator last,
            const T& value);

  template<class OutputIterator, class Size, class T>
  OutputIterator fill_n(OutputIterator first, Size n, const T& value);
}
```

▶ array `C++11`

```cpp
void fill(const T& value);
```

サンプルコード

```cpp
vector<int> v = {1, 2, 3, 4, 5};

// すべての要素を8で埋める
fill(v.begin(), v.end(), 8);

// 先頭3要素を9で埋める
fill_n(v.begin(), 3, 9);

for (int x : v) {
  cout << x << endl;
}
```

```
9
9
9
8
8
```

std::fill()は、範囲first-lastの各要素にvalueを代入します。

std::fill_n()は、firstからn個分の要素にvalueを代入します。戻り値は、出力範囲の終端を指すイテレータです。

std::arrayクラスのfill()メンバ関数は、すべての要素にvalueを代入します。

計算量

- std::fill() : $O(N)$
- std::fill_n() : $O(N)$
- fill()メンバ関数 : $O(N)$

コンテナの特定要素を置き換える

<algorithm>ヘッダ

```
namespace std {
  template <class ForwardIterator, class T>
  void replace(ForwardIterator first, ForwardIterator last,
               const T& old_value, const T& new_value);

  template <class ForwardIterator, class Predicate, class T>
  void replace_if(ForwardIterator first, ForwardIterator last,
                  Predicate pred, const T& new_value);
}
```

サンプルコード

```
vector<int> v = {1, 2, 3, 4, 5, 6};

// 1を11に置き換える
replace(v.begin(), v.end(), 1, 11);

// 偶数値を99に置き換える
replace_if(v.begin(), v.end(), [](int n) { return n % 2 == 0; }, 99);

for (int x : v) {
  cout << x << endl;
}
```

```
11
99
3
99
5
99
```

std::replace() / std::replace_if() は、範囲 first-last の要素を置き換えます。

std::replace() は、各要素と old_value を == 演算子で比較し、一致した要素を new_value に置き換えます。

std::replace_if() は、各要素に単項述語関数 pred を適用し、true が返された要素を new_value に置き換えます。

計算量

- std::replace() : $O(N)$
- std::replace_if() : $O(N)$

コンテナの要素を逆順にする

<algorithm>ヘッダ

```
namespace std {
  template<class BidirectionalIterator>
  void reverse(BidirectionalIterator first, BidirectionalIterator last);

  template<class BidirectionalIterator, class OutputIterator>
  OutputIterator
  reverse_copy(BidirectionalIterator first,
               BidirectionalIterator last, OutputIterator result);

}
```

▶ forward_list　**C++11**

```
void reverse() noexcept;
```

サンプルコード

```
vector<int> v = {1, 2, 3, 4, 5};

reverse(v.begin(), v.end());

for (int x : v) {
  cout << x << endl;
}

cout << "\n";

vector<int> copied;
reverse_copy(v.cbegin(), v.cend(),
             back_inserter(copied));

for (int x : copied) {
  cout << x << endl;
}
```

```
5
4
3
2
1

1
2
3
4
5
```

std::reverse()は、与えられた範囲の要素を逆順に並び替えます。

std::reverse_copy()は、並び替える代わりに、並び替えた結果をresultへ出力します。戻り値は、出力範囲の終端を指すイテレータです。

std::forward_listは、前方向イテレータしか提供しないため、双方向イテレータを要求するstd::reverse()に渡せませんが、同等の動作を行うメンバ関数が用意されています。

計算量

- std::reverse()：$O(N)$
- std::reverse_copy()：$O(N)$
- reverse()メンバ関数：$O(N)$

シャッフルする

\<algorithm\>ヘッダ　C++11

```
namespace std {
  template<class RandomAccessIterator,
           class UniformRandomNumberGenerator>
  void shuffle(RandomAccessIterator first,
               RandomAccessIterator last,
               UniformRandomNumberGenerator&& g);
}
```

サンプルコード

```
vector<int> v = {1, 2, 3, 4, 5, 6, 7, 8};

shuffle(v.begin(), v.end(), mt19937{});

for (int x : v) {
  cout << x << endl;
}
```

実行結果（順序不定）

```
6
2
1
4
5
3
7
8
```

ここでは、std::vector コンテナの要素の並びを、メルセンヌ・ツイスター法の疑似乱数生成アルゴリズムに従って、ランダムに並べ替えています。

std::shuffle() は、範囲 first-last をシャッフルします。

参照 P.312 第6章「乱数を生成する」節

計算量

● std::shuffle()：$O(N)$

ソートする

| **<algorithm>ヘッダ**

```cpp
namespace std {
  template <class RandomAccessIterator>
    void sort(RandomAccessIterator first, RandomAccessIterator last);
  template <class RandomAccessIterator, class Compare>
    void sort(RandomAccessIterator first, RandomAccessIterator last,
              Compare comp);
  template <class RandomAccessIterator>
    void stable_sort(RandomAccessIterator first,
                     RandomAccessIterator last);
  template <class RandomAccessIterator, class Compare>
    void stable_sort(RandomAccessIterator first,
                     RandomAccessIterator last,
                     Compare comp);
  template <class RandomAccessIterator>
    void partial_sort(RandomAccessIterator first,
                      RandomAccessIterator middle,
                      RandomAccessIterator last);
  template <class RandomAccessIterator, class Compare>
    void partial_sort(RandomAccessIterator first,
                      RandomAccessIterator middle,
                      RandomAccessIterator last,
                      Compare comp);

  template <class InputIterator, class RandomAccessIterator,
            class Compare>
    RandomAccessIterator
      partial_sort_copy(InputIterator first,
                        InputIterator last,
                        RandomAccessIterator result_first,
                        RandomAccessIterator result_last);

  template <class InputIterator, class RandomAccessIterator>
  RandomAccessIterator
    partial_sort_copy(InputIterator first,
                      InputIterator last,
                      RandomAccessIterator result_first,
                      RandomAccessIterator result_last,
```

7

コンテナとアルゴリズム

435

```
                        Compare comp);
}
```
━━━

▶ forward_list／list **C++11**

```
void sort();
template <class Compare> void sort(Compare comp);
```
━━━

| サンプルコード

```cpp
void print(const vector<int>& v) {
  for (int x : v) {
    cout << x << ' ';
  }
  cout << endl;
}

vector<int> v = {8, 1, 3, 7, 0, 6, 2, 4, 5};

// 先頭から4要素をソート済み状態にする
partial_sort(v.begin(), next(v.begin(), 4), v.end());
print(v);

// 全体をソートする
sort(v.begin(), v.end());
print(v);
```

| 実行結果

```
0 1 2 3 8 7 6 4 5
0 1 2 3 4 5 6 7 8
```

std::sort()は、範囲first-lastをソートします。範囲のみをとるstd::sort()
は、<演算子を使用して、要素を昇順にソートします。2項述語関数[注3]compを第3
仮引数に持つstd::sort()は、2つの値を比較する関数または関数オブジェクトを
compに渡すことで、ソートのルールを変更できます。

std::sort()は、等しい値を取る要素の順が、ソートの前後で変わる可能性があ
ります。一方、std::stable_sort()は、等しい値を取る要素の順が、ソートの前
後で維持されるよう規定されています。

std::partial_sort()は、部分的なソートを行います。範囲first-lastをソー
ト対象とし、範囲first-middleをソート済みにします。全要素をソートする必要
がなければ、こちらを使いましょう。

━━━
注3　述語（predicate）とは、boolを返す関数／関数オブジェクトのことをいいます。

```

（左余白）**7　コンテナとアルゴリズム**
```

範囲first-lastを変更せず、部分ソート列を得るには、std::partial_sort_copy()を使います。範囲result_first-result_lastへ、ソート済み列をコピーします。

　std::sort()系のアルゴリズムは、ランダムアクセスイテレータを要求します。そのため、std::forward_list／std::listに対しては適用できません。しかし、std::forward_list／std::listはsort()メンバ関数でソートを提供しているため、これを使用することでソートができます。

計算量

- std::sort() : $O(N * logN)$
- std::stable_sort() : 最大$N(log(N))^2$、十分なメモリがあれば$N log(N)$
- std::partial_sort() : 範囲first-lastの要素数をN、範囲first-middleの要素数をMとして、$O(N * logM)$
- std::partial_sort_copy() : 範囲first-lastの要素数をN、ソートする要素数をMとして、$O(N * logM)$
- sort()メンバ関数 : $O(N * logN)$

指定した要素の数を数える

| <algorithm>ヘッダ

```
namespace std {
  template<class InputIterator, class T>
  typename iterator_traits<InputIterator>::difference_type
    count(InputIterator first, InputIterator last, const T& value);

  template<class InputIterator, class Predicate>
  typename iterator_traits<InputIterator>::difference_type
    count_if(InputIterator first, InputIterator last, Predicate pred);
}
```

▶連想コンテナ／非順序連想コンテナ

```
size_type count(const key_type& k) const;
```

| サンプルコード

```
vector<int> v = {2, 4, 5, 2, 3, 1, 4};

cout << count(v.cbegin(), v.cend(), 4) << endl;
cout << count(v.cbegin(), v.cend(), 9) << endl;
cout << count_if(v.cbegin(), v.cend(), [](int n) { return n > 3; }) <<
endl;
```

| 実行結果

```
2
0
3
```

ここでは、範囲に、指定した値がいくつ含まれているかを数える処理を行っています。

　std::count()は、範囲first-last内から、valueと等しい要素の数を返します。

　std::count_if()は、述語predがtrueを返す要素の数を返します。

　連想コンテナ/非順序連想コンテナには、より高速なcount()メンバ関数があります。

計算量

- std::count()：$O(N)$
- count()メンバ関数
  - std::map/std::set：$O(logN)$
  - std::multimap/std::multiset：コンテナの要素数をN、count対象の要素数をMとして、$O(logN+M)$
  - 非順序連想コンテナ：平均$O(1)$、最悪$O(N)$

要素を検索する

```cpp
namespace std {
  template <class InputIterator, class T>
  InputIterator find(InputIterator first, InputIterator last,
                     const T& value);

  template <class InputIterator, class Predicate>
  InputIterator find_if(InputIterator first, InputIterator last,
                        Predicate pred);

  template <class ForwardIterator1, class ForwardIterator2>
  ForwardIterator1 search(ForwardIterator1 first1,
                          ForwardIterator1 last1,
                          ForwardIterator2 first2,
                          ForwardIterator2 last2);

  template <class ForwardIterator1, class ForwardIterator2,
            class BinaryPredicate>
  ForwardIterator1 search(ForwardIterator1 first1,
                          ForwardIterator1 last1,
                          ForwardIterator2 first2,
                          ForwardIterator2 last2,
                          BinaryPredicate pred);

  template<class ForwardIterator, class T>
  pair<ForwardIterator, ForwardIterator>
    equal_range(ForwardIterator first,
                ForwardIterator last,
                const T& value);

  template<class ForwardIterator, class T, class Compare>
  pair<ForwardIterator, ForwardIterator>
    equal_range(ForwardIterator first,
                ForwardIterator last,
                const T& value,
                Compare comp);
}
```

```
iterator       find(const key_type& x);
const_iterator find(const key_type& x) const;

bool contains(const key_type& k) const; // C++20

pair<iterator, iterator>
  equal_range(const key_type& x);
pair<const_iterator,const_iterator>
  equal_range(const key_type& x) const;
```

find／find_ifアルゴリズムのサンプルコード

```
vector<int> v = {1, 2, 3, 4, 5, 6};

// 値3を検索する
auto three = find(v.cbegin(), v.cend(), 3);
if (three != v.cend()) {
  cout << *three << endl;
}
else {
  cout << "見つからなかった" << endl;
}

// 8より大きい値を検索する
auto over8 = find_if(v.cbegin(), v.cend(), [](int n) { return n > 8; });
if (over8 != v.cend()) {
  cout << *over8 << endl;
}
else {
  cout << "見つからなかった" << endl;
}
```

実行結果

```
3
見つからなかった
```

ここでは、std::find()関数によって、std::vectorコンテナのオブジェクトから指定した値を検索し、その後、std::find_if()関数によって、std::vectorコンテナのオブジェクトから条件一致した要素を検索しています。

このサンプルコード中で使用しているautoの本来の型は、以下になります。

7 コンテナとアルゴリズム

441

std::find()は、範囲first-lastから、valueと等しい要素を検索し、最初に見つかった要素へのイテレータを返します。等しい要素が見つからなければ、lastを返します。

検索条件を指定するには、std::find_if()を使います。std::find_if()の第3実引数に述語を渡します。std::find_if()は、最初に述語predがtrueを返す要素を指すイテレータを返します。

std::search()は、範囲first1-last1から、範囲first2-last2が最初に一致する、先頭位置へのイテレータを返します。std::find()と同じように、第5実引数へ述語を渡すことにより、比較条件を変更できます。

std::equal_range()は、ソート済み範囲first-lastから、指定した値以上になる最初の要素を指すイテレータと、指定した値より大きい最初の要素を指すイテレータのpairを返します。

連想コンテナの検索サンプルコード

```cpp
map<string, int> m = {
  {"a", 3},
  {"b", 1},
  {"c", 4},
};

// キー"b"をもつ要素を検索する
auto b = m.find("b");
if (b != m.cend()) {
  cout << b->second << endl; // キーに対応する値を取得
}
else {
  cout << "見つからなかった" << endl;
}

// キー"d"をもつ要素が含まれているか判定する
if (m.contains("d")) {
  cout << "見つかった" << endl;
}
else {
  cout << "見つからなかった" << endl;
}
```

7 コンテナとアルゴリズム

```
1
見つからなかった
```

　連想コンテナ／非順序連想コンテナには、アルゴリズム版の関数よりも高速に実行できる find() メンバ関数や equal_range() メンバ関数が用意されています。

　find() メンバ関数は、検索したいキーを指定すると、それに対応した要素へのイテレータを返します。

　contains() メンバ関数は、キーに一致する要素が含まれていれば true、そうでなければ false を返します。

　equal_range() メンバ関数は、指定したキーに一致する範囲をイテレータの pair で返します。これは、multimap／multiset やその非順序版のクラスのように、等価なキーの要素を複数格納できるコンテナにおいて特に有用です。

計算量

- std::find()／std::find_if()：最大 $O(N)$
- std::search()：1つ目の範囲 first1-last1 を M、2つ目の範囲 first2-last2 を N として、最大 $O(M*N)$
- std::equal_range()：$O(logN)$
- find()／contains() メンバ関数
  - 連想コンテナ：$O(logN)$
  - 非順序連想コンテナ：平均 $O(1)$、最悪 $O(N)$
- equal_range() メンバ関数
  - 連想コンテナ：$O(logN)$
  - 非順序連想コンテナ：自身の要素数を N、キーに該当する要素の数を M として、平均 $O(M)$、最悪 $O(N)$

7

コンテナとアルゴリズム

コンテナの要素に変更を加えた結果を得る

<algorithm>ヘッダ

```
namespace std {
  template <class InputIterator, class OutputIterator,
            class UnaryOperation>
  OutputIterator transform(InputIterator first, InputIterator last,
                           OutputIterator result, UnaryOperation op);
}
```

<ranges>ヘッダ C++20

```
namespace std::ranges::views {
  class transform; // C++20
}

namespace std {
  namespace views = ranges::views;
}
```

サンプルコード1

```
vector<int> v = {1, 2, 3, 4};

transform(v.cbegin(), v.cend(),
          ostream_iterator<string>{cout, "\n"},
          [](int x) { return "[" + to_string(x) + "]"; });
```

実行結果

```
[1]
[2]
[3]
[4]
```

ここでは、std::vectorコンテナの各要素を、[]カッコで囲んで標準出力に出力しています。

std::transform()は、指定された範囲の要素を変換します。範囲first-lastの各要素を関数オブジェクトopに渡して呼び出し、その戻り値を出力イテレータresultへ書き込みます。opによる変換前と変換後の型が違っていてもかまいません。

std::transform()の戻り値は、出力範囲の終端を指すイテレータです。

```
vector<int> v = {1, 2, 3, 4};

for (int x : v1 | views::transform([](int n) { return n * 10; })) {
  cout << x << endl;
}
```

実行結果

```
10
20
30
40
```

C++20 からは、要素の変換を行うレンジアダプタが std::ranges::views::
transformとして定義されています。

計算量

● std::transform() : $O(N)$

コンテナの要素を削除する

書式

▶ forward_list `C++11` / list / deque

```
void pop_front();
```

....

▶ シーケンスコンテナ／連想コンテナ／非順序連想コンテナ

```
void pop_back();
iterator erase(const_iterator position);
iterator erase(const_iterator first, const_iterator last);
```

....

▶ basic_string

```
basic_string& erase(size_type pos = 0, size_type n = npos);
iterator erase(const_iterator position);
iterator erase(const_iterator first, const_iterator last);
```

....

▶ forward_list `C++11`

```
iterator erase_after(const_iterator position);
iterator erase_after(const_iterator position, const_iterator last);
```

....

▶ 連想コンテナ／非順序連想コンテナ

```
size_type erase(const key_type& x);
```

....

`<algorithm>`ヘッダ

```
namespace std {
  template<class ForwardIterator, class T>
  ForwardIterator remove(ForwardIterator first,
                         ForwardIterator last,
                         const T& value);
  template<class ForwardIterator, class Predicate>
  ForwardIterator remove_if(ForwardIterator first,
                            ForwardIterator last,
                            Predicate pred);
}
```

....

```
namespace std {
  size_type erase(Container& c, const T& value);
  size_type erase_if(Container& c, Predicate pred);
}
```

```
namespace std {
  size_type erase_if(Container& c, Predicate pred);
}
```

| 先頭要素を削除する

```cpp
list<int> ls = {0, 1, 2};

ls.pop_front();

for (int x : ls) {
  cout << x << endl;
}
```

| 実行結果

```
1
2
```

コンテナのpop_front()メンバ関数を使用することで、先頭要素を削除できます。

| 末尾要素を削除する

```cpp
vector<int> v = {0, 1, 2};

v.pop_back();

for (int x : v) {
  cout << x << endl;
}
```

| 実行結果

```
0
1
```

コンテナのpop_back()メンバ関数を使用することで、末尾要素を削除できます。

指定した位置の要素を削除する

```
vector<int> v = {0, 1, 2};

// 1番目の要素を削除
v.erase(v.begin() + 1);

for (int x : v) {
  cout << x << endl;
}
```

実行結果

```
0
2
```

ここでは、std::vector コンテナの erase() メンバ関数を使用して、指定した位置の要素を削除しています。

コンテナの erase()／erase_after() メンバ関数を使用すると、要素をコンテナから削除できます。これらのメンバ関数は、実引数にイテレータをいくつ渡すかによって、以下のように動作が変わります。

▼ erase()／erase_after() メンバ関数の動作

実引数の数	erase() メンバ関数	erase_after() メンバ関数
1つ	指定したイテレータ位置の要素を削除する	指定したイテレータ位置の次の要素を削除する
2つ	指定した範囲の要素を削除する	指定した範囲の先頭要素を除いた範囲の要素を削除する

どの場合も、戻り値は、削除した要素の次を指すイテレータです。

条件一致した要素を削除する

```
vector<int> v1 = {0, 1, 2, 3, 4, 5};
vector<int> v2 = {0, 1, 2, 3, 4, 5};

// std::remove_if()とerase()メンバ関数を用いて偶数要素を削除する
v1.erase(remove_if(v1.begin(),
                   v1.end(),
                   [](int n) { return n % 2 == 0; }),
         v1.end());

// std::erase_if()を用いて奇数要素を削除する
erase_if(v2, [](int n) { return n % 2 == 1; });
```

```
for (int x : v1) {
  cout << x << endl;
}
cout << "--" << endl;
for (int x : v2) {
  cout << x << endl;
}
```

実行結果

```
1
3
5
--
0
2
4
```

　ここでは、std::vectorコンテナのオブジェクトに含まれる、偶数値と奇数値を削除する例をそれぞれ示しています。

　C++17までは、コンテナから条件に一致した要素を削除したい場合、コンテナのerase()メンバ関数と、<algorithm>ヘッダにあるstd::remove()／std::remove_if()関数をあわせて使います。

　std::remove()／std::remove_if()関数は、範囲first-lastから、条件一致した値を除去します。これらの関数がコンテナから要素を削除することはありません。削除対象ではない要素を範囲の前方に集め、削除対象の開始位置をイテレータとして返します。

　そして、返されたイテレータを、コンテナのerase()メンバ関数の開始位置として指定することで、条件一致したすべての要素をコンテナから削除できます。

　C++20では、これと同様の操作を行うstd::erase()／std::erase_if()関数が追加されました。これらの関数は、削除した要素数を返します。可能であればこちらを使用するほうがいいでしょう。

連想コンテナで、指定したキーの要素を削除する

```
multiset<int> s = {0, 0, 1, 1, 2, 2, 3, 3};
s.erase(2);

for (int x : s) {
  cout << x << endl;
}
```

```
0
0
1
1
3
3
```

　ここでは、std::multiset連想コンテナのオブジェクトに対して、指定したキー
の要素を削除しています。

　std::set／std::mapのような連想コンテナでは、イテレータを指定するerase()
メンバ関数に加えて、キーの値を指定するオーバーロードが存在します。

● イテレータの無効化について

　削除操作では、一定の条件でそれまで保持していたイテレータと、要素への参照
が無効になります。無効になったイテレータと参照にアクセスした場合の挙動は、
未定義となります。

　以下に、無効になる条件をまとめます。

▶ list／forward_list／set／map／unordered_set／unordered_map
削除した要素を指すイテレータと参照のみが無効になります。

▶ vector
削除した要素と、それ以降の要素に対するイテレータと参照が無効になります。

▶ deque
末尾要素を削除した場合、削除された要素へのイテレータと参照、およびend()
イテレータが無効になります。

　先頭要素を削除した場合、削除された要素に対するイテレータと参照のみが無効
になります。

　両端以外の要素を削除した場合、すべての要素に対するイテレータと参照、およ
びend()イテレータが無効になります。

　size() == 1の状態で削除を行った場合は、末尾要素の削除とみなされます。

計算量

- キーのerase()
  - std::map／std::set：$O(logN)$
  - std::multimap／std::multiset：自身の要素数をN、削除する要素数をMと

して、$O(\log N + M)$

- std::unordered_map／std::unordered_set：平均$O(1)$、最悪$O(N)$
- std::unordered_multimap／std::unordered_multiset：自身の要素数をN、削除する要素数をMとして、平均$O(M)$、最悪$O(N)$

- **イテレータのerase()／erase_after()**
  - std::deque／std::vector：$O(N)$
  - std::forward_list／std::list：$O(1)$
  - 連想コンテナ：償却定数時間で$O(1)$
  - 非順序連想コンテナ：平均$O(1)$、最悪$O(N)$

- **範囲のerase(range)**
  - std::deque／std::vector：自身の範囲をM、削除する範囲first-lastをNとして、$O(M+N)$
  - std::forward_list／std::list：削除する範囲first-lastをNとして、$O(N)$
  - 連想コンテナ：自身の範囲をM、削除する範囲first-lastをNとして、$O(\log M + N)$
  - 非順序連想コンテナ：自身の範囲をM、削除する範囲first-lastをNとして、平均$O(N)$、最悪$O(M)$

- **pop_front()**：$O(1)$
- **pop_back()**：$O(1)$
- **std::remove()／std::remove_if()**：$O(N)$
- **std::erase()／std::erase_if()**：$O(N)$

重複した要素を取り除く

<algorithm>ヘッダ

```cpp
namespace std {
  template <class ForwardIterator>
  ForwardIterator unique(ForwardIterator first, ForwardIterator last);

  template <class ForwardIterator, class BinaryPredicate>
  ForwardIterator unique(ForwardIterator first, ForwardIterator last,
                         BinaryPredicate pred);

  template <class InputIterator, class OutputIterator>
  OutputIterator unique_copy(InputIterator first, InputIterator last,
                             OutputIterator result);

  template <class InputIterator, class OutputIterator,
            class BinaryPredicate>
  OutputIterator unique_copy(InputIterator first, InputIterator last,
                             OutputIterator result,
                             BinaryPredicate pred);
}
```

▶ forward_list `C++11` / list

```cpp
void unique();

template <class BinaryPredicate>
void unique(BinaryPredicate binary_pred);
```

サンプルコード

```cpp
vector<int> v = {1, 1, 2, 3, 3, 4, 5, 5};

// 重複要素を削除する
v.erase(unique(v.begin(), v.end()),
        v.end());

for (int x : v) {
  cout << x << endl;
}
```

```
1
2
3
4
5
```

　`std::unique()`は、範囲first-lastから、連続した重複要素を除去します。

　この関数が、コンテナから要素を削除することはありません。削除対象ではない要素を範囲の前方に集め、削除対象の開始位置をイテレータとして返します。

　そして、返されたイテレータを、コンテナのerase()メンバ関数の開始位置として指定することで、連続した重複要素をコンテナから削除できます。

参照 P.446 本章「コンテナの要素を削除する」節

　`std::unique_copy()`は、範囲first-lastに変更を加えず、連続した重複要素を取り除いた結果をresultに出力します。戻り値は、出力範囲の終端を指すイテレータです。

　`std::unique()`／`std::unique_copy()`は、重複の判定に==演算子を使用します。最後の実引数に2項述語関数を与えることで、比較条件を変更できます。どちらの関数も、ソート済みの範囲を扱います。

　`std::forward_list`／`std::list`には、そのコンテナに特化したunique()メンバ関数が定義されています。このメンバ関数は、連続した重複要素をコンテナから直接削除するため、erase()メンバ関数と併用する必要はありません。

計算量

- `std::unique()`：$O(N)$
- `std::unique_copy()`：$O(N)$
- `unique()`メンバ関数：$O(N)$

コンテナの要素が条件を満たすか確認する

<algorithm>ヘッダ C++11

```
namespace std {
  template <class InputIterator, class Predicate>
  bool all_of(InputIterator first, InputIterator last, Predicate pred);

  template <class InputIterator, class Predicate>
  bool any_of(InputIterator first, InputIterator last, Predicate pred);

  template <class InputIterator, class Predicate>
  bool none_of(InputIterator first, InputIterator last, Predicate pred);
}
```

サンプルコード

```
vector<int> v = {1, 2, 3, 4, 5, 6};

if (all_of(v.begin(), v.end(), [](int x) { return x >= 2; })) {
  cout << "すべての要素が2以上" << endl;
}
else {
 cout << "2未満の要素が含まれる" << endl;
}

if (any_of(v.begin(), v.end(), [](int x) { return x == 4; })) {
  cout << "値4と等しい要素が含まれている" << endl;
}
else {
  cout << "値4と等しい要素は含まれない" << endl;
}

if (none_of(v.begin(), v.end(), [](int x) { return x <= -1; })) {
  cout << "-1以下の値が含まれていない" << endl;
}
else {
  cout << "-1以下の値が含まれている" << endl;
}
```

2未満の要素が含まれる
値4と等しい要素が含まれている
-1以下の値が含まれていない

　std::all_of()／std::any_of()／std::none_of()は、範囲first-lastの要素が
条件を満たすかどうかを返します。

　それぞれ、以下の場合にtrueを返します。

- std::all_of()　⇒　すべての要素が条件を満たす場合
- std::any_of()　⇒　どれか1つでも満たす要素がある場合
- std::none_of()　⇒　すべての要素が条件を満たさない場合

　条件となる述語は、第3実引数で指定します。

計算量

- std::all_of()：最大$O(N)$
- std::any_of()：最大$O(N)$
- std::none_of()：最大$O(N)$

コンテナの最大値／最小値を取得する

<algorithm>ヘッダ

```
namespace std {
  template<class ForwardIterator>
  ForwardIterator min_element(ForwardIterator first,
                              ForwardIterator last);

  template<class ForwardIterator, class Compare>
  ForwardIterator min_element(ForwardIterator first, ForwardIterator last,
                              Compare comp);

  template<class ForwardIterator>
  ForwardIterator max_element(ForwardIterator first, ForwardIterator last);

  template<class ForwardIterator, class Compare>
  ForwardIterator max_element(ForwardIterator first, ForwardIterator last,
                              Compare comp);

  // C++11
  template<class ForwardIterator>
  pair<ForwardIterator, ForwardIterator>
      minmax_element(ForwardIterator first, ForwardIterator last);

  // C++11
  template<class ForwardIterator, class Compare>
  pair<ForwardIterator, ForwardIterator>
      minmax_element(ForwardIterator first, ForwardIterator last,
                     Compare comp);
}
```

サンプルコード

```cpp
vector<int> v = {1, 3, 8, 2, 0, 9};

cout << *(min_element(v.cbegin(), v.cend()))
    << ", "
    << *(max_element(v.cbegin(), v.cend())) << endl;

auto minmax_pair = minmax_element(v.cbegin(), v.cend());
cout << *minmax_pair.first << ", " << *minmax_pair.second << endl;
```

実行結果

```
0, 9
0, 9
```

std::min_element()／std::max_element()はそれぞれ、与えられた範囲の中から最小、最大の要素を指すイテレータを返します。

std::minmax_element()は最小、最大の位置を一度に探索します。戻り値のstd::pairオブジェクトには、それぞれ以下のイテレータが格納されています。

● 最小の要素を指すイテレータ ⇒ **first**
● 最大の要素を指すイテレータ ⇒ **second**

同じ範囲から最大、最小の要素を探索する場合は、std::minmax_element()を使うといいでしょう。

これらの関数はすべて、大小比較に使用する述語を指定できます。

なお、ここでstd::minmax_element()の戻り値をautoで受けていますが、その本来の型は以下になります。

```cpp
std::pair<std::vector<int>::const_iterator,
        std::vector<int>::const_iterator>
```

計算量

● std::min_element()：$O(N)$
● std::max_element()：$O(N)$
● std::minmax_element()：$O(N)$

コンテナの要素を集計した結果を得る

`<numeric>`ヘッダ

```
namespace std {
  template <class InputIterator, class T>
  T accumulate(InputIterator first, InputIterator last, T init);

  template <class InputIterator, class T, class BinaryOperation>
  T accumulate(InputIterator first, InputIterator last, T init,
               BinaryOperation binary_op);

  // C++17
  template <class InputIterator>
  typename iterator_traits<InputIterator>::value_type
    reduce(InputIterator first, InputIterator last);

  // C++17
  template <class InputIterator, class T>
  T reduce(InputIterator first, InputIterator last, T init);

  // C++17
  template <class InputIterator, class T, class BinaryOperation>
  T reduce(InputIterator first, InputIterator last, T init,
           BinaryOperation binary_op);
}
```

サンプルコード

```
vector<int> v = {1, 2, 3, 4};

cout << reduce(v.cbegin(), v.cend()) << endl;
cout << reduce(v.cbegin(), v.cend(), 1, multiplies<int>()) << endl;
```

実行結果

```
10
24
```

　std::accumulate()／std::reduce()は、指定された範囲の要素を、順番に足し込んだ結果を返す関数です。

　第4実引数で2項述語関数を指定することで、内部で使用される演算処理を任意

の処理に切り替えられます。このサンプルでは、最初のstd::reduce()適用が合計値の計算、2番目がstd::multiplies<int>()を指定することにより初期値を1としてすべての要素をかけ合わせる計算を行っています。

　std::reduce()とstd::accumulate()は似ていますが、std::reduce()はstd::accumulate()とは以下の点が異なっています。

- 初期値を必要としないオーバーロードが定義されている
- データを足し合わせる順序が規定されない
- C++17から使用可能

　そのため、単にデータを足し込む場合や、データを足し込む順序が重要ではない場合はstd::reduceを使い、文字列連結のようにデータを必ず先頭から足し合わせる必要がある場合はstd::accumulate()を使用します。

計算量

- std::accumulate()：$O(N)$
- std::reduce()：$O(N)$

集合演算を行う

<algorithm>ヘッダでは、集合演算のための関数テンプレートが提供されています。和集合を求めるstd::set_union()、積集合を求めるstd::set_intersection()、差集合を求めるstd::set_difference()、対称差集合を求めるstd::set_symmetric_difference()があります。これらはすべて、ソート済みの範囲を扱います。また、比較に使用する2項述語関数を第6実引数で指定できます。

● 和集合を求める

| <algorithm> ヘッダ |

```
namespace std {
  template<class InputIterator1, class InputIterator2,
           class OutputIterator>
  OutputIterator set_union(InputIterator1 first1, InputIterator1 last1,
                           InputIterator2 first2, InputIterator2 last2,
                           OutputIterator result);

  template<class InputIterator1, class InputIterator2,
           class OutputIterator,
           class Compare>
  OutputIterator set_union(InputIterator1 first1, InputIterator1 last1,
                           InputIterator2 first2, InputIterator2 last2,
                           OutputIterator result, Compare comp);
}
```

| サンプルコード |

```
vector<int> v1 = {3, 4, 7, 8};
vector<int> v2 = {1, 4, 8};
vector<int> result;

set_union(v1.cbegin(), v1.cend(),
          v2.cbegin(), v2.cend(),
          back_inserter(result));

for (int x : result) {
  cout << x << endl;
}
```

```
1
3
4
7
8
```

　std::set_union()を使用することで、2つの範囲の和集合、すなわち少なくともどちらかには含まれている要素の集合を求められます。範囲first1-last1と範囲first2-last2の和集合は、resultに出力されます。resultにはソート済みの結果が出力されます。

　戻り値は、出力範囲の終端を指すイテレータです。

　和集合を求める処理は、範囲first1-last1の要素をベースとして、範囲first2-last2の要素を挿入するように行われます。

● 積集合を求める

| `<algorithm>`ヘッダ |

```cpp
namespace std {
  template<class InputIterator1, class InputIterator2,
           class OutputIterator>
  OutputIterator set_intersection(InputIterator1 first1, InputIterator1 last1,
                                  InputIterator2 first2, InputIterator2 last2,
                                  OutputIterator result);

  template<class InputIterator1, class InputIterator2,
           class OutputIterator, class Compare>
  OutputIterator set_intersection(InputIterator1 first1, InputIterator1 last1,
                                  InputIterator2 first2, InputIterator2 last2,
                                  OutputIterator result, Compare comp);
}
```

| サンプルコード |

```cpp
vector<int> v1 = {3, 4, 7, 8};
vector<int> v2 = {1, 4, 8};
vector<int> result;

set_intersection(v1.cbegin(), v1.cend(),
                 v2.cbegin(), v2.cend(),
                 back_inserter(result));

for (int x : result) {
```

```
  cout << x << endl;
}
```

```
4
8
```

　std::set_intersection()は、2つの範囲の積集合、すなわち共通する要素の集合を求めます。積集合を求める処理は、範囲first1-last1から抽出した要素を、resultにコピーするように行われます。

　戻り値は、出力範囲の終端を指すイテレータです。

● 差集合を求める

| <algorithm>ヘッダ |

```
namespace std {
  template<class InputIterator1, class InputIterator2,
           class OutputIterator>
  OutputIterator set_difference(InputIterator1 first1, InputIterator1 last1,
                                InputIterator2 first2, InputIterator2 last2,
                                OutputIterator result);

  template<class InputIterator1, class InputIterator2,
           class OutputIterator, class Compare>
  OutputIterator set_difference(InputIterator1 first1, InputIterator1 last1,
                                InputIterator2 first2, InputIterator2 last2,
                                OutputIterator result, Compare comp);
}
```

| サンプルコード |

```
vector<int> v1 = {3, 4, 7, 8};
vector<int> v2 = {1, 4, 8};
vector<int> result;

set_difference(v1.cbegin(), v1.cend(),
               v2.cbegin(), v2.cend(),
               back_inserter(result));

for (int x : result) {
  cout << x << endl;
}
```

```
3
7
```

　std::set_difference()は、2つの範囲の差集合、すなわち1つ目の範囲にのみ含まれる要素を求めます。

　戻り値は、出力範囲の終端を指すイテレータです。

● 対称差集合を求める

■<algorithm>ヘッダ

```cpp
namespace std {
  template<class InputIterator1, class InputIterator2,
           class OutputIterator>
  OutputIterator set_symmetric_difference(
                    InputIterator1 first1, InputIterator1 last1,
                    InputIterator2 first2, InputIterator2 last2,
                    OutputIterator result);

  template<class InputIterator1, class InputIterator2,
           class OutputIterator, class Compare>
  OutputIterator set_symmetric_difference(
                    InputIterator1 first1, InputIterator1 last1,
                    InputIterator2 first2, InputIterator2 last2,
                    OutputIterator result, Compare comp);
}
```

■サンプルコード

```cpp
vector<int> v1 = {3, 4, 7, 8};
vector<int> v2 = {1, 4, 8};
vector<int> result;

set_symmetric_difference(v1.cbegin(), v1.cend(),
                         v2.cbegin(), v2.cend(),
                         back_inserter(result));

for (int x : result) {
  cout << x << endl;
}
```

```
1
3
7
```

std::set_symmetric_difference()は、対称差集合、すなわち2つの範囲の共通
しない要素からなる集合を求めます。

戻り値は、出力範囲の終端を指すイテレータです。

計算量

● std::set_union()／std::set_intersection()／std::set_difference()／
std::set_symmetric_difference()：範囲 first1-last1 の要素数を N、範囲
first2-last2の要素数を Mとして、最大で$O(M+N)$

順列を作成する

<algorithm>ヘッダ

```cpp
namespace std {
  template<class BidirectionalIterator>
  bool next_permutation(BidirectionalIterator first,
                        BidirectionalIterator last);

  template<class BidirectionalIterator, class Compare>
  bool next_permutation(BidirectionalIterator first,
                        BidirectionalIterator last, Compare comp);

  template<class BidirectionalIterator>
  bool prev_permutation(BidirectionalIterator first,
                        BidirectionalIterator last);

  template<class BidirectionalIterator, class Compare>
  bool prev_permutation(BidirectionalIterator first,
                        BidirectionalIterator last, Compare comp);
}
```

サンプルコード

```cpp
vector<int> v = {1, 2, 3};

do {
  for (int x : v) {
    cout << x << ",";
  }
  cout << "\n";
} while (next_permutation(v.begin(), v.end()));
```

```
1, 2, 3,
1, 3, 2,
2, 1, 3,
2, 3, 1,
3, 1, 2,
3, 2, 1,
```

　ここでは、範囲{1, 2, 3}のすべての順列を標準出力に出力しています。

　std::next_permutation()は渡された範囲を次の順列にし、trueを返します。次の順列が存在しない場合、戻り値はfalseになります。あらかじめ範囲を昇順にソートしておくと、falseが返るまでstd::next_permutation()を呼び出すことで、すべての順列が得られます。

　std::prev_permutation()は渡された範囲を前の順列にし、trueを返します。前の順列が存在しない場合、戻り値はfalseになります。あらかじめ範囲を降順にソートしておくと、falseが返るまでstd::prev_permutation()を繰り返し呼び出すことで、すべての順列が得られます。

計算量

- std::next_permutation()：最大$O(N)$
- std::prev_permutation()：最大$O(N)$

コンテナの先頭要素を指すポインタを取得する

```
namespace std {
  template <class C>
  constexpr auto data(C& c) -> decltype(c.data());

  template <class C>
  constexpr auto data(const C& c) -> decltype(c.data());

  template <class T, size_t N>
  constexpr T* data(T (&array)[N]) noexcept;

  template <class E>
  constexpr const E* data(initializer_list<E> il) noexcept;
}
```

▶basic_string

```
const CharT* c_str() const noexcept;
const CharT* data() const noexcept;

// C++17
CharT* data() noexcept;
```

▶array `C++11` ／vector `C++11`

```
T* data() noexcept;
const T* data() const noexcept;
```

サンプルコード

```
vector<char> v = {'a', 'b', 'c'};
char s[4] = {};
memcpy(s, v.data(), v.size());

cout << s << endl;
```

実行結果

```
abc
```

std::data()関数、data()／c_str()メンバ関数は、コンテナの先頭要素を指すポインタを返します。配列をポインタとして要求する関数(C言語ライブラリなど)を使用する場合に、これらを利用します。

　std::data()関数やdata()メンバ関数がない古い処理系においては、代替として&v[0]のように[]演算子でアクセスした要素からポインタを得ていました。この方法をとる場合、必ずコンテナが空でないことを事前に確認しなければなりません(空のコンテナに対する[]演算子の呼び出し結果は未定義となるためです)。

　また、std::dequeやstd::mapのようなクラスは要素がメモリ上で連続しないため、data()メンバ関数を持ちません。これらのクラスから&v[0]のようにして取得したポインタは、配列をポインタとして要求する関数に渡すことはできません。

参照 P.214 第4章「C言語インタフェースとやりとりする」節

7

コンテナとアルゴリズム

vector / basic_string のメモリ使用領域をあらかじめ確保する

▶ vector／basic_string

```
void reserve(size_type n);
size_type capacity() const noexcept;
```

サンプルコード

```
vector<int> v;
v.reserve(10);

cout << v.capacity() << endl;

for (int i = 0; i < 11; ++i) {
  v.push_back(i);
}

cout << v.capacity() << endl;
```

実行結果（メモリの確保戦略は実装依存）

```
10
20
```

reserve() メンバ関数は、コンテナの内部領域をあらかじめ確保させます。十分な内部領域をあらかじめ確保することで、メモリの再確保と再配置のコストを抑えられます。

capacity() メンバ関数は、コンテナの内部領域のサイズを返します。

最初の capacity() 呼び出し時は reserve() で指定したとおり 10 が返っています。それを超えて 11 個の要素を追加したあと、もう一度 capacity() を呼ぶと、追加した要素数よりも多い数が返っています。

なお、非順序連想コンテナにも reserve() メンバ関数が存在しますが、本書では取り上げません。

計算量

- reserve() : $O(N)$

COLUMN

> ### std::vector / std::basic_string への要素追加
>
> std::vector / std::basic_string は要素を連続した領域に確保するため、要素を追加する際に内部で確保している領域が足りなくなると新たにより大きな領域を再確保し、要素を移動させます。
>
> そのため、大量に要素を追加する場合は、何度も領域の再確保と要素の移動が発生してしまいます。
>
> 事前に適切な内部領域を確保しておくことで、このコストを抑えられます。

参照 P.471 本章「vector / deque / basic_string のメモリ使用領域を節約する」節

7
コンテナとアルゴリズム

vector／deque／basic_string の メモリ使用領域を節約する `C++11`

▶ vector／deque／basic_string

```
void shrink_to_fit();
```

サンプルコード

```
vector<int> v;

for (int i = 0; i < 10; ++i) {
  v.push_back(i);
}

cout << v.capacity() << endl;
v.shrink_to_fit();
cout << v.capacity() << endl;
```

実行結果（要素の拡張時に確保される量は実装依存）

```
16
10
```

shrink_to_fit()メンバ関数は、std::vector／std::deque／std::basic_string の内部で確保している領域を、実際に使用している要素数まで縮小させます。

確保された領域よりも実際に使うサイズのほうが小さい場合、shrink_to_fit() メンバ関数を使用することで、メモリの使用領域を節約できる可能性があります。

COLUMN

コンテナのメモリ確保戦略

std::vector／std::deque／std::basic_string コンテナでは、要素の追加によってその 内部領域が拡張されるとき、実際の追加分より多めに内部領域を確保する実装がよく見 られます。一般的な実装では、領域を2倍や1.5倍ずつ確保することが多いです。これ は、内部領域にある程度の余裕を持たせることで、再確保の回数を抑えるためです。 しかし、多めに確保されることによってメモリを圧迫してしまう場合があります。それ が問題になる場合は、shrink_to_fit()メンバ関数を使用して、余分に確保された領域 を解放しましょう。

参照 P.469 本章「vector／basic_stringのメモリ使用領域をあらかじめ確保する」節

連続した数値を出力するビューを得る

`<ranges>`ヘッダ **C++20**

```cpp
namespace std::ranges::views {
  class iota;
}

namespace std {
  namespace views = ranges::views;
}
```

std::ranges::views::iotaは、任意の整数値から始まる昇順の整数列を出力する
ビューを生成します。

サンプルコード

```cpp
for (int i : views::iota(1, 10)) {
  cout << i << ' ';
}

cout << '\n';

for (int i : views::iota(10) | views::take(5)) {
  cout << i << ' ';
}
```

views::iota(1, 10)は、1から9までの整数列を出力するビューを生成します。
std::ranges::views::iotaは、構築時に初期値と上限値を設定できます。このとき、初期値から上限値未満の整数列が出力されます。

views::iota(10)は、10から無限に続く整数列を出力するビューを生成します。
構築時に上限値を指定しない場合、初期値から無限に整数列が出力されます。このビューにstd::views::take(5)レンジアダプタを適用して、先頭から5つまでの整数列を出力させています。

実行結果

```
1 2 3 4 5 6 7 8 9
10 11 12 13 14
```

配列やコンテナの一部範囲を受け取る

| `<span>`ヘッダ **C++20**

```
namespace std {
  template<class T>
  class span {
  public:
    constexpr span() noexcept;
    template<class It>
    constexpr span(It first, size_type count);
    template<class It, class End>
    constexpr span(It first, End last);
    template<class R>
    constexpr span(R&& r);
    constexpr span(const span& other) noexcept = default;
    constexpr span& operator=(const span& other) noexcept = default;

    constexpr size_type size() const noexcept;
    constexpr bool empty() const noexcept;
    constexpr T& operator[](size_type n) const;
    constexpr T& front() const;
    constexpr T& back() const;
    constexpr T* data() const noexcept;
    constexpr iterator begin() const noexcept;
    constexpr iterator end() const noexcept;
    constexpr reverse_iterator rbegin() const noexcept;
    constexpr reverse_iterator rend() const noexcept;

    constexpr span<T> first(size_type count) const;
    constexpr span<T> last(size_type count) const;
    constexpr span<T> subspan(size_type offset, size_type count) const;
  }
}
```

　std::span型はメモリ上に連続して存在する要素の範囲への参照を表す型です。

　std::spanはコンテナと同様の要素アクセスを行うメンバ関数を持ち、レンジとして扱えます。

　コンストラクタの実引数に配列、または隣接コンテナ（std::array／std::vector／std::basic_string）を渡すと、その要素すべての範囲への参照を持つstd::span

オブジェクトを作成できます。

　コンストラクタの実引数に隣接イテレータの組を渡す、または先頭を指す隣接イテレータと要素数を渡すと、その範囲の参照を持つstd::spanオブジェクトを作成できます。

　コンテナと同様の要素アクセスを行うメンバ関数も持ち、範囲for文も使えます。

　first()メンバ関数は、先頭から指定された数値の範囲の参照を持つstd::spanオブジェクトを新たに作成します。

　last()メンバ関数は、末尾から指定された数値の範囲の参照を持つstd::spanオブジェクトを新たに作成します。

　subspan()メンバ関数は、指定されたオフセットと要素数の範囲の参照を持つstd::spanオブジェクトを新たに作成します。

サンプルコード

```
void output(span<int> s) {
  cout << '{';
  for (int x : s) {
    cout << x << ' ';
  }
  cout << '}' << endl;
}

vector<int> v = { 1, 2, 3, 4, 5 };

output(v);
output(span(v.data() + 2, 3));
output(span{v}.subspan(3, 2));
```

実行結果

```
{1 2 3 4 5 }
{3 4 5 }
{4 5 }
```

参照　P.79 第2章「文（ステートメント）」節の「範囲for文」
参照　P.234 第4章「低いコストで文字列を受け取る」節

範囲の特定要素を抜き出す

7

コンテナとアルゴリズム

<ranges>ヘッダ `C++20`

```cpp
namespace std::ranges::views {
  class take;
  class drop;
  class filter;
}

namespace std {
  namespace views = ranges::views;
}
```

std::ranges::views::takeは与えられた要素数だけ先頭から抜き出すビューを作成するレンジアダプタです。

std::ranges::views::dropは逆に、与えられた要素数だけ先頭から除外するビューを作成するレンジアダプタです。

std::ranges::views::filterは与えられた述語関数がtrueを返す要素のみを抽出するビューを作成するレンジアダプタです。

サンプルコード

```cpp
vector<int> v = {1, 4, 7, 6, 9, 2};

for (int i : v | views::take(3)) {
  cout << i << ' ';
}

cout << '\n';

for (int i : v | views::drop(3)) {
  cout << i << ' ';
}

cout << '\n';

for (int i : v | views::filter([](int n) { return n % 2 == 0; })) {
  cout << i << ' ';
}
```

```
1 4 7
6 9 2
4 6 2
```

自分で定義した型を連想コンテナのキーにする

ここでは、連想コンテナにユーザー定義型をキーとして指定する方法を解説します。

まずは std::set と std::map です。これらのクラスは、デフォルトでは<演算子によって大小を比較できる型をキーとして使用できます。

● set／map のキーにユーザー定義型を使用する

| サンプルコード

```cpp
struct Person {
  int age = 0;
  string name;

  Person() = default;
  Person(int age, const string& name)
    : age{age}, name{name} {}
};

bool operator<(const Person& a, const Person& b) {
  return a.age < b.age; // 年齢で比較する
}

// setのキーにPerson型を使用する
set<Person> s;
s.insert(Person{26, "Alice"});
s.insert(Person{17, "Bob"});
s.insert(Person{35, "Carol"});

for (const Person& p : s) {
  cout << p.age << ", " << p.name << endl;
}

cout << endl;

// mapのキーにPerson型を使用する
map<Person, int> m;
m.insert(make_pair(Person{26, "Alice"}, 1));
m.insert(make_pair(Person{17, "Bob"}, 2));
m.insert(make_pair(Person{35, "Carol"}, 3));
```

```
for (pair<const Person&, const int&> p : m) {
  cout << p.first.age << ", " << p.first.name
       << ", " << p.second << endl;
}
```

実行結果
```
17, Bob
26, Alice
35, Carol

17, Bob, 2
26, Alice, 1
35, Carol, 3
```

また、std::setの第2テンプレート実引数とstd::mapの第3テンプレート実引数
には、比較関数の型を指定できます。デフォルトでは、<演算子によって比較を行
うstd::less型が使用されますが、ユーザー定義の関数オブジェクトを渡して、独自
の比較処理を指定することもできます。

● set／mapのキーをユーザー定義関数で比較する
サンプルコード
```
struct Person {
  int age = 0;
  string name;

  Person() = default;
  Person(int age, const string& name)
    : age{age}, name{name} {}
};

struct AgeLess {
  bool operator()(const Person& a, const Person& b) const {
    return a.age < b.age;
  }
};

// setのキーにPerson型を使用する
// キーの比較はAgeLessで行う
set<Person, AgeLess> s;
s.insert(Person{26, "Alice"});
s.insert(Person{17, "Bob"});
```

```
s.insert(Person{35, "Carol"});

for (const Person& p : s) {
  cout << p.age << ", " << p.name << endl;
}

cout << endl;

// mapのキーにPerson型を使用する
// キーの比較はAgeLessで行う
map<Person, int, AgeLess> m;
m.insert(make_pair(Person{26, "Alice"}, 1));
m.insert(make_pair(Person{17, "Bob"}, 2));
m.insert(make_pair(Person{35, "Carol"}, 3));

for (std::pair<const Person&, const int&> p : m) {
  cout << p.first.age << ", " << p.first.name
       << ", " << p.second << endl;
}
```

実行結果

```
17, Bob
26, Alice
35, Carol

17, Bob, 2
26, Alice, 1
35, Carol, 3
```

● 複数のメンバ変数を比較する C++11

<tuple>ヘッダ

上記の例では、ageメンバ変数のみを比較しました。複数のメンバ変数を比較したい場合は、std::tie()関数を用いると、かんたんに比較できます。この関数は、実引数に渡された変数への参照を保持する、std::tupleオブジェクトを返します。これを利用して、年齢、名前の順に比較するPerson型の<演算子を以下のように記述できます。

```
bool operator<(const Person& a, const Person& b) {
  return tie(a.age, a.name) < tie(b.age, b.name);
}
```

また、std::tie()関数から返るstd::tupleオブジェクト同士を==演算子で比較すると、複数のメンバ変数がそれぞれ等しいかどうかを判定できます。

参照 P.365 第6章「タプルを扱う」節

● 三方比較演算子のオーバーロードを利用する C++20

| <compare>ヘッダ

三方比較演算子をdefault指定すると、自動的に各種比較演算子も使えるようになります。多くの場合で、これを用いると便利でしょう。

```
struct Person {
  ...

  friend auto operator<=>(const Person& a, const Person& b) = default;
};
```

参照 P.112 第2章「オーバーロード」節

● unordered_set／unordered_mapのキーにユーザー定義型を使用する C++11

次に非順序連想コンテナ、std::unordered_setとstd::unordered_mapのキーにユーザー定義型を指定する方法です。これらのクラスでユーザー定義型をキーにしたい場合、ハッシュ値を計算するstd::hashクラスを特殊化し、等値比較を行う==演算子を定義します。

| サンプルコード

```
struct Person {
  int age = 0;
  string name;

  Person() = default;
  Person(int age, const string& name)
    : age{age}, name{name} {}
};

// Person型のハッシュ値を計算する
namespace std {
  template <>
  struct hash<Person> {
```

```
    size_t operator()(const Person& p) const {
      size_t h1 = hash<int>{}(p.age);
      size_t h2 = hash<string>{}(p.name);
      return h1 ^ h2;
    }
  };
}

// Person型を等値比較する
bool operator==(const Person& a, const Person& b) {
  return tie(a.age, a.name) == tie(b.age, b.name);
}

// unordered_setのキーにPerson型を使用する
unordered_set<Person> s;
s.insert(Person{26, "Alice"});
s.insert(Person{17, "Bob"});
s.insert(Person{35, "Carol"});

for (const Person& p : s) {
  cout << p.age << ", " << p.name << endl;
}

cout << endl;

// unordered_mapのキーにPerson型を使用する
unordered_map<Person, int> m;
m.insert(make_pair(Person{26, "Alice"}, 1));
m.insert(make_pair(Person{17, "Bob"}, 2));
m.insert(make_pair(Person{35, "Carol"}, 3));

for (pair<const Person&, const int&> p : m) {
  cout << p.first.age << ", " << p.first.name
       << ", " << p.second << endl;
}
```

実行結果

```
17, Bob
35, Carol
26, Alice

17, Bob, 2
```

```
35, Carol, 3
26, Alice, 1
```

　std::unordered_setの第2、第3テンプレート実引数とstd::unordered_mapの第
3、第4テンプレート実引数には、ハッシュ値を計算する型と比較関数の型を指定で
きます。デフォルトでは、以下のようになっています。

- ● ハッシュ値を計算するテンプレート実引数　⇒　**std::hash**型
- ● 等値比較を行うテンプレート実引数　　　　⇒　**std::equal_to**型

　これらにユーザー定義の関数オブジェクトを渡して、独自の比較処理を指定する
こともできます。

サンプルコード

```cpp
struct Person {
  int age = 0;
  string name;

  Person() = default;
  Person(int age, const string& name)
    : age{age}, name{name} {}
};

// Person型のハッシュ値を計算する
struct PersonHash {
  size_t operator()(const Person& p) const {
    size_t h1 = hash<int>{}(p.age);
    size_t h2 = hash<string>{}(p.name);
    return h1 ^ (h2 << 1);
  }
};

// Person型を等値比較する
struct PersonEqual {
  bool operator()(const Person& a, const Person& b) const {
    return tie(a.age, a.name) == tie(b.age, b.name);
  }
};

// unordered_setのキーにPerson型を使用する
unordered_set<Person, PersonHash, PersonEqual> s;
```

```
s.insert(Person{26, "Alice"});
s.insert(Person{17, "Bob"});
s.insert(Person{35, "Carol"});

for (const Person& p : s) {
  cout << p.age << ", " << p.name << endl;
}

cout << endl;

// unordered_mapのキーにPerson型を使用する
unordered_map<Person, int, PersonHash, PersonEqual> m;
m.insert(make_pair(Person{26, "Alice"}, 1));
m.insert(make_pair(Person{17, "Bob"}, 2));
m.insert(make_pair(Person{35, "Carol"}, 3));

for (std::pair<const Person&, const int&> p : m) {
  cout << p.first.age << ", " << p.first.name
       << ", " << p.second << endl;
}
```

実行結果

```
17, Bob
35, Carol
26, Alice

17, Bob, 2
35, Carol, 3
26, Alice, 1
```

コンテナを併合する

▶連想コンテナ／非順序連想コンテナ C++17

```
void merge(self_type& x);
void merge(self_type&& x);
```

▶forward_list C++11 ／list

```
void merge(self_type& x);
void merge(self_type&& x);  // C++11
template <class Compare> void merge(self_type& x, Compare comp);
template <class Compare> void merge(self_type&& x, Compare comp);
// C++11
```

サンプルコード

```cpp
map<int, string> m1 = {
  {1, "apple"},
  {2, "banana"}
};
multimap<int, string> m2 = {
  {2, "orange"},
  {2, "lemon"},
  {3, "melon"},
};

m1.merge(m2);

for (auto [k, v] : m1) {
  cout << k << " : " << v << endl;
}
cout << "--" << endl;
for (auto [k, v] : m2) {
  cout << k << " : " << v << endl;
}
```

実行結果

```
1 : apple
2 : banana
3 : melon
--
```

```
2 : orange
2 : lemon
```

　merge()メンバ関数は、実引数に渡された同じ型のコンテナを、自身に併合します。また、連想コンテナ／非順序連想コンテナでは、型名にmultiを含む型と含まない型は互いを引数として渡せます。

　型名にmultiが付かない連想コンテナ／非順序連想コンテナへの併合操作では、キーが衝突する要素は併合元のコンテナから移動されません。それ以外のコンテナへの併合操作では、すべての要素が移動されます。

●計算量

- ● merge()メンバ関数
  - ● 連想コンテナ：コンテナの要素数をM、xの要素数をNとして、$N\log(M+N)$
  - ● 非順序連想コンテナ：コンテナの要素数をM、xの要素数をNとして、平均$O(N)$、最悪$O(N*M+N)$
  - ● std::forward_list／std::list：コンテナの要素数をM、xの要素数をNとして、高々$M+N-1$

複数のコンテナを一緒にループさせる

| `<ranges>`ヘッダ `C++23`

```cpp
namespace std::ranges::views {
  class zip;
}

namespace std {
  namespace views = ranges::views;
}
```

| サンプルコード

```cpp
vector<int> xs = {1, 4, 7, 6, 9, 2};
array<float, 3> ys = {0.5, 7.2, 100.5};
list<string> zs = {"Lorem", "ipsum", "dolor", "sit", "amet"};

// ループのたびにzipはtuple<int&, float&, string&>型の値を返す。
// 構造化束縛を使用してそれらを個別の変数に分解して取り出す
for (const auto& [x, y, z] : views::zip(xs, ys, zs)) {
  cout << x << ' ' << y << ' ' << z << endl;
}
```

| 実行結果

```
1 0.5 Lorem
4 7.2 ipsum
7 100.5 dolor
```

std::ranges::views::zipは与えられた複数のコンテナに対して、それらを一緒にループさせるビューを作成するレンジアダプタです。

ループごとに取得できる要素の値は、それぞれのコンテナから取り出した値のタプル（ **参照** P.365 第6章「タプルを扱う」節）になっています。サンプルコードでは構造化束縛（ **参照** P.51 第2章「構造化束縛」節）を使用してタプルを個別の変数に分解して取り出しています。

ループ可能な回数は与えられたコンテナのうち最も要素数が少ないものと等しくなります。

複数のコンテナの組み合わせを
ループさせる

`<ranges>`ヘッダ **C++23**

```
namespace std::ranges::views {
  class cartesian_product;
}

namespace std {
  namespace views = ranges::views;
}
```

サンプルコード

```
vector<int> xs = {1, 2, 3};
array<string, 2> ys = {"a", "A"};
list<string> zs = {"b", "B"};

// cartesian_productを使用すると以下のようにfor文をネストするよりも簡潔に
// 多重ループ処理を実装できる
// for (const auto& x: xs) {
//   for (const auto& y: ys) {
//     for (const auto& z: zs) {
//       // ...
//     }
//   }
// }
//
// ループのたびにcartesian_productはtuple<int&, string&, string&>型の値を
// 返す。
// 構造化束縛を使用してそれらを個別の変数に分解して取り出す
for (const auto& [x, y, z]: views::cartesian_product(xs, ys, zs)) {
  cout << x << y << z << ' ';
}
cout << endl;
```

実行結果

```
1ab 1aB 1Ab 1AB 2ab 2aB 2Ab 2AB 3ab 3aB 3Ab 3AB
```

std::ranges::views::cartesian_productは与えられた複数のコンテナに対して、
それらのすべての組み合わせ（直積／デカルト積）でループさせるビューを作成する

レンジアダプタです。このレンジアダプタを使用すると、これまでfor文をネスト
して書いていた多重ループ処理をかんたんに実装できます。

　ループごとに取得できる要素の値は、それぞれのコンテナから取り出した値のタ
プル（ 参照 P.365 第6章「タプルを扱う」節）になっています。サンプルコードでは構造
化束縛（ 参照 P.51 第2章「構造化束縛」節）を使用してタプルを個別の変数に分解して
取り出しています。

　ループ可能な回数は与えられた各コンテナの要素数を掛け合わせた数になります。
サンプルコードでは3×2×2で12回for文の処理が呼び出されています。

7

コンテナとアルゴリズム

インデックス付きでループ処理を行う

| `<ranges>`ヘッダ **C++23**

```cpp
namespace std::ranges::views {
  class enumerate;
}

namespace std {
  namespace views = ranges::views;
}
```

| サンプルコード

```cpp
vector<string> items = {"Lorem", "ipsum", "dolor", "sit"};

// C++23より前の環境では以下のようにコンテナのループ処理に合わせて
// プログラマが自分でインデックスの値を更新する必要があった
// vector<string> items = {"Lorem", "ipsum", "dolor", "sit"};
// int index = 0;
// for (const auto& item: items) {
//   // ...
//   ++index;
// }
//
// ループのたびにenumerateはtuple<整数型, string&>型の値を返す。
// 構造化束縛を使用してそれらを個別の変数に分解して取り出す
for (const auto& [index, item]: views::enumerate(items)) {
  cout << "[" << index << "]: " << item << endl;
}
```

| 実行結果

```
[0]: Lorem
[1]: ipsum
[2]: dolor
[3]: sit
```

std::ranges::views::enumerateはループ時にコンテナの要素と共にその要素のインデックスも取得できるビューを作成するレンジアダプタです。インデックスは0から始まります。

C++23より前の環境ではプログラマが明示的にインデックスを表す変数を用意して、コンテナのループ処理に合わせてインデックスを更新する必要がありました。std::ranges::views::enumerateを使用するとこの処理をよりかんたんに実装できます。

　ループごとに取得できる要素の値は、要素のインデックスを表す整数値とコンテナから取り出した値のタプル（ 参照 P.365 第6章「タブルを扱う」節）になっています。サンプルコードでは構造化束縛（ 参照 P.51 第2章「構造化束縛」節）を使用してタブルを個別の変数に分解して取り出しています。

CHAPTER **8**

スレッドと非同期

概要

● スレッドとは

　スレッドとは、プログラム中の1つの制御の流れのことをいいます。実行スレッドとも呼ばれます。

　単一のスレッドからなるプログラムをシングルスレッドプログラム、複数のスレッドからなるプログラムをマルチスレッドプログラムといいます。

● マルチスレッドプログラム

　マルチコアCPUを使用している場合には、プログラムを適切にマルチスレッド化することで、複数の処理の並列実行して実行時間を短縮できます。

　また、時間のかかる処理とユーザー入力に対応する処理をそれぞれ異なるスレッドで実行すると、プログラムの応答性を向上できます。

　しかしマルチスレッドプログラムでは、複数の処理がスレッドごとに独立して進行していくという性質から、シングルスレッドプログラムでは存在しなかった以下のような問題が発生します。

- データ競合　⇒　複数のスレッドから同時に同じオブジェクトを読み書きしてしまうこと
- デッドロック　⇒　複数のスレッドがお互いに相手の処理が完了するのを待機したまま処理が進行しなくなってしまう状態

　データ競合が発生すると未定義動作が引き起こされ、プログラムの実行結果として何が起こるかがわからなくなります。このようなプログラムは、適切に排他制御（ 参照 P.510 本章「スレッドを排他制御する」節）を行ってデータ競合をなくす必要があります。データ競合がない状態を「スレッドセーフ」といいます。

　データ競合を防ぐために排他制御を導入すると、複数のスレッドでお互いの処理の完了を待機したまま、どちらも処理が進行できなくなる、「デッドロック」という状態になってしまうことがあります。これを防ぐには、排他制御のためのミューテックスオブジェクトをロックする順番を工夫したり、プログラムの設計を見直したりして、複数のスレッドがお互いの処理完了を待機しなければならない状態を修正するようにします。C++標準ライブラリでは、前者の対策方法を実現するための仕組みが提供されています（ 参照 P.521 本章「複数のリソースをロックする」節）。

● 非同期処理とは

　非同期処理とは、他のプログラムの流れと並行に実行可能な独立した処理の流れやそれによって発生するイベントを扱う方法のことをいいます。

8

スレッドと非同期

492

マルチスレッドは非同期処理の一種ですが、シングルスレッドプログラムであってもこのように動作するように作られているものは非同期処理となります。

◎ C++標準ライブラリのスレッドセーフ対応

特に断りがない限り、本書で紹介しているC++標準ライブラリのクラスはconstメンバ関数の呼び出しに対してスレッドセーフです。複数のスレッドから同時に同じオブジェクトのconstメンバ関数を呼び出しても、データ競合は発生しません（ 参照 P.46 第2章「cv修飾子」節の「constメンバ関数」）。

それに対して、複数のスレッドから同時に非constメンバ関数を呼び出したり、非constメンバ関数とconstメンバ関数を同時に呼び出したりする操作はスレッドセーフではないため、データ競合が発生します。このような呼び出しを行う際には、適切に排他制御を行う必要があります。

◎ C++のマルチスレッドライブラリ

C++では以下のような、マルチスレッドプログラムを作成するためのクラスや機能が提供されています。これらを使用して、データ競合やデッドロックが発生しないマルチスレッドプログラムを作成できます。

- スレッドを扱う仕組み（ 参照 P.494 本章「スレッドを作成する」節）
- スレッドを同期させるための仕組み（ 参照 P.510 本章「スレッドを排他制御する」節、P.513 本章「読み込みが多い状況でスレッドを排他制御する」節、P.531 本章「条件変数を使用する」節）
- アトミック変数の仕組み（ 参照 P.525 本章「ロックせずに排他アクセスをする」節）
- 非同期処理の仕組み（ 参照 P.144 第2章「コルーチン」節、P.535 本章「スレッドをまたいで値や例外を受け渡す」節、P.539 本章「非同期処理をする」節、P.548 本章「非同期に値の列を生成する」節）
- スレッドローカル変数（ 参照 P.542 本章「スレッドローカル変数を使用する」節）
- 並列アルゴリズム（ 参照 P.544 本章「並列アルゴリズムを使用する」節）

スレッドを作成する

`<thread>`ヘッダ C++11

```
namespace std {
  class thread {
  public:
    thread();
    template <class F, class ...Args>
    explicit thread(F&& f, Args&&... args);

    ~thread();
    ...
  };
}
```

サンプルコード

```
// 排他的な出力処理
mutex printMutex_;
void print(const string& s) {
  lock_guard<mutex> lk{printMutex_};
  cout << s << endl;
}

struct Foo {
  void operator()() {
    print("mainとは別スレッドで実行されています");
  }
};

// Foo関数オブジェクトを別のスレッドで実行する
Foo foo;
thread th{foo};
th.join();
```

実行結果

```
mainとは別スレッドで実行されています
```

このサンプルでは、std::threadクラスを使用して、関数オブジェクトFooを別のスレッドで実行しています。

std::thread クラス

スレッドの作成と管理を行うクラスです。

std::threadクラスは、コピー不可／ムーブ可能です。1つのstd::threadクラスのオブジェクトは1つのスレッドを管理します。複数のオブジェクトが同じスレッドを管理することはありません。

デフォルト構築されたstd::threadクラスのオブジェクトは、どのスレッドも管理していない状態を表します。

スレッドを作成する

std::threadクラスのコンストラクタに関数や関数オブジェクトを渡すと、新たなスレッドが作成され、コンストラクタに渡した関数や関数オブジェクトがそのスレッド内で実行されます。

スレッド内で発生した例外の扱い

作成したスレッドで実行される関数や関数オブジェクトの中で例外が発生し、その例外がキャッチされないまま外に送出されると、std::terminate()関数が呼ばれ、プログラムが強制終了します。

スレッド間で例外を扱うには、std::promise／std::futureを使用します。

参照 P.535 本章「スレッドをまたいで値や例外を受け渡す」節

引数付きでスレッドを作成する

<thread>ヘッダ `C++11`

```cpp
namespace std {
  class thread {
  public:
    template <class F, class ...Args>
    explicit thread(F&& f, Args&&... args);

    ...

  };
}
```

サンプルコード

```cpp
// 排他的な出力処理
mutex printMutex_;
void print(const string& s) {
  lock_guard<mutex> lk{printMutex_};
  cout << s << endl;
}

void f1(int n) {
  print("f1 : " + to_string(n) + "が渡されました");
}
void f2(int &rn) {
  print("f2 : " + to_string(rn) + "が渡されました");
}
void f3(unique_ptr<int> pn) {
  print("f3 : " + to_string(*pn) + "が渡されました");
}

int x = 10, y = 20;
unique_ptr<int> z{new int{30}};
thread th1{f1, x};
thread th2{f2, ref(y)};
thread th3{f3, move(z)};

th1.join();
th2.join();
```

```
th3.join();
```

```
f2 : 20が渡されました
f1 : 10が渡されました
f3 : 30が渡されました
```

　このサンプルでは、int型の引数、intの参照型の引数、std::unique_ptr<int>型の引数をとる関数それぞれを別のスレッドで動かしています。

● スレッドへ渡す引数

　別スレッドで実行させる関数や関数オブジェクトには複数の引数を渡せます。引数を渡すには、std::threadクラスのコンストラクタの第2引数以降に、順に実引数を渡していきます。この実引数は、指定した関数が別スレッドで実行される際にコピーして渡されます。

　参照型はコピーができないため、別スレッドで実行される関数に参照を渡したい場合は、非constな参照型のときは実引数をstd::ref()関数で、constな参照型のときは実引数をstd::cref()関数でくるんでstd::threadクラスのコンストラクタに渡します。std::ref()関数とstd::cref()関数は、<functional>ヘッダで定義されます。スレッドが終了するより先に参照元のオブジェクトが破棄されないようにオブジェクトの寿命に注意する必要があります。

　関数に渡したい引数の型がコピー不可の場合、あるいは明示的にコピーを避けたい場合は、std::move()関数で実引数をムーブして、std::threadクラスのコンストラクタに渡します。この実引数は、別スレッドで関数が実行される際にムーブして渡されます。

8

スレッドと非同期

停止可能なスレッドを作成する

8

スレッドと非同期

`<thread>`ヘッダ `C++20`

```cpp
namespace std {
  class stop_token {
  public:
    bool stop_requested() const noexcept;
    ...
  };

  class jthread {
  public:
    template <class F, class ...Args>
    explicit jthread(F&& f, Args&&... args);

    void request_stop();
    ...
  };
}
```

サンプルコード

```cpp
// 排他的な出力処理
mutex printMutex_;
void print(const string& s) {
  lock_guard<mutex> lk{printMutex_};
  cout << s << endl;
}


void f(stop_token s, string title) {
  while (!s.stop_requested()) {
    print(title + " ...");
    this_thread::sleep_for(chrono::seconds{1});
  }
  print(title + "停止要求を検知しました。スレッドを停止します");
}

// 停止可能なスレッドを作成する
jthread th{f, "[Thread A]"};
```

```
this_thread::sleep_for(chrono::seconds{3});

// スレッドに対して停止要求を送る
th.request_stop();
```

実行結果

```
[Thread A] ...
[Thread A] ...
[Thread A] ...
[Thread A] 停止要求を検知しました。スレッドを停止します
```

このサンプルでは、停止可能なスレッドを作成し、指定時間の経過後に停止要求
を送ってスレッドを停止しています。

std::jthread クラス

std::jthreadクラスは、スレッドの作成と管理を行うstd::threadクラスの機能
拡張版で、スレッドに対する停止要求を扱う仕組みをサポートしています。

std::jthreadクラスはstd::threadクラスと異なり、デストラクタ呼び出し前に
join()メンバ関数を呼び出す必要はありません。もしもスレッドの実行中にデスト
ラクタが呼び出された場合、そのスレッドに停止要求を送り、スレッドの終了を待
機します。

1つのstd::jthreadクラスのオブジェクトは1つのスレッドを管理します。複数
のオブジェクトが同じスレッドを管理することはありません。

std::jthreadクラスは、コピー不可／ムーブ可能です。

デフォルト構築されたstd::jthreadクラスのオブジェクトは、どのスレッドも管
理していない状態を表します。

std::stop_token クラス

std::stop_tokenクラスは、スレッドに対する停止要求の状態を表すクラスです。

スレッドに対する停止要求が送られたかどうかをstop_requested()メンバ関数に
よって判定できます。

スレッドに対する停止要求

std::jthreadクラスで作成したスレッドに対して停止要求を送るには、std::
threadクラスのrequest_stop()メンバ関数を呼び出します。

スレッド側で停止要求を受け取るには、スレッドで実行する関数の第1仮引数の
型をstd::stop_tokenクラスにします。

```
```

スレッドに対する停止要求が送られると、std::stop_token クラスの stop_requested() メンバ関数から true が返るようになります。これをもとに、スレッドで行っている処理を終了して関数から抜けることで、スレッドを停止できます。

スレッドの終了を待機する

<thread>ヘッダ C++11

```cpp
namespace std {
  class thread {
  public:
    void join();
    ...
  };
}
```

サンプルコード

```cpp
// 排他的な出力処理
mutex printMutex_;
template <class T>
void print(T x) {
  lock_guard<mutex> lk{printMutex_};
  cout << x << endl;
}

void foo() {
  print("mainとは別スレッドで実行しています");
}

thread th{foo};
th.join(); // スレッドが終了するまで待機する

print("処理が終了しました");
```

実行結果

```
mainとは別スレッドで実行しています
処理が終了しました
```

std::threadクラスのjoin()メンバ関数を使用すると、そのオブジェクトが管理しているスレッドの終了を待機できます。

対象のスレッドの実行が終了するまで、join()メンバ関数を呼び出した側のスレッドの実行はブロックされます。join()メンバ関数の呼び出しが完了すると、そのオブジェクトはどのスレッドも管理していない状態になります。

「デフォルト構築された」あるいは「すでにjoin()メンバ関数が呼ばれた」など、どのスレッドも管理していない状態のstd::threadクラスのオブジェクトに対しては、join()メンバ関数は呼び出せません。そのようなオブジェクトに対してjoin()メンバ関数を呼び出すと、std::errc::invalid_argumentをエラーコードに設定した、std::system_error例外が送出されます。

スレッドの終了を待機可能か判定する

| <thread>ヘッダ C++11

```
namespace std {
  class thread {
  public:
    bool joinable() const;
    ...
  };
}
```

サンプルコード

```
void foo() {
  // mainとは別スレッドで実行される
}

thread th{foo};

cout << "joinable? : " << th.joinable() << endl;
th.join(); // スレッドが終了するまで待機する
cout << "joinしました" << endl;
cout << "joinable? : " << th.joinable() << endl;
```

実行結果

```
joinable? : 1
joinしました
joinable? : 0
```

std::threadクラスのjoinable()メンバ関数は、スレッドの終了を待機可能かどうかを返します。

std::threadクラスのオブジェクトがスレッドを管理しているときは、スレッドの終了を待機可能であり、joinable()メンバ関数はtrueを返します。

join()メンバ関数やdetach()メンバ関数を呼び出したあとは、オブジェクトがどのスレッドも管理していない状態となり、スレッドの終了を待機可能ではなくなるため、joinable()メンバ関数はfalseを返します。

● 関数の実行の終了とjoinable()

スレッド作成時に渡した関数の実行が、join()メンバ関数やdetach()メンバ関数の呼び出しよりも前に終了しても、std::threadクラスのオブジェクトからスレッドの管理が自動的に手放されることはありません。スレッドは引き続きこのオブジェクトで管理されているため、待機可能であり、joinable()メンバ関数はtrueを返します。

● std::threadクラスのデストラクタとjoinable()

joinable()メンバ関数でtrueが返る状態、すなわちまだスレッドを管理している状態のstd::threadクラスのオブジェクトが破棄されると、std::terminate()関数が呼び出され、プログラムが即座に終了します。

プログラマの意図しないjoin()メンバ関数やdetach()メンバ関数の呼び出しは、バグの原因やパフォーマンス上の問題となりえるため、破棄される際にこれらの関数は自動的に呼び出されません。

プログラマは、マルチスレッドプログラムを作成する際、スレッドを管理しているオブジェクトが破棄されるより前に、join()メンバ関数あるいはdetach()メンバ関数を呼び出す必要があります。

参照 P.501 本章「スレッドの終了を待機する」節
参照 P.505 本章「スレッドを手放す」節

スレッドを手放す

<thread> ヘッダ C++11

```
namespace std {
  class thread {
  public:
    void detach();
    ...
  };
}
```

サンプルコード

```
void foo() {
  // 時間のかかる処理
  computeSomething();
}

void bar() {
  thread th{foo};
  th.detach(); // スレッドを手放す
} // bar()関数を抜けてもfoo()関数は別スレッドで実行中
```

std::threadクラスのdetach()メンバ関数を使用すると、そのオブジェクトが管理しているスレッドを手放せます。

detach()メンバ関数を呼び出すと、そのオブジェクトはどのスレッドも管理していない状態になります。

「デフォルト構築された」あるいは「すでにdetach()メンバ関数が呼ばれた」など、どのスレッドも管理していない状態のstd::threadクラスのオブジェクトに対しては、detach()メンバ関数は呼び出せません。そのようなオブジェクトに対してdetach()メンバ関数を呼び出すと、std::errc::invalid_argumentをエラーコードに設定した、std::system_error例外が送出されます。

● スレッドを手放す際の注意点

detach()メンバ関数を呼び出してスレッドを手放したのち、そのスレッドの処理が完了する前にプログラムが終了すると、予期せぬバグが発生する可能性があります。スレッドを手放す際には、手放したスレッドとプログラムが終了するタイミングに注意する必要があります。

現在のスレッドの処理を明け渡す

| <thread>ヘッダ　C++11 |

```
namespace std {
  namespace this_thread {
    void yield() noexcept;
  }
}
```

| サンプルコード |

```
void foo() {
  while (!isComputationFinished()) {
    preprocessSomething();
    this_thread::yield();  // プロセッサを占有し続けることなく、
                           // 適宜ほかのスレッドに処理を譲る
    computeSomething();
    this_thread::yield();  // プロセッサを占有し続けることなく、
                           // 適宜ほかのスレッドに処理を譲る
    postprocessSomething();
  }
}

thread th1{foo};
th1.join();
```

　このサンプルでは、th1スレッドで動作しているfoo()関数がプロセッサを専有しすぎないように、定期的にほかのスレッドに実行の機会を与えるようにしています。

　OSがCPUを管理しない(ノンプリエンプティブな)環境では、1つのスレッドが長時間にわたって動作し続ける可能性があります。std::this_thread名前空間のyield()関数を呼び出すことで、現在実行しているスレッドに割り当てられたプロセッサの制御を、ほかのスレッドに手動で明け渡せます。これによってスレッドの再スケジューリングが行われ、ほかのスレッドに実行の機会を譲れます。

現在のスレッドをスリープする

<thread>ヘッダ `C++11`

```cpp
namespace std {
  namespace this_thread {
    template <class Clock, class Duration>
    void sleep_until(
      const chrono::time_point<Clock, Duration>& abs_time);
    template <class Rep, class Period>
    void sleep_for(const chrono::duration<Rep, Period>& rel_time);
  }
}
```

サンプルコード

```cpp
// 排他的な出力処理
mutex printMutex_;
void print(const string& func, int value) {
  lock_guard<mutex> lk{printMutex_};
  cout << func << " : " << value << endl;
}

void foo() {
  chrono::seconds d{1};
  for (int i = 0; i < 3; ++i) {
    print("foo()", i);

    // 1秒間スリープする
    this_thread::sleep_for(d);
  }
}

void bar() {
  chrono::system_clock::time_point t = chrono::system_clock::now();

  for (int i = 0; i < 3; ++i) {
    print("bar()", i);

    // 1秒後までスリープする
    this_thread::sleep_until(t + chrono::seconds{i+1});
```

```
    }
}

thread t1{foo};
thread t2{bar};

t1.join();
t2.join();
```

実行結果（順序不定）

```
bar() : 0
foo() : 0
bar() : 1
foo() : 1
bar() : 2
foo() : 2
```

std::this_thread名前空間のsleep_until()／sleep_for()関数を使用することで、現在実行しているスレッドの処理を指定したタイミングまで中断できます。それぞれの動作は以下のとおりです。

- sleep_until() ⇒ 実引数で渡した時刻まで処理を中断する
- sleep_for() ⇒ 実引数で渡した時間だけ処理を中断する

これらの関数はそれぞれ、std::chrono名前空間のtime_pointクラスとdurationクラスのオブジェクトを実引数にとります。

参照 P.349 第6章「時間演算を行う」節

```
```

並行実行可能なスレッド数を取得する

<thread>ヘッダ `C++11`

```cpp
namespace std {
  class thread {
  public:
    static unsigned int hardware_concurrency() noexcept;
    ...
  }
}
```

サンプルコード

```cpp
void worker() {
  computeSomething();
}

size_t mp = thread::hardware_concurrency();
if (mp == 0) {
  mp = 1; // 並行実行可能なスレッド数を取得できなかったため、
          //   1スレッドだけ起動する
}

vector<thread> ths(mp);
for (thread& th : ths) {
  th = thread{worker};
}

for (thread& th : ths) {
  th.join();
}
```

std::threadクラスのhardware_concurrency()静的メンバ関数を呼び出すと、現在実行している環境で並行実行できるスレッドの数を取得できます。このサンプルでは、並行実行可能なスレッド数だけスレッドを作成し、同時に処理を走らせています。

この関数によって返される値は、あくまで参考であり、実際にどの程度並行実行ができるかどうかは、実装や環境に依存します。

並行実行できるスレッド数を計算できない場合や、実装によって正しく定義されていない場合、この関数は0を返します。

スレッドを排他制御する

<mutex>ヘッダ　C++11

```
namespace std {
  class mutex {
  public:
    void lock();
    bool try_lock();
    void unlock();
    ...
  };

  class recursive_mutex {
  public:
    void lock();
    bool try_lock();
    void unlock();
    ...
  };
}
```

サンプルコード

```
struct Data {
  mutex mtx;
  int data = 0;
};

void worker(Data& d) {
  d.mtx.lock(); //排他的なロックを取得

  //時間のかかる計算
  int n = d.data;
  this_thread::sleep_for(chrono::seconds{1});
  d.data = n + 1;

  d.mtx.unlock(); //排他的なロックを解除
}

vector<thread> ths(4);
```

```
Data d; //スレッド間で共有されるリソース

for (thread& th : ths) {
  th = thread{worker, ref(d)};
}

for (thread& th : ths) {
  th.join();
}

cout << "d.data : " << d.data << endl;
```

実行結果
```
d.data : 4
```

　スレッド間で共有されるリソースに対して複数のスレッドから同時に処理を行うと、プログラムの整合性が壊れてしまいます。これを防ぐために共有リソースに対する処理を適切に制御してプログラムの整合性を保つことを排他制御といいます。ミューテックスと呼ばれる種類のクラスによって共有リソースへアクセスできるスレッドを制限して、排他制御を実現できます。

　このサンプルでは、Dataという共有リソースが複数スレッドから同時にアクセスされないように排他制御しています。

● std::mutex クラス

　std::mutexクラスは、スレッド間で排他的なロックの仕組みを提供するミューテックスです。

　lock()メンバ関数を呼び出すと、そのオブジェクトに対してロックをかけられます。すでにほかのスレッドがロックをかけている場合は、そのロックが解除されるまで、呼び出し元スレッドの実行はブロックされます。

　try_lock()メンバ関数を呼び出すと、ロックを試行できます。ロックの状態によって、以下のようになります。

- どのスレッドもオブジェクトに対してロックをかけていない場合
  ⇒　ロックをかけ、**true**が返る

- ほかのスレッドがすでにロックをかけている場合
  ⇒　ロックに失敗し、**false**が返る

unlock()メンバ関数を呼び出すと、オブジェクトに対してかけたロックを解除できます。

std::mutexクラスは、再帰的にロックをかけられません。1つのスレッド内で同じオブジェクトに対してlock()メンバ関数を二度呼び出すと、デッドロックが発生します。

もしこのとき、処理系がデッドロックを検知できるならば、エラーコードにstd::errc::resource_deadlock_would_occurを設定した、std::system_error例外が送出されるかもしれません。

● std::recursive_mutexクラス

std::recursive_mutexクラスは、排他的なロックを再帰的にかけられるミューテックスです。

あるstd::recursive_mutexクラスのオブジェクトのロックを取得しているスレッドは、同じオブジェクトに対して複数回ロックをかけられます。取得したロックと同じ回数だけunlock()メンバ関数を呼び出すと、ロックが解除されます。

何回までロックをかけられるかは、未規定です。上限を超えてロックをかけようとした場合の動作は、呼び出すメンバ関数によって、以下のようになります。

- try_lock()メンバ関数の呼び出し　⇒　falseが返る
- lock()メンバ関数の呼び出し　　　⇒　std::system_error例外が送出される

読み込みが多い状況でスレッドを排他制御する

<shared_mutex>ヘッダ C++14

```cpp
namespace std {
  // C++17から使用可能
  class shared_mutex {
  public:
    void lock();
    void unlock();
    bool try_lock();

    void lock_shared();
    void unlock_shared();
    bool try_lock_shared();
    …
  };

  // C++14で使用可能
  class shared_timed_mutex {
  public:
    void lock();
    void unlock();
    bool try_lock();

    void lock_shared();
    void unlock_shared();
    bool try_lock_shared();

    template <class Rep, class Period>
    bool try_lock_for(const chrono::duration<Rep, Period>& rel_time);

    template <class Clock, class Duration>
    bool try_lock_until(const chrono::time_point<Clock,
                        Duration>& abs_time);

    template <class Rep, class Period>
    bool try_lock_shared_for(const chrono::duration<Rep,
                             Period>& rel_time);

    template <class Clock, class Duration>
```

```
    bool try_lock_shared_until(const chrono::time_point<Clock,
                                Duration>& abs_time);

    ...

  };
}
```

サンプルコード

```
struct Data {
  shared_mutex mutable mtx;
  int data = 0;
};

void writer(Data& d) {
  //排他的なロックを取得
  d.mtx.lock();

  //時間のかかる計算
  int n = d.data;
  d.data = n + 1;
  this_thread::sleep_for(chrono::seconds{1});
  cout << "updated." << endl;

  d.mtx.unlock();
}

void reader(const Data& d) {
  for ( ; ; ) {
    //共有可能なロックを取得
    d.mtx.lock_shared();
    int n = d.data;
    d.mtx.unlock_shared();

    if (n == 1) {
      break;
    }
    this_thread::sleep_for(chrono::milliseconds{100});
  }
}

Data d;
cout << "start." << endl;
```

```
vector<thread> rs;
for (int i = 0; i < 3; ++i) {
  rs.emplace_back(reader, cref(d));
}
thread w{writer, ref(d)};

w.join();
for (thread& th : rs) {
  th.join();
  cout << "finished." << endl;
}
```

実行結果

```
start.
updated.
finished.
finished.
finished.
```

　共有リソースに対して書き込み処理よりも読み込み処理を頻繁に行うような状況では、排他的なロックのみで排他制御を行うと、同時に実行できるはずの読み込み処理も一度に1つずつしか行えないため、パフォーマンスが悪くなってしまう問題があります。

　このような状況では、読み込み処理向けに共有可能なロックを実現する、std::shared_mutexクラスを使用します。

　このサンプルでは、書き込み用スレッドで排他的なロックを取得して値を書き込み、読み込み用スレッドでは定期的に値を参照し、処理が完了するのを待機しています。

● スレッド間で共有可能なロックと排他的なロック

　あるミューテックスの共有可能なロックは、複数のスレッドから同時に取得可能です。共有可能なロックが1つでも取得されているあいだは、排他的なロックは取得できません。逆に排他的なロックが取得されているとき、共有可能なロックは1つも取得できません。

● std::shared_mutexクラス C++17

　std::mutexと同じ排他的なロックに加え、共有可能なロックの仕組みを提供するミューテックスです。

　排他的なロックを取得／解除するには、std::mutexクラスと同じように、lock()

／try_lock()／unlock()メンバ関数を呼び出します。

共有可能なロックを取得するには名前に_sharedが付いたメンバ関数を呼び出します。

lock_shared()メンバ関数を呼び出すと、共有可能なロックを取得できます。

try_lock_shared()メンバ関数を呼び出すと、共有可能なロックの取得を試行できます。ロックが取得できた場合はtrueが、取得できなかった場合はfalseが返ります。

unlock_shared()メンバ関数を呼び出すと、取得した共有可能なロックを解除できます。

このクラスはC++17から導入されたため、C++14環境では次のshared_timed_mutexクラスを使用します。

● std::shared_timed_mutexクラス　C++14

std::shared_mutexの機能に加え、ロックの取得を指定時間だけ試行するような機能を提供するミューテックスです。

try_lock_for()／try_lock_shared_for()メンバ関数に、std::chrono::durationによる時間を渡すと、その時間だけ排他的／共有可能なロックの取得を試行できます。

try_lock_until()／try_lock_shared_until()メンバ関数に、std::chrono::time_pointによる時刻を渡すと、その時刻まで排他的／共有可能なロックの取得を試行できます。

リソースのロックを管理する

| `<mutex>`ヘッダ C++11 |
| `<shared_mutex>`ヘッダ(std::shared_lockのみ) C++14 |

```cpp
namespace std {
  template<class Mutex>
  class lock_guard {
  public:
    typedef Mutex mutex_type;

    explicit lock_guard(mutex_type& mtx);
    lock_guard(mutex_type& m, adopt_lock_t);
    ~lock_guard();
    …
  };

  template<class Mutex>
  class unique_lock {
  public:
    typedef Mutex mutex_type;
    unique_lock() noexcept;
    explicit unique_lock(mutex_type& m);
    unique_lock(mutex_type& m, defer_lock_t) noexcept;
    unique_lock(mutex_type& m, try_to_lock_t);

    unique_lock(mutex_type& m, adopt_lock_t);
    template <class Clock, class Duration>
    unique_lock(mutex_type& m,
                const chrono::time_point<Clock, Duration>& abs_time);
    template <class Rep, class Period>
    unique_lock(mutex_type& m,
                const chrono::duration<Rep, Period>& rel_time);
    ~unique_lock();

    void lock();
    bool try_lock();

    template <class Rep, class Period>
    bool try_lock_for(const chrono::duration<Rep, Period>& rel_time);
    template <class Clock, class Duration>
```

```
    bool try_lock_until(
      const chrono::time_point<Clock, Duration>& abs_time);

    void unlock();
    void swap(unique_lock& u) noexcept;
    mutex_type* release() noexcept;

    bool owns_lock() const noexcept;
    explicit operator bool () const noexcept;
    mutex_type* mutex() const noexcept;
    ...
  };

  // C++14
  template<class Mutex>
  class shared_lock {
    (unique_lockと同様のため省略)
  };
}
```

サンプルコード

```cpp
void foo(mutex& m) {
  {
    lock_guard<mutex> lock{m}; //ここからロック
    computeSomething();
  } //スコープを抜けたらロック解除
  //ここはロックされていない
}

void bar(mutex& m, int n) {
  unique_lock<mutex> ul{m, defer_lock};
  //この時点ではまだロックをかけていない
  for (;;) {
    if (ul.try_lock()) {

      cout << "ロック成功 : " << n << endl;
      computeSomething();

      return;
    }
    else {
      this_thread::yield();
    }
```

```
  }
}

mutex m;
thread th1{foo, ref(m)};
thread th2{foo, ref(m)};

th1.join();
th2.join();

vector<thread> ths;
for (int i = 0; i < 4; ++i) {
  ths.push_back(thread{bar, ref(m), i});
}

for (thread& th: ths) {
  th.join();
}
```

実行結果(順序不定)

```
ロック成功：1
ロック成功：2
ロック成功：3
ロック成功：0
```

リソースに対するロックを管理する際には、ロックの取得(lock()メンバ関数／try_lock()メンバ関数)と解除(unlock()メンバ関数)を常にセットで呼び出す必要があります。そのため、ロックを管理する仕組みとして、std::lock_guard／std::unique_lockクラスが提供されています。

これらのロック管理クラスは、そのオブジェクトが破棄されるときにロックを解除するため、解除忘れが起こらない設計になっています。

このサンプルでは、排他処理が必要な関数の呼び出しのためのロックをstd::lock_guard／std::unique_lockクラスを使用して自動で取得／解除しています。

◉ std::lock_guardクラス

std::lock_guardクラスは、リソースの排他的なロックをシンプルに管理するためのクラスです。テンプレート引数には、std::mutexクラスのような、lock()／unlock()メンバ関数を持つクラスを指定できます。

コンストラクタの第1仮引数には、ミューテックスオブジェクトの参照を渡します。コンストラクタ内では、受け取ったオブジェクトに対して、lock()メンバ関数

を呼び出して、ロックを取得します。

すでにロックが取得されているオブジェクトをstd::lock_guardクラスで管理したい場合は、コンストラクタの第2仮引数にstd::adopt_lock変数を渡して、lock()メンバ関数を呼び出さないように指定できます。

デストラクタが呼び出されると、管理しているオブジェクトのunlock()メンバ関数を呼び出し、ロックを解除します。

● std::unique_lock クラス

std::unique_lockクラスは、より柔軟にリソースの排他的なロックを管理するためのクラスです。テンプレート引数には、std::mutexクラスのような、lock()／unlock()メンバ関数を持つクラスを指定できます。また、try_lock()メンバ関数を持っている場合、std::unique_lockクラスのtry_lock()メンバ関数やstd::try_to_lock変数を受け取るコンストラクタを使用できます。

コンストラクタの第2仮引数にstd::defer_lock変数を渡すと、ロックを取得するタイミングを遅延できます。あとからロックを取得するには、lock()／try_lock()メンバ関数を呼び出します。

コンストラクタの第2仮引数にstd::try_to_lock変数を渡すと、ロックの取得を試行できます。ほかのスレッドがすでにロックを取得している場合は即座に処理が戻り、owns_lock()メンバ関数がfalseの状態になります。

release()メンバ関数を呼び出すと、管理しているオブジェクトを手放せます。

unlock()メンバ関数を呼び出すと、任意のタイミングでロックを解除できます。

owns_lock()メンバ関数を呼び出すと、現在ロックを取得しているかを確認できます。

● std::shared_lock クラス `C++14`

std::shared_lockクラスは、リソースの共有可能なロックを管理するためのクラスです。テンプレート引数には、std::shared_mutexやstd::shared_timed_mutexクラスのような、lock_shared()／unlock_shared()メンバ関数を持つクラスを指定できます。また、try_lock_shared()メンバ関数を持っている場合、std::shared_lockクラスのtry_lock()メンバ関数やstd::try_to_lock変数を受け取るコンストラクタを使用できます。

std::shared_lockクラスはロックを取得／解除する際に、管理するミューテックスオブジェクトのlock_shared()メンバ関数やunlock_shared()メンバ関数などを呼び出して、共有可能なロックを管理します。

std::shared_lockクラスとstd::unique_lockクラスは同等のコンストラクタやメンバ関数を持っているため、std::unique_lockとstd::shared_lockで同じようにして排他的なロック／共有可能なロックを管理できます。

複数のリソースをロックする

<mutex>ヘッダ `C++11`

```cpp
namespace std {
  template <class L1, class L2, class... L3>
  int try_lock(L1&, L2&, L3&...);

  template <class L1, class L2, class... L3>
  void lock(L1&, L2&, L3&...);

  // C++17から使用可能
  template<class... MutexTypes>
  class scoped_lock {
  public:
    explicit scoped_lock(MutexTypes&... s);
    explicit scoped_lock(adopt_lock_t, MutexTypes&... s);
    ...
  };
}
```

サンプルコード

```cpp
struct Data {
  mutex m;
  int data = 0;
  void doSomething() { data = data + 1; }
};


void foo(Data& d1, Data& d2) {
  // C++17のstd::scoped_lockを使用してロックをかける
  // locks変数のデストラクタが呼び出されるときに、
  // d1.m／d2.mのunlock()が呼び出される
  scoped_lock locks{d1.m, d2.m};

  // C++11／C++14では次のように、
  // std::unique_lockクラスとstd::lock()関数を利用する
  /*
  unique_lock<mutex> u1{d1.m, defer_lock};
  unique_lock<mutex> u2{d2.m, defer_lock};
  lock(u1, u2);
```

```
    */

    // d1／d2が両方ともロックされている
    d1.doSomething();
    d2.doSomething();
}

Data d1, d2;
thread th1{foo, ref(d1), ref(d2)};
thread th2{foo, ref(d1), ref(d2)};

th1.join();
th2.join();
```

複数のリソースに対してロックをかける場合、ロックをかける順番によっては
デッドロックが発生する可能性があります。

以下のクラスや関数はデッドロックが発生しない仕組みでロックをかけるように
実装されているので、これらを使用すると安全に複数のリソースをロックできます。

● std::scoped_lock クラス C++17

このクラスのコンストラクタにlock()／try_lock()メンバ関数を持つミューテッ
クスクラス(あるいは同様のメンバ関数を持つstd::unique_lockのようなクラス)の
オブジェクトを1つ以上渡すと、コンストラクタ内部でそれぞれのミューテックス
のメンバ関数を呼び出して、すべてのミューテックスをロックします。いずれかの
ミューテックスがすでにロックされてしまっている場合には、そのロックが解除さ
れるまで、スレッドの実行をブロックします。

ロックされたミューテックスは、std::scoped_lockクラスのデストラクタが呼び
出されるときにすべて解除されます。

コンストラクタの先頭の実引数にstd::adopt_lockを渡すと、各ミューテックス
がすべてロック済みであるとみなされ、コンストラクタでロックが行われません。
この機能は、このあと記載しているstd::try_lock()関数のような関数で事前にロッ
クしたミューテックスのロック状態を一括で管理し、デストラクタでまとめてロッ
クを解除するために使用されます。

C++17ではコンストラクタの実引数からクラステンプレートの仮引数を推論で
きるようになりました。そのためこのクラスでも、サンプルコードのように、テン
プレート実引数を指定しないでstd::scoped_lockクラスのオブジェクトを作成でき
ます(参照 P.122 第2章「テンプレート」節)。
```

522
```

std::lock()関数 `C++11`

std::scoped_lock クラスは C++17 から導入されたクラスのため、C++11／C++14 で複数のリソースに対してロックをかけるには std::lock() 関数を使用します。

この関数は std::scoped_lock クラスと同様に、lock()／try_lock() メンバ関数を持つミューテックスクラス(あるいは同様のメンバ関数を持つ std::unique_lock のようなクラス)を実引数にとり、すべてのミューテックスをロックします。いずれかのミューテックスがすでにロックされてしまっている場合には、そのロックが解除されるまでスレッドの実行をブロックします。

いずれかの lock()／try_lock() メンバ関数の呼び出しが例外を送出した場合、それまでにロックしたミューテックスのロックを解除して、例外を再送出します。

すべてのミューテックスのロックが成功して関数から処理が戻ったあと、それぞれのミューテックスのロックが自動的に解除されることはありません。そのため、プログラマが手動でロックを解除するコードを記述するか、サンプルコードにあるように std::unique_lock クラスのような、デストラクタで自動的にロックが解除される仕組みを利用して、ロックを解除する必要があります。

std::try_lock()関数 `C++11`

複数のリソースのいずれかがすでにロックされているとき、std::scoped_lock クラスや std::lock() 関数はそのロックが解除されるまでスレッドの実行をブロックします。そのような状況でブロックするのではなく、ロックされていることを検知して別の処理を行いたい場合は、std::try_lock() 関数を使用します。

std::try_lock() 関数は、実引数として渡したミューテックスそれぞれに対して try_lock() メンバ関数を呼び出して、ロックを試行します。

すべてのロックを取得できた場合は -1 が返ります。いずれかのロックが取得できなかった場合は、それまでにロックしたミューテックスのロックを解除し、何番目の仮引数のミューテックスに対するロックが取得できなかったかを、0 から始まるインデックスで返します。

すべてのミューテックスのロックが成功して関数から処理が戻ったあと、それぞれのミューテックスのロックが自動的に解除されることはありません。C++17 では、以下のサンプルコードのようにロックしたすべてのミューテックスと std::adopt_lock を std::scoped_lock クラスに渡して、各ミューテックスのロック状態を std::scoped_lock クラスでまとめて管理できます。C++11／C++14 では、std::lock() 関数の場合と同じようにしてロックを解除する必要があります。

```
void bar(Data& d1, Data& d2) {
  int result = try_lock(d1.m, d2.m);

  if (result == -1) { // すべてロック成功
    scoped_lock locks{adopt_lock, d1.m, d2.m};
    d1.doSomething();
    d2.doSomething();

    // locks変数の初期化時に渡したミューテックスは
    // スコープの終わりですべてロックが解除される

  } else { // いずれかのミューテックスのロックに失敗
    // 何か別の処理を実行
  }
}
```

8

スレッドと非同期

ロックせずに排他アクセスをする

8
スレッドと非同期

<atomic>ヘッダ `C++11`

```cpp
namespace std {
  typedef enum memory_order {
    memory_order_relaxed, memory_order_acquire, memory_order_release,
    memory_order_acq_rel, memory_order_seq_cst
  } memory_order;

  template <class T>
  struct atomic {
    …
  };

  template <>
  struct atomic<integral> {
    …
  };

  template <>
  struct atomic<FloatingPoint> {
    …
  }; // C++20

  template <class T>
  struct atomic<T*> {
    …
  };
}
```

サンプルコード

```cpp
int x;
atomic<bool> ay;

// 値の書き込みを行う
void foo() {
  x = 10;
  ay.store(true, memory_order_release);
}
```

```
// 値の読み込みを行う
void bar() {
  bool y;
  do {
    y = ay.load(memory_order_acquire);
  } while (!y);
  cout << x << endl; // 必ず10が出力される
}

thread th1{foo};
thread th2{bar};
th1.join();
th2.join();
```

実行結果

```
10
```

　std::atomicクラスを使用すると、アトミック操作をサポートする変数「アトミック変数」を定義できます。

　アトミック操作は、不可分操作とも呼ばれ、スレッド間でデータをやりとりするための最も基本的な仕組みです。あるスレッドで1つのアトミック操作が行われると、別のスレッドからはその操作の実行途中の状態にはアクセスできず、不可分な操作として観測されます。そのため複数のスレッドから1つのアトミック変数に対して同時にアトミック操作を行った場合でも、それぞれのアトミック操作が順番に実行され、データ競合を引き起こしません。

　このサンプルでは、2つのスレッドで共有される変数に対して、1つのスレッドは書き込みを行い、もう1つのスレッドは読み込みを行っています。このような操作は通常ミューテックスによる排他制御を行う必要がありますが、アトミック変数を使用することにより、明示的に排他処理をせずに安全に共通リソースへの読み書きができます。

● std::memory_order列挙型

　プログラムがメモリにアクセスする命令を発行する順番を、メモリオーダーといいます。コンパイラやプロセッサは、最適化のためにメモリオーダーを入れ替える処理を行うことがあります（これをリオーダーといいます）。シングルスレッドではプログラムの実行を効率化するこの仕組みが、マルチスレッドではプログラムが予期せぬ挙動をする原因となる可能性があります。

　アトミック操作を行う関数に以下のstd::memory_order列挙型の値を指定すると、リオーダーを制御できます。

- memory_order_relaxed ⇒ あらゆるリオーダーを抑制しない
- memory_order_acquire ⇒ 後続の命令が、memory_order_acquireが指定された命令より先行して実行されるリオーダーが行われないことを保証する（読み込みに使用）
- memory_order_release ⇒ 先行する命令が、memory_order_releaseが指定された命令よりあとに実行されるリオーダーが行われないことを保証する（書き込みに使用）
- memory_order_acq_rel ⇒ acquireとreleaseを合わせた効果を持つ
- memory_order_seq_cst ⇒ 最も強い制御であり、memory_order_acq_relに加え、すべてのスレッドから見て一貫した順序での実行を保証する（アトミック操作のデフォルトのメモリオーダー）

● std::atomicクラス

ある型をアトミック変数として扱うには、std::atomicクラスのテンプレート仮引数にその型を指定して、std::atomicクラスを通してその型を操作します。テンプレート仮引数には、以下を指定できます。

- 整数型
- 浮動小数点数型 **C++20**
- 拡張浮動小数点数型 **C++23**
- bool型
- ポインタ型
- メモリレベルでのコピーと比較（memcpy／memcmp）が可能なクラス
- std::shared_ptr<T>／std::weak_ptr<T> **C++20**

std::shared_ptr<T>／std::weak_ptr<T>を要素に持つアトミック変数を定義する場合は、<memory>ヘッダをインクルードする必要があります。

std::atomicクラスは、要素の型がどのような型の場合でも利用可能な共通インタフェースと、要素の型が整数型／浮動小数点数型／ポインタ型の場合にのみ利用可能な特化したインタフェースをそれぞれ提供しています。以下はインタフェースの一覧です。

▼ std::atomic クラスの共通インタフェース

関数名	説明
デフォルトコンストラクタ	未初期化状態のアトミック変数を構築する（C++17まで） 値初期化（デフォルトコンストラクタ呼び出しまたは0クリア）を行ってアトミック変数を構築する（C++20以降）
初期値を受け取るコンストラクタ	指定された値で初期化されたアトミック変数を構築する
operator T()	クラスのテンプレート仮引数で指定された型に型変換する
is_lock_free()	アトミック変数の操作がロックフリーかどうかを取得する
load()	アトミック変数から値を取得する
store()	アトミック変数に値を設定する
exchange()	アトミック変数に値を設定し、変更前の値を返す
compare_exchange_strong()／ compare_exchange_weak()	アトミック変数の値と第1実引数の値を比較し、一致した場合は第2実引数の値をアトミック変数に設定する。比較が一致したかどうかがbool型で返る
wait()	アトミック変数の値が第1実引数に指定した値と異なる値になるまで、実行をブロックして待機する。他のスレッドでアトミック変数の値を変更してからnotify_one()／notify_all()を呼び出すことで、待機しているスレッドの実行を再開できる **C++20**
notify_one()	wait()で待機中のスレッドのうち1つのスレッドに対して、アトミック変数の値が変更されたことを通知する **C++20**
notify_all()	wait()で待機中のすべてのスレッドに対して、アトミック変数の値が変更されたことを通知する **C++20**

COLUMN

compare_exchange_strong()とcompare_exchange_weak()

std::atomicクラスのcompare_exchange_strong()／compare_exchange_weak()メンバ関数は、排他的に変数の値の比較と交換を行う、CAS（Compare-And-Swap）と呼ばれる操作のための関数です。

strongバージョンでは、値が一致していれば必ずCAS操作が行われることを保証します。一方、weakバージョンでは、値が一致しているにもかかわらずCAS操作が失敗するSpurious Failure（見かけ上の失敗）と呼ばれる現象によって、環境によっては値の交換が行われず、falseが返る場合があります。

CASを使用する多くの状況はループですが、そういう状況では、判定コストの低いweakバージョンを使用しましょう。ループを必要としない1回だけの比較で、Spurious Failureを許容しない確実な結果がほしい場合には、strongバージョンを使用するといいでしょう。

8

スレッドと非同期

528

▼ std::atomic クラスの整数型インタフェース

fetch_add()	第1実引数で指定された値で加算を行う
fetch_sub()	第1実引数で指定された値で減算を行う
fetch_and()	第1実引数で指定された値で論理積演算を行う
fetch_or()	第1実引数で指定された値で論理和演算を行う
fetch_xor()	第1実引数で指定された値で排他的論理和演算を行う
operator++()	値のインクリメントを行う
operator--()	値のデクリメントを行う
operator+=()	加算を行う
operator-=()	減算を行う
operator&=()	論理積演算を行う
operator|=()	論理和演算を行う
operator^=()	論理積演算を行う

▼ std::atomic クラスの浮動小数点数型インタフェース **C++20** / 拡張浮動小数点数型インタフェース **C++23**

fetch_add()	第1実引数で指定された値でポインタの加算を行う
fetch_sub()	第1実引数で指定された値でポインタの減算を行う
operator+=()	ポインタの加算を行う
operator-=()	ポインタの減算を行う

▼ std::atomic クラスのポインタ型インタフェース

fetch_add()	第1実引数で指定された値でポインタの加算を行う
fetch_sub()	第1実引数で指定された値でポインタの減算を行う
operator++()	ポインタのインクリメントを行う
operator--()	ポインタのデクリメントを行う
operator+=()	ポインタの加算を行う
operator-=()	ポインタの減算を行う

これらのインタフェースにおいて、load()、store()、exchange()、fetch_add() といった、コンストラクタと演算子を除くすべての関数は、以下のような形式で定義されます。

```
T exchange(T desired,
           memory_order order = memory_order_seq_cst) noexcept;
```

この形式の特徴は以下の2点です。

8

スレッドと非同期

▶最後の仮引数でメモリオーダーを受け取る

　メモリオーダーは、デフォルトで最も強いmemory_order_seq_cstが設定され、処理の実行順序が保証されます。

▶戻り値として変更前の値が返る（load()、store()以外）

　各関数の戻り値は、load()とstore()操作を除いて、変更前の値が返されます。つまり、アトミック変数の値が2の場合x.exchange(3)のようにして値の入れ替えを行うと、戻り値として2が返されます。

COLUMN

アトミック変数は正しく使用することが難しい

アトミック変数は、アトミック操作を実現する最もプリミティブな機構です。そのため、これを使用することで並行処理を細かく制御でき、パフォーマンス向上につながるケースが少なからずあります。

しかし、並行プログラミングの難しさゆえに、使用するにあたってリオーダーや可視性について熟知していなければ、逆にパフォーマンスの低下や厄介なバグの原因にもなりえます。そのため、ミューテックスがパフォーマンスのボトルネックになっていないうちは使用しないでおくといいでしょう。

並行プログラミングのくわしい解説については、巻末の参考書籍（ 参照 P.572「参考文献・URL」）などをご覧ください。

条件変数を使用する

| <condition_variable>ヘッダ C++11

```cpp
namespace std {
  void notify_all_at_thread_exit(
    condition_variable& cond, unique_lock<mutex> lk);
  enum class cv_status { no_timeout, timeout };

  class condition_variable {
  public:
    void notify_one() noexcept;
    void notify_all() noexcept;
    void wait(unique_lock<mutex>& lock);
    template <class Predicate>
    void wait(unique_lock<mutex>& lock, Predicate pred);
    template <class Clock, class Duration>
    cv_status wait_until(
      unique_lock<mutex>& lock,
      const chrono::time_point<Clock, Duration>& abs_time);
    template <class Clock, class Duration, class Predicate>
    bool wait_until(
      unique_lock<mutex>& lock,
      const chrono::time_point<Clock, Duration>& abs_time,
      Predicate pred);
    template <class Rep, class Period>
    cv_status wait_for(unique_lock<mutex>& lock,
                       const chrono::duration<Rep, Period>& rel_time);
    template <class Rep, class Period, class Predicate>
    bool wait_for(unique_lock<mutex>& lock,
                  const chrono::duration<Rep, Period>& rel_time,
                  Predicate pred);
    ...
  };

  class condition_variable_any {
  public:
    (condition_variableと同様のため省略)
  };
}
```

```
template <class T>
struct LockedQueue {
  explicit LockedQueue(int capacity)
    : capacity{capacity}
  {}

  void enqueue(const T& x) {
    unique_lock<mutex> lock{m};
    c_enq.wait(lock, [this] { return data.size() != capacity; });
    data.push_back(x);
    c_deq.notify_one();
  }

  T dequeue() {
    unique_lock<mutex> lock{m};
    c_deq.wait(lock, [this] { return !data.empty(); });
    T ret = data.front();
    data.pop_front();
    c_enq.notify_one();
    return ret;
  }

private:
  mutex m;
  deque<T> data;
  size_t capacity;
  condition_variable c_enq;
  condition_variable c_deq;
};

void worker(LockedQueue<int>& lq) {
  for (int i = 0; i < 5; ++i) {
    lq.enqueue(i);
    this_thread::sleep_for(chrono::milliseconds{100});
  }
}

LockedQueue<int> lq(2);

thread th{worker, ref(lq)};

this_thread::sleep_for(chrono::milliseconds{1000});
```

```
for (int i = 0; i < 5; ++i) {
  int n = lq.dequeue();
  cout << "popped : " << n << endl;
}

th.join();
```

実行結果

```
popped : 0
popped : 1
popped : 2
popped : 3
popped : 4
```

　このサンプルでは、並行キューの実装のために、条件変数を使用しています。

　条件変数は、スレッド同士のシンプルな同期の仕組みです。標準では、以下の2つの条件変数クラスが提供されています。

- std::condition_variable
- std::condition_variable_any

● std::condition_variableクラス

std::condition_variableクラスは、以下の2種類のメンバ関数を持っています。

- 通知が送られるまで待機するwait()／wait_until()／wait_for()メンバ関数メンバ関数
- 待機しているスレッドに通知を送るnotify_one()／notify_all()メンバ関数

　あるスレッドで、ロックをかけたstd::unique_lock<std::mutex>型のオブジェクトを渡して、wait()メンバ関数を呼び出すと、ロックを解除し、スレッドの実行をブロックします。その後、ブロックされたスレッドに対してほかのスレッドから通知が送られると、スレッドの実行を再開し、解除したロックを再取得して、処理を継続します。

　wait_until()／wait_for()メンバ関数は、指定時刻まで／指定時間だけ、通知が送られてくるのを待機します。時間の指定にはstd::chrono名前空間のtime_point／durationクラスを渡します。指定時間以内に通知が送られた、あるいは指定時間を過ぎると、wait()メンバ関数と同じように処理を継続します。通知が送られたか指定時間を過ぎたかどうかは、戻り値であるstd::cv_status列挙型の値で確認できます。この列挙型の列挙子の意味は次のとおりです。

- std::cv_status::no_timeout ⇒ 指定時間以内に通知が来た
- std::cv_status::timeout ⇒ 通知が来ないまま指定時間が過ぎた

wait()／wait_until()／wait_for()メンバ関数に述語predを渡した場合は、通知が送られたり何らかの原因で待機状態が解除されたりしたときにpredを実行します。predがtrueを返した場合は処理を継続し、falseを返した場合は再びスレッドの実行をブロックします。

ブロックされているスレッドに対して通知を送るには、ほかのスレッドからnotify_one()／notify_all()メンバ関数を呼び出します。それぞれのメンバ関数の動作は以下のとおりです。

- notify_one() ⇒ 実行がブロックされているスレッドのいずれか1つに通知を送る
- notify_all() ⇒ ブロックされたすべてのスレッドに通知を送る

std::condition_variable_any クラス

std::condition_variable_anyクラスは、std::unique_lock<std::mutex>型以外のオブジェクトを使用できる条件変数クラスです。ロックオブジェクトは、lock()／unlock()メンバ関数を持っている必要があります。

上記のstd::condition_variableクラスは、ロックオブジェクトの型をstd::unique_lock<std::mutex>型に固定する代わりに、より効率的な実装が可能なクラスになっています。一方、std::condition_variable_anyクラスは、std::condition_variableクラスよりも効率が良くない可能性がある代わりに、あらゆるロックオブジェクトを使用できる、汎用的なクラスとして設計されています。

std::notify_all_at_thread_exit()関数

現在のスレッドが終了するタイミングで、ブロックされているすべてのスレッドに通知を送るように設定します。引数にはそれぞれ以下を渡します。

- 第1仮引数 ⇒ std::condition_variable型のオブジェクト
- 第2仮引数 ⇒ ロックをかけたstd::unique_lock<std::mutex>型のオブジェクト

第2仮引数に渡されたオブジェクトはスレッド終了時まで保持されます。そのため、デッドロックを起こさないように注意する必要があります。

この関数を呼び出したあとは、できるだけ早くにスレッドを終了させ、ブロックされる処理や時間のかかる処理をしないことが推奨されます。

スレッドをまたいで値や例外を受け渡す

`<future>`ヘッダ C++11

```cpp
namespace std {
  enum class future_status { ready, timeout, deferred };

  template <class R>
  class promise {
  public:
    future<R> get_future();

    void set_value(R& r); // promise<R&>の場合
    void set_value();     // promise<void>の場合
    void set_value(const R& r); // それ以外の場合
    void set_value(R&& r);      // 同上

    void set_exception(exception_ptr p);

    void set_value_at_thread_exit(R& r); // promise<R&>の場合
    void set_value_at_thread_exit();     // promise<void>の場合
    void set_value_at_thread_exit(const R r); // それ以外の場合
    void set_value_at_thread_exit(R&& r);     // 同上

    void set_exception_at_thread_exit(exception_ptr p);
    ...
  };

  template <class R>
  class future {
  public:
    shared_future<R> share();

    R& get();   // future<R&>の場合
    void get(); // future<void>の場合
    R get();    // それ以外の場合

    bool valid();

    void wait() const;
    template <class Rep, class Period>
```

```
    future_status wait_for(
      const chrono::duration<Rep, Period>& rel_time) const;
    template <class Clock, class Duration>
    future_status wait_until(
      const chrono::time_point<Clock, Duration>& abs_time) const;
  };

  template<class R>
  class shared_future {
  public:
    R& get() const;        // future<R&>の場合
    void get() const;      // future<void>の場合
    const R& get() const;  // それ以外の場合

    (このほか、std::futureクラスと同様の
     valid()／wait()／wait_for()／wait_until()
     メンバ関数を持つ)
  };
}
```

サンプルコード

```
int computeSomething() { return 3; }

void worker(promise<int> p) {
  try {
    //何か処理をして結果をpromiseに設定する
    p.set_value(computeSomething());
  } catch(...) {
    //例外が発生したら例外をpromiseに設定する
    p.set_exception(current_exception());
  }
}


promise<int> p;
future<int> f = p.get_future();

thread th{worker, move(p)};

try {
  cout << "value : " << f.get() << endl;
}
catch (exception& e) {
```

536

```
  cout << "error : " << e.what() << endl;
}
th.join();
```

```
value : 3
```

　スレッド間で非同期に値や例外を受け渡す方法として、std::promise／std::futureというクラスが提供されています。

　あるスレッドでstd::promiseクラスのオブジェクトに値や例外を設定すると、それを別のスレッドで、std::futureクラスのオブジェクトを通してスレッドセーフに受け取れます。このサンプルでは、作成したスレッド上で値の計算を行い、メインスレッドではその計算が終わるのを待機して、計算結果を受け取っています。

　これらのクラスは、マルチスレッドだけではなく、シングルスレッドのプログラム上で非同期処理を行う際にも利用できます。

● std::promiseクラス

　非同期に受け渡される値や例外を設定するためのクラスです。

　値と例外は、set_value()メンバ関数もしくはset_exception()メンバ関数によって、どちらか1つを、一度だけ設定できます。値もしくは例外がすでに設定されている状態でこれらの関数を呼び出した場合、std::future_error例外が送出されます。

　受け渡す値の型は、クラスのテンプレート仮引数に指定します。例外の型は自由です。テンプレート仮引数に指定された型によって値や例外を設定するための適切な関数が使用されるように、クラスが部分特殊化されています。

　get_future()メンバ関数を呼び出すと、対応するstd::futureクラスのオブジェクトを取得します。

　対応するstd::futureクラスのオブジェクトが値や例外を受け取れるタイミングを、このスレッド終了時まで遅らせたい場合は、set_value_at_thread_exit()メンバ関数／set_exception_at_thread_exit()メンバ関数を使用して、値や例外を設定します。

● std::futureクラス

　std::promiseで設定された値や例外を非同期に受け取るためのクラスです。

　get()メンバ関数を呼び出すと、対応するstd::promiseクラスのオブジェクトで設定された値を受け取れます。値ではなく例外が設定されている場合は、例外が送出されます。まだ値も例外も設定されていない場合は、内部でwait()メンバ関数を呼び出します。

get()メンバ関数呼び出し後は、std::promiseクラスとの対応が解除されます。その状態でget()メンバ関数を呼び出した場合の動作は、未定義です。

wait()メンバ関数は、値や例外が設定されるのを待機する関数です。値や例外が設定されるまで、呼び出し元スレッドの実行をブロックします。

wait_for()／wait_until()メンバ関数を使用すると、指定した時間だけ／時刻まで、値が設定されるのを待機できます。これらのメンバ関数はそれぞれ、std::chrono名前空間のduration／time_pointクラスのオブジェクトを実引数に取ります。これらの関数の戻り値の意味は以下のとおりです。

- std::future_status::ready ⇒ 指定時間以内に値か例外が設定された
- std::future_status::timeout ⇒ 値も例外も設定されないまま指定時間を過ぎた
- std::future_status::deferred ⇒ 実行のタイミングが延期されている
  (参照 P.539 本章「非同期処理をする」節)

share()メンバ関数は、std::shared_futureクラスのオブジェクトを構築します。share()メンバ関数を呼び出したオブジェクトは、std::promiseクラスとの対応が解除されます。

valid()メンバ関数を呼び出すと、そのオブジェクトが、いずれかのstd::promiseクラスのオブジェクトと対応しているかどうかを確認できます。

● std::shared_futureクラス

共有式のstd::futureクラスです。1つのstd::promiseオブジェクトに設定した値や例外を、複数のstd::shared_futureオブジェクトから取得できます。std::shared_futureクラスは、コピーによって複製できます。

get()メンバ関数は、対応するstd::promiseクラスのオブジェクトに設定された値への参照を返します。この参照は、std::shared_futureクラスのオブジェクトが破棄されるまで有効です。値ではなく例外が設定されている場合は、複製されたそれぞれのオブジェクトから例外が送出されます。

このクラスのget()メンバ関数は、複数回呼び出せます。

非同期処理をする

<future>ヘッダ `C++11`

```
namespace std {
  enum class launch { async, deferred };

  template <class F, class... Args>
  future<typename result_of<F(Args...)>::type>
    async(F&& f, Args&&... args);

  template <class F, class... Args>
  future<typename result_of<F(Args...)>::type>
    async(launch policy, F&& f, Args&&... args);
}
```

サンプルコード

```
int worker(const vector<int>& data) {
  int sum = 0;
  for (int i : data) {
    // 時間がかかる処理
    this_thread::sleep_for(chrono::milliseconds{100});
    sum += i;
  }
  return sum;
}

vector<int> data = { 1, 2, 3, 4, 5 };

// worker()関数を非同期に実行する
future<int> f =
    async(launch::async, worker, ref(data));

try {
  // 非同期処理の結果を取得する
  cout << f.get() << endl;
}
catch (...) {
  // worker()関数内で送出された例外を捕捉
}
```

　このサンプルでは、std::async()関数を使用してworker()関数を非同期に実行し、std::future::get()メンバ関数によって、非同期処理の完了を待って処理結果を取得しています。

　std::async()関数は、前項のstd::promise／std::futureの仕組みを使用して、関数や関数オブジェクトに対して非同期処理を簡潔に行うための関数です。

　この関数は、指定された関数や関数オブジェクトを非同期で実行し、その結果を受け取るためのstd::futureクラスのオブジェクトを返します。非同期で実行した関数や関数オブジェクトからの戻り値、あるいは非同期処理中に発生した例外は、std::futureクラスのget()メンバ関数によって取得できます。

　std::async()関数は、std::launch列挙型を引数にとるもの／とらないもので2つのオーバーロードが用意されています。std::launch列挙型を引数にとるstd::async()関数には、それぞれ以下の実引数を渡します。

- 第1実引数　　⇒　非同期処理の方法を指定するstd::launch列挙型
- 第2実引数　　⇒　非同期で実行したい関数や関数オブジェクト
- 第3実引数以降 ⇒　第2実引数に指定した関数や関数オブジェクトに適用する実引数

　std::launch列挙型を引数にとらないほうのオーバーロードは、std::launch列挙型を引数にとるほうのオーバーロードの第1実引数にstd::launch::async | std::launch::deferredを与えたものと同じ意味になります。

　第2実引数に渡した関数オブジェクトや、それに適用する実引数は、std::async()関数にコピーして渡されます。コピーを避けたい場合は、ムーブをするか、std::ref()関数で包んで渡すようにします。

　std::launch列挙型は、非同期処理の方法を指定するビットマスク型の列挙子です。標準では以下の値が定義されています。

- async
- deferred

　std::launch::asyncが指定された場合、std::async()関数は、渡された関数や関数オブジェクトを別スレッドで実行します。戻り値であるstd::futureクラスのget()メンバ関数やwait()メンバ関数によって、非同期処理の完了を待機できます。

　std::launch::deferredが指定された場合、std::async()関数は、渡された関数や関数オブジェクトを別スレッドでは実行せず、実行のタイミングを延期した状態

にします。戻り値であるstd::futureクラスのget()メンバ関数やwait()メンバ関数が呼び出されると、呼び出し元スレッドと同じスレッドで、延期していた処理を実行します。

std::launch::deferredとstd::launch::asyncがともに指定された場合、どちらの挙動で実行されるかは実装依存です。

std::launch::asyncを指定したstd::async()関数から返されるstd::futureクラスのオブジェクトは、デストラクタ呼び出し時に非同期処理が完了していなければ、呼び出し元スレッドの実行をブロックして、非同期処理の完了を待機します。これは通常のstd::futureクラスの挙動とは異なるため、注意が必要です。

スレッドローカル変数を使用する C++11

```cpp
static mutex mtx;

void bar(int n) {
  static       int  sn = 0;
  thread_local int  tn = 0;
  int               an = 0;

  mtx.lock();
  sn += n;
  tn += n;
  an += n;

  cout << "static int : " << sn << ", "
       << "thread_local int : " << tn << ", "
       << "int : " << an << endl;
  mtx.unlock();
}

void foo() {
  for (size_t i = 0; i < 3; ++i) {
    bar(1);
  }
}

vector<thread> ths;

for (size_t i = 0; i < 2; ++i) {
  ths.push_back(thread{foo});
}

for (thread& th : ths) {
  th.join();
}
```

```
static int : 1, thread_local int : 1, int : 1
static int : 2, thread_local int : 1, int : 1
static int : 3, thread_local int : 2, int : 1
static int : 4, thread_local int : 2, int : 1
static int : 5, thread_local int : 3, int : 1
static int : 6, thread_local int : 3, int : 1
```

thread_localを指定して宣言された変数は、スレッドごとに固有な値を持ちます。

スレッドローカル変数は、スレッドが作成されたあと、初めて変数が使用されるより前に構築され、スレッドが終了する際に破棄されます。

このサンプルでは、スレッドローカル変数tnが各スレッドで一度ずつ初期化され、それぞれのスレッドで別々の値を持っていることが確認できます。

8

スレッドと非同期

並列アルゴリズムを使用する `C++17`

`<execution>`ヘッダ

```cpp
namespace std::execution {
  class sequenced_policy;
  class parallel_policy;
  class unsequenced_policy; // C++20
  class parallel_unsequenced_policy;

  inline constexpr sequenced_policy seq { … };
  inline constexpr parallel_policy par { … };
  inline constexpr unsequenced_policy unseq { … }; // C++20
  inline constexpr parallel_unsequenced_policy par_unseq { … };
}
```

`<algorithm>`ヘッダ／`<numeric>`ヘッダ／`<memory>`ヘッダ

```cpp
namespace std {
  template<class ExecutionPolicy, class InputIterator, class Function>
  Function for_each(ExecutionPolicy&& exec,
                    InputIteartor first, InputIterator last,
                    Function f);

  template<class ExecutionPolicy, class ForwardIterator, class T>
  ForwardIterator find(ExecutionPolicy&& exec,
                       ForwardIterator first, ForwardIterator last,
                       const T& value);
  …
}
```

サンプルコード

```cpp
void print(const vector<int>& v) {
  for (int x : v) {
    cout << x << ' ';
  }
  cout << endl;
}


vector<int> xs = { 1, 6, 4, 2, 5, 3 };
```

```
// 処理をマルチスレッド化してソートを実行
sort(execution::par, xs.begin(), xs.end());

print(xs);

// 処理をマルチスレッド化かつベクトル化して、偶数の要素数を計測
int num_even = count_if(execution::par_unseq,
                        xs.begin(), xs.end(),
                        [](auto x) { return x % 2 == 0; });

cout << "Num of even values: " << num_even << endl;
```

実行結果
```
1 2 3 4 5 6
Num of even values: 3
```

C++17では、アルゴリズムに、並列処理向けのオーバーロード(並列アルゴリズム)が追加されました。

並列アルゴリズムを使用するには、どのような並列処理を行うかを表す「実行ポリシー(ExecutionPolicy)」というオブジェクトをアルゴリズムの第1実引数に渡すようにします。

● 実行ポリシー

標準規格では、以下の実行ポリシーが<execution>ヘッダに定義されています。

- `std::execution::seq` ⇒ アルゴリズムを逐次処理で実行し、マルチスレッド化やベクトル化のような並列化を行わない
- `std::execution::par` ⇒ アルゴリズムをマルチスレッド化して実行する
- `std::execution::unseq` ⇒ アルゴリズムをベクトル化して実行する
- `std::execution::par_unseq` ⇒ アルゴリズムをマルチスレッド化／ベクトル化して実行する

ベクトル化とは、複数のデータに対する演算を一度にまとめて実行するような処理の方法のことをいいます。ベクトル化は、コンパイラによるソフトウェアパイプライン化と呼ばれる最適化の手法や、近年の一般的なCPUで利用可能なSIMD命令と呼ばれる機能によって、サポートされます。

プログラムを実行するシステムがマルチスレッド化やベクトル化のような並列処

理の仕組みをサポートしている場合は、std::execution::seq以外の実行ポリシーを指定すると、処理速度を向上できます。

ただしそのようなシステムでも、並列化のためのリソースが足りていない状況では、std::execution::seqと同じような逐次処理で実行される可能性があります。

各実行ポリシーはそれぞれ別の型として定義されているため、異なる実行ポリシーを1つの変数で切り替えて、並列アルゴリズムに渡す実行ポリシーを動的に切り替えるようなことはできません。

◉ 並列アルゴリズムの注意点

アルゴリズムを並列化して実行する場合には、逐次処理では発生しないデータ競合／デッドロックについて注意する必要があります。

次のコードでは、std::execution::parによってアルゴリズムをマルチスレッド化しています。

サンプルコード

```
vector<int> xs;
vector<int> ys;

for_each(execution::par, xs.begin(), xs.end(), [&](int x) {
  ys.push_back(x);
});
```

このコードではfor_each()関数の処理をマルチスレッド化しているため、for_each()関数に渡したラムダ式の処理が複数のスレッドから同時に呼び出されます。すると、変数ysの状態が複数のスレッドから同時に変更されるため、データ競合が発生します。

std::execution::parを指定して並列アルゴリズムを使用するときは、並列アルゴリズムに渡すラムダ式や関数ポインタの中で、アトミック変数（ 参照 P.525 本章「ロックせずに排他アクセスをする」節）を使用してデータ競合が発生しないようにする、あるいは次のコードのようにミューテックス（ 参照 P.510 本章「スレッドを排他制御する」節）を使用して明示的に排他制御を行うようにする必要があります。

サンプルコード

```
vector<int> xs;
vector<int> ys;
mutex m;

for_each(execution::par, xs.begin(), xs.end(), [&](int x) {
  scoped_lock lock{m};
```

```
  ys.push_back(x);
});
```

　次のコードでは、std::execution::par_unseqによってアルゴリズムをマルチスレッド化とベクトル化しています。

```
int count = 0;
mutex m;

for_each(execution::par_unseq, xs.begin(), xs.end(), [&](int x) {
  scoped_lock lock{m};
  count += 1;
});
```

　ベクトル化された並列アルゴリズムでは、アルゴリズムに渡したラムダ式や関数ポインタの呼び出しが、1つのスレッド内で同時に発生する場合があります。そのため、このコードでは同じスレッド内でミューテックス変数mが複数回ロックされ、デッドロックが発生します。

　std::execution::unseqを使用する場合は、スレッドの実行をブロックするミューテックスのような仕組みは使用しないように注意する必要があります。

　std::execution::par_unseqを使用する場合は、アルゴリズムに渡すラムダ式や関数ポインタの処理は、std::execution::par／std::execution::unseq両方で正しく動作するものである必要があります。

● 本書で紹介しているアルゴリズムについて

　本書の第7章で紹介しているアルゴリズムは、以下にあげたものを除いて、並列アルゴリズムに対応しています。アルゴリズムの詳細については、第7章を参照してください。

　以下のアルゴリズムは、並列アルゴリズムに対応していないため注意が必要です。

- shuffle(参照 P.434 第7章「シャッフルする」節)
- equal_range(参照 P.440 第7章「要素を検索する」節)
- accumulate(並列アルゴリズムのreduceで代用可能)(参照 P.458 第7章「コンテナの要素を集計した結果を得る」節)
- next_permutation／prev_permutation(参照 P.465 第7章「順列を作成する」節)

非同期に値の列を生成する `C++23`

`<generator>`ヘッダ `C++23`

```
namespace std {
  template<class Ref, class V, class Allocator>
  class generator:
    public ranges::view_interface<generator<Ref, V, Allocator>> {
    ...
  };
}
```

サンプルコード

```
generator<int> fibonacci(int n) {
  int a = 0;
  int b = 1;

  for ( ; ; ) {
    int c = a + b;
    a = b;
    b = c;
    co_yield a;
  }
}

for (int n : fibonacci() | views::take(10)) {
  cout << n << " ";
}
```

実行結果

```
1 1 2 3 5 8 13 21 34 55
```

C++20から導入されたコルーチン(参照 P.144 第2章「コルーチン」節)を使用すると、呼び出し元と非同期に処理を進めたり、処理の途中で呼び出し元に値を渡したりできる関数を定義できます。しかし、独自のコルーチンを実装するにはコルーチンの挙動を制御するためのクラスを定義する必要があり、ハードルが高いものになっていました。

C++23ではコルーチンを使用して非同期に値の列を生成するための仕組みとして std::generator クラステンプレートが導入され、この目的のコルーチンを作りや

すくなりました。

　サンプルコードでは std::generator クラスを使用してフィボナッチ数列を順次生成するコルーチンを定義しています。

◉ std::generator クラス

　std::generator は、コルーチンで生成される値を順番に取得する機能を提供するクラステンプレートです。

　テンプレート実引数にはコルーチンから呼び出し元へ渡したい値の型を指定します。

　std::generator クラステンプレートはビュー（ 参照 ▶ P.396 第 7 章「レンジの概要」節）として動作します。コルーチン内部で co_yield 文を呼び出すたびに、co_yield に指定された値が呼び出し元で順番に取得できます。

付録A　ライブラリ

本書では、C++ が提供する標準ライブラリを解説してきました。しかし、標準ライブラリが提供する機能は汎用的なものが大半です。また、実装経験の深い、いわゆる「枯れた技術」のライブラリが標準に採用されています。そのため、より広い分野や先進的な領域に対応するには、サードパーティ製のライブラリを使用する必要があります。付録Aでは、標準ライブラリでは解決できない分野をカバーする、有用なライブラリをいくつか紹介します。

コマンドライン引数 - args
https://github.com/Taywee/args

argsはコマンドライン引数を解析するためのライブラリです。Pythonのargparse モジュールと似た作りになっていますが、C++でより使いやすいように設計され ています。gitのようなサブコマンドを持つ形式のコマンドライン引数もサポート しています。

準標準のライブラリ群 - Boost C++ Libraries
https://www.boost.org/

Boostは、次期C++標準のための実験場として作られたライブラリ群です。Boost で開発され使われてきた実績が十分に得られたものが標準ライブラリに導入されて きました。

いまだ標準ライブラリに導入されてはいない便利な機能もたくさんあります。例 として、グラフ構造とアルゴリズム(Graph)、計算幾何(Geometry)、構文解析 (Spirit)、プロセス(Process)、区間演算(Interval)、多倍長演算(Multiprecision) などがあります。

ネットワーク - POCO
https://pocoproject.org

POCOは、マルチプラットフォームで動作するネットワークライブラリです。 TCP、HTTP、SSL、WebSocketといった多くのプロトコルをサポートしていま す。また、データベースへのアクセス、暗号化、圧縮といったネットワークアプリ ケーションに必要な多くの機能を持っています。

統計処理 - ROOT
https://root.cern.ch/

ROOTは、欧州原子核研究機構CERNが開発している、ビッグデータ処理、統 計解析、可視化といった機能のフレームワークです。処理した結果を散布図や、1 ～3次元のヒストグラムで可視化できます。また、PythonやR、Mathematicaと いった言語と相互運用できるようにもなっています。

暗号化 - Crypto++
https://www.cryptopp.com/

Crypto++は暗号化のライブラリです。AESやSHA-1、SHA-2のような多くの暗号化アルゴリズムが提供されています。また、CPUのSIMD機能を使用した高速な実装が用意されています。

GUI - Qt
https://www.qt.io/jp/

Qt(キュート)は、クロスプラットフォームのUIフレームワークです。統合開発環境も提供されているので、直感的にGUIの構築ができます。

グラフィック - Cinder
https://libcinder.org/

Cinder(シンダー)は、グラフィック、音声、ビデオ、ネットワーク、幾何計算に使用できるクロスプラットフォームなライブラリです。ビジュアルデザインはもちろんのこと、データを可視化したい多くの分野に応用できます。macOS、Windows、iPhoneやiPadといったプラットフォームをサポートしています。

画像処理 - OpenCV
https://opencv.org/

OpenCV(Open Source Computer Vision)は、リアルタイムコンピュータビジョンのためのライブラリです。画像処理、画像認識、モーション解析や機械学習といった機能が提供されています。

マルチメディア - JUCE
https://www.juce.com/

　JUCEは、クロスプラットフォームなマルチメディア系アプリケーション用フレームワークです。もともと音楽制作ソフトの一部として開発されていたためオーディオプログラミングの界隈で広く使われていますが、UI用のさまざまなウィジェットや2D／3Dのグラフィック機能なども提供しています。

ロギング - spdlog
https://github.com/gabime/spdlog

　spdlogは、処理のログを保存するためのライブラリです。高速に動作し、ヘッダオンリーでかんたんに導入できます。また、ロギング機能としては、日付ごとのファイルローテーション、非同期書き込み、マルチスレッドサポートなどがあります。

JSON - nlohmann/json
https://github.com/nlohmann/json

　nlohmann/jsonは、JSONフォーマットのパーサーライブラリです。ヘッダオンリーで利用でき、C++でもPythonのような言語と同じように、直感的にJSONのデータを扱えるように設計されています。

文字コード変換 - ICU
http://site.icu-project.org/

　ICU（International Components for Unicode：ユニコードのための国際的なコンポーネント）は、Unicodeを含む文字コード間の変換、通貨や時間のフォーマット、正規表現による検索や置換などを行うライブラリです。言語としてはC、C++、Javaをサポートしています。

アセンブラ - Xbyak
https://github.com/herumi/xbyak

Xbyak(カイビャック)は、x86とx64のマシン語命令を生成するライブラリです。マシン語命令に対応する関数をC++のコードとして呼び出すことで、動的にアセンブルできます。

自動テスト - Google Test
https://github.com/google/googletest

Google Testは、Google製のC++自動テストフレームワークです。パラメタライズドテストやテストを実行する際の豊富なオプション、XMLフォーマットでのテスト結果出力などが提供されています。

線形代数 - Eigen
http://eigen.tuxfamily.org/

Eigen(アイゲン)は、ベクトルや行列、そのアルゴリズムを含む線形代数ライブラリです。演算処理の遅延評価やSIMD命令にも対応しているため、多くのプラットフォームで高速な動作が期待できます。

言語間インタフェース - SWIG
http://www.swig.org/

SWIG(Simplified Wrapper and Interface Generator)は、ライブラリとは少し違いますが、C言語とC++で書かれたプログラムを他言語から利用するためのインタフェースを生成するツールです。Perl、PHP、Python、Ruby、C#、OCaml、Rなど、多くの言語をサポートしています。

並行処理 - oneTBB

https://software.intel.com/content/www/us/en/develop/tools/oneapi/components/onetbb.html

oneTBB（oneAPI Threading Building Blocks）は、Intelが提供しているマルチプラットフォームの並列プログラミングライブラリです。並行コンテナ、並列アルゴリズム、スレッド、タスクスケジューラー、ミューテックスなどが含まれています。

ゲームエンジン - OpenSiv3D

https://github.com/Siv3D/OpenSiv3D

OpenSiv3Dは、ゲームやインタラクティブなメディアのためのライブラリです。簡潔なC++のコードにより、低い学習コストで始められるのが特徴です。さまざまな入力デバイスにも対応しています。

機械学習 - Pytorch

https://pytorch.org/

Pytorchは、深層学習（ディープラーニング）手法による機械学習のフレームワークです。画像認識、機械翻訳、自動運転など多くの分野で応用できます。深層学習はPython言語が主流ですが、Pythonで動かすことが難しいスマートフォンやその他組み込み機器などのために、PytorchのC++ APIを使用できます。

付録B　言語拡張

本書では、C++ が標準で提供する言語機能とライブラリを扱ってきました。しかし現実には、ハードウェアやOSに特化した言語拡張が開発環境によって多く提供され、時にはそれらを駆使しなければ解決が難しい分野があります。

付録Bでは、開発環境が提供する言語拡張を紹介していきます。

#pragma once

#pragma once ディレクティブは、Visual C++、GCC、Clang といったコンパイラで使用できる命令です。

同じヘッダファイルを二重にインクルードすることで発生する ODR(One Definition Rule：単一定義規則)違反を回避するために、標準にのっとった方法では、「インクルードガード」と呼ばれる #define を用いた手法をとります。

```
// employee.h
#ifndef EMPLOYEE_INCLUDE // 1. EMPLOYEE_INCLUDEが定義されていなかったら
#define EMPLOYEE_INCLUDE // 2. EMPLOYEE_INCLUDEを定義する

// 3. EMPLOYEE_INCLUDEが初めて定義された場合のみ変数・関数・クラスを定義する
class Employee {
  int id;
  int age;
};

#endif
```

#pragma once ディレクティブは、インクルードガード手法を置き換える「一度だけインクルードされるヘッダファイル」を明示するための機能です。これを使用すると、先ほどの employee.h は以下のように書き換えられます。

```
// employee.h
#pragma once // このヘッダは一度だけインクルードされる

class Employee {
  int id;
  int age;
};
```

コンパイラ実装の属性

◉ __declspec

　__declspecは、おもにVisual C++で使用されるキーワードで、各種の宣言に付加してさまざまな意味を与える効果があります。

```
// 関数に対して、他のDLLに実装が存在することの指定。
__declspec(dllimport) void f();

// 変数に対して、リンク時の重複定義をエラーとしないことの指定。
__declspec(selectany) int x;
```

　なお、クラスに対して__declspecを指定するには、struct／class／unionキーワードの後ろに__declspecを記述します。

```
__declspec(A)
struct __declspec(B) data {
  // ……
} x;
```

　上記の例では、クラスdataに対して__declspec(B)、変数xに対して__declspec(A)を指定すると解釈されます。

◉ __attribute__

　__attribute__は、おもにGCCで使用されるキーワードで、各種の宣言に付加してさまざまな意味を与える効果があります。

```
// 関数に対して、属性Aを指定する。
void f() __attribute__((A));

// 変数に対して、属性Bを指定する。
int x __attribute__((B));

// クラスに対して、属性Cを指定する。
struct data {
  // ……
} __attribute__((C));
```

__super

__superは、Visual C++が提供しているC++の言語拡張で、基底クラスにアクセスするためのキーワードです。C++の言語機能では基底クラスを表すキーワードがないため、ユーザーは以下のようなルールを設けて対処してきました。

- 基底クラス名を直接使用する
- `typedef Base base_type;`のような型を派生クラスで定義する

__super拡張キーワードを使用すれば、ユーザー側がそういった工夫をすることなく基底クラスにアクセスできます。

```
struct Base {
  void baseFunc() {}
};

struct Derived : public Base {
  void derivedFunc() {
    __super::baseFunc(); // 基底クラスのメンバ関数を呼び出す
  }
};
```

demangle

C++では、オーバーロードやテンプレート、それに名前空間が存在するため、同じ識別子を持つ関数、クラスなどが複数存在する可能性があります。そのため、各識別子の内部的な名前は実装定義のルールで付けられます。この名前付けのことを「マングリング」と呼びます。

GCCおよびClangにおいて、`std::type_info`クラスの`name()`メンバ関数はマングリングされた型の名前を返しますが、プログラマにとっては理解しにくいものです。そのため、マングリングされた名前を元に戻す（デマングリングする）ために、以下の関数が`<cxxabi.h>`ヘッダに用意されています。

```
char* abi::__cxa_demangle(const char* mangled_name,
                          char* output_buffer,
                          size_t* length,
                          int* status);
```

この関数の戻り値と各仮引数の意味は、以下のとおりです。

▼ `__cxa_demangle`の戻り値と仮引数の意味

戻り値と仮引数	説明
戻り値	mallocで確保されたデマングルされた名前を格納しているポインタ
mangled_name	マングリングされた名前
output_buffer	`std::malloc()`で確保された出力バッファ。バッファの長さは`*length`に格納されていること。バッファ長がデマングルされた名前より短ければ`std::realloc()`される。`nullptr`ならば、メモリはこの関数により`std::malloc()`で確保される
length	`nullptr`でなければ、バッファのサイズへのポインタを格納している
status	`*status`に次の値が返る 　0：正常終了 　-1：メモリアロケーションに失敗 　-2：`mangled_name`で渡された名前が不正 　-3：いずれかの実引数が不正

`abi::__cxa_demangle()`は、デマングリングされた名前を格納するバッファの確保に`std::malloc()`を使用します。したがって、使用後に`std::free()`関数で解放する必要があります。

以下にデマングルの例を示します。

```
namespace NS {
  template<class T> struct Inner {};
};

template<class T> struct Outer {};
template<class T> void Func(const T&);
Outer<NS::Inner<int>> a;

int status;
const char* name = typeid(Outer<NS::Inner<int>>).name();
char* demangle = abi::__cxa_demangle(name, nullptr, nullptr, &status);
cout << name << " => " << demangle << endl;
free(demangle);   // 明示的なfreeで解放する必要がある
```

上記のプログラムの出力結果は、以下のようになります。

```
5OuterIN2NS5InnerIiEEE => Outer<NS::Inner<int> >
```

OpenMP

OpenMPは、C言語、C++、Fortran向けに作られた並列プログラミングのためのAPIです。GCC、Visual C++のような多くのコンパイラがサポートしています。

並列プログラミングのための関数はもちろんのこと、よりかんたんに表記するための#pragma構文をサポートしています。たとえば以下は、配列のすべての値を並列にインクリメントする処理です。

```
const int N = 4;
int ar[N] = {1, 2, 3, 4};

#pragma omp parallel for // 以下のループ処理を並列に実行する
for (int i = 0; i < N; ++i) {
  ar[i] = ar[i] + 1;
}

for (int i = 0; i < N; ++i) {
  cout << ar[i] << endl;
}
```

組み込み関数（intrinsic 関数）

　組み込み関数は、通常の関数同様に呼び出しできるものの、実際にはコンパイラが認識して特定の命令列にコンパイルされる関数です。CPUアーキテクチャ固有の命令など、C++で直接記述することが困難である機能を提供します。

　以下の例では、x86系列のCPUにおけるSIMD処理命令のSSEを組み込み関数で記述したものです。

```
#include <emmintrin.h>

__m128 gm = {0.f, 0.229f, 0.587f, 0.114f};
__m128 limeGreen = {0.f, 50.f, 205.f, 50.f};
__m128 gray = _mm_mul_ps(limeGreen, gm); // SIMD乗算命令MULPSに
                                         // コンパイルされる
float* p = reinterpret_cast<float*>(&gray);
cout << p[1] << ", " << p[2] << ", " << p[2] << endl;
```

　なお、x86／x86-64系列のSSEおよびSSE2以降の各CPU命令に対応する組み込み関数は、Visual C++、GCC、Clangで共通となっています。

CUDA

CUDA（Compute Unified Device Architecture：「クーダ」と読む）は、NVIDIA が提供している GPGPU の開発環境です。GPGPU（General-purpose computing on graphics processing units）とは、描画を主目的としている GPU を汎用的な計算に応用する技術です。

CUDA では、C++ のサブセットに対して GPGPU を扱うための言語拡張が提供されています。CUDA 開発環境が提供している基本的なライブラリは低レベルインタフェースのみを提供していますが、Thrust という CUDA 向け C++ ラッパーライブラリを使用することで、C++ 標準ライブラリのコンテナとアルゴリズムによく似た機能が使用できます。

```
// 32MBの巨大なデータを用意する
host_vector<int> h_vec(32 << 20);
generate(h_vec.begin(), h_vec.end(), rand);

// GPUデバイスにデータを転送する
device_vector<int> d_vec = h_vec;

// GPUデバイス上でソートを行う
sort(d_vec.begin(), d_vec.end());

// GPUデバイスからデータを戻す
copy(d_vec.begin(), d_vec.end(), h_vec.begin());
```

Thrust では、以下のコンテナが提供されています。

- **host_** 前置詞の付いたコンテナ　⇒　CPU 上で計算される
- **device_** 前置詞の付いたコンテナ　⇒　GPU 上で計算される

これら異なるデバイスのコンテナ間で変換が可能なため、C++ 標準ライブラリを使ったことがあれば、比較的容易に導入できます。

付録C　開発環境

言語機能、ライブラリ、コンパイラと実行環境。それらがあれば最低限の開発はできますが、より快適に開発できるとなおよいでしょう。

付録Cでは、C++で開発するにあたって役立つツールを紹介します。

オンラインコンパイラ - Wandbox
https://wandbox.org/

Wandboxは、C++言語のコンパイラであるGCCやClangの各バージョンをWebブラウザ上で使用し、コンパイルと実行まで確認できるオンラインコンパイラです。リリース済みのコンパイラだけでなく、開発中でまだリリースされていない次期コンパイラバージョンも試せるようになっています。

最小コードでのデバッグや、C++の各種機能の検証といったことを、自分のPCにコンパイラをインストールすることなく行えます。

Web用コンパイラ - Emscripten
https://github.com/emscripten-core/emscripten

Emscriptenは、C++コードをJavaScriptにコンパイルする、LLVMベースのコンパイラです。C++のプログラムをWebブラウザで実行するよう変換できます。C++標準ライブラリの範囲内だけでなく、グラフィック描画やオーディオ再生などのAPIもあります。

また、Webブラウザ上で各種開発言語を動作させるために、WebAssemblyという仕様が存在します。Emscripten作者たちによって、C++コードをWebAssemblyにコンパイルするBinaryenというコンパイラも開発されています（https://github.com/WebAssembly/binaryen）。

エディタ - Visual Studio Code
https://code.visualstudio.com/

Visual Studio Codeは、Microsoft社が作っているクロスプラットフォームのエディタです。さまざまな開発言語に対応しており、シンタックスハイライトやコード補完はもちろんのこと、コンパイラを切り替えてのコンパイルや、デバッグなども行えます。

ビルドツール - CMake
https://cmake.org/

　CMakeは、クロスプラットフォームで動作するビルドツールです。特定コンパイラに依存しない設定ファイルによって、ビルド設定を記述できます。Visual StudioやCLionなどの統合開発環境でもビルドツールとして使用されています。

パッケージマネージャ - Conan.io
https://conan.io/

　Conan.ioは、C言語とC++言語のパッケージマネージャです。外部ライブラリのインストールやアップデートを管理しやすくできます。C++ではライブラリごとにビルド方法が違っていることが多いために、外部ライブラリを導入するハードルや、維持するコストが他言語に比べて高くなっています。パッケージマネージャを使用することで、統一された方法でのライブラリの管理ができます。

コードフォーマッタ - ClangFormat
https://clang.llvm.org/docs/ClangFormat.html

　ClangFormatは、Clangコンパイラ付属のコードフォーマッタです。C言語とC++言語のソースコードを、統一的な形式に整形します。コード整形のためのルールは、LLVMスタイル、Googleスタイルといった基本となるルールを元に、部分的に自分好みのルールを設定する、といったことができます。

ドキュメント生成 - Doxygen
http://www.doxygen.jp/

　Doxygenは、ソースコードにコメントとして埋め込んだAPIドキュメントから、HTMLやPDFといった形式のドキュメントを生成するツールです。ソースコードとドキュメントを別々に管理すると、書き漏れが起きやすかったり、開発とドキュメント化が別々のタスクになるためにドキュメント化が後回しになりがちだったりします。ソースコードにドキュメントを埋め込むことで、ドキュメント化がソースコードを書く作業と同時になり、ドキュメント化が当たり前に行われることが期待できるようになります。

参考文献・URL

● **プログラミング言語C++ 第4版**

ビャーネ・ストラウストラップ 著/柴田 望洋 訳/SBクリエイティブ 刊

    C++の言語機能とライブラリを全体的に解説している書籍です。

● **Accelerated C++**

アンドリュー・コーニグ、バーバラ・E.ムー 著/小林健一郎 訳/ピアソン・エデュケーション 刊

    C言語の知識を前提としないC++の入門書です。

● **C++によるプログラミングの原則と実践**

ビャーネ・ストラウストラップ 著/江添 亮 監修/遠藤美代子(株式会社クイープ) 訳/ドワンゴ 刊

    C++によるプログラミング入門書です。プログラミングするうえで必要な多くの技術が身につきます。

● **Effective C++(第3版)**

スコット・メイヤーズ 著/小林健一郎 訳/ピアソン・エデュケーション 刊

    C++プログラムをより良くするためのガイドライン集です。

● **Effective STL**

スコット・メイヤーズ 著/細谷昭 訳/ピアソン・エデュケーション 刊

    標準ライブラリをより効果的に使用するためのガイドライン集です。

● **Modern Effective C++**

スコット・メイヤーズ 著/千住 治郎 訳/オライリージャパン 刊

    C++11、C++14でプログラムをより良くするためのガイドライン集です。

● **Exceptional C++**

ハーブ・サッター 著/浜田光之 監修/浜田真理 訳/ピアソン・エデュケーション 刊

    例外安全性を主題とした書籍です。エラーが発生したあと、プログラムはどういう状態であるべきなのかをクイズ形式で学べます。

● C++ の設計と進化

ビャーネ・ストラウストラップ 著／επιστημη 監修／岩谷宏 訳／ソフト
バンク クリエイティブ 刊

C++ の創始者である Bjarne Stroustrup が、C++ の歴史、設計思想について
書き記した書籍です。

● C++ Templates: The Complete Guide, 2nd Edition（『C++ テンプレート完全
ガイド』の第 2 版）

David Vandevoorde, Nicolai M. Josuttis, Douglas Gregor 著 ／Addison-
Wesley 刊

C++ の特徴的な機能であるテンプレートについて全般的に解説された書籍
です。英語版は C++17 まで対応しています。C++03 の初版は日本語版が
出版されています。

● アルゴリズムイントロダクション 第 4 版 第 1 巻：基礎・ソート・データ構造・数学
的基礎

T. コルメン、C. ライザーソン、R. リベスト、C. シュタイン 著／浅野哲夫、岩
野和生、梅尾博司、小山透、山下雅史、和田幸一 訳／近代科学社 刊

データ構造とアルゴリズムが深く解説された書籍です。

● C++ Concurrency in Action, Second Edition

Anthony Williams 著／Manning 刊

C++ での並行プログラミングについて幅広く解説されています。

● The Art of Multiprocessor Programming

モーリス・ハーリヒ、ニール・シャビット 著／株式会社クイープ 訳／アスキー・
メディアワークス 刊

扱っている言語は Java ですが、並行プログラミングの原理から実践までを
学べます。

● The C++ Standards Committee

https://www.open-std.org/jtc1/sc22/wg21/

C++ 標準化委員会のサイト。言語仕様やライブラリの導入に関する提案書
やドラフト仕様が公開されています。

● Standard C++

https://isocpp.org/

標準C++財団が運営している、C++のポータルサイトです。C++全般に
関するニュースを提供しています。

● cpprefjp

https://cpprefjp.github.io/

本書の著者も携わっている、標準C++の日本語リファレンスサイトです。

● プログラミングの魔導書 Vol.1

http://longgate.co.jp/books/grimoire-vol1.html

プログラミングの高度な技術を持ち寄りで紹介している書籍。Vol.1はC++
オンリーで、C++11やBoostに関する多くの記事が掲載されています。

索 引

579

■著者略歴

● 高橋 晶 （たかはし あきら）

Preferred Networks 所属。Boost C++ Libraries コントリビュータ。

「新しい技術を、より多くのプロジェクトに積極的に取り入れてほしい」という願いから、C++ と Boost に関する日本語情報を普及させるために、主にブログやコミュニティ Web サイト（boostjp ／ cpprefjp）で活動している。C++ MIX というオフライン勉強会も主催している。

【著書】『C++ テンプレートテクニック』（SB クリエイティブ）、『プログラミングの魔導書 Vol.1 & 3』（ロングゲート）

【プロフィールページ】https://faithandbrave.github.io/

● 安藤敏彦 （あんどう としひこ）

フリープログラマ。

初めての C++ との出会いは（たぶん）Borland C++。

プログラミングのコミュニティやインターネット上で知り合った C++ のエキスパートたちに刺激を受け、それ以前より C++ への興味がさらに増した。その縁もあってこれまでに『C++ テンプレートテクニック』『ストラウストラップのプログラミング入門』のレビュワーとして、C++ に関する書籍と関わってきた。

長く組込系で C や C++ を使用していたが、紆余曲折を経て現在は PHPer になった。現在でも、気になることがあると Wandbox などで短い C++ コードを書いている。

● 一戸優介 （いちのへ ゆうすけ）

株式会社オプティム所属。

Microsoft MVP for Visual C++ 受賞（2015 年）。

学生の頃に Windows アプリケーション作成のため ActiveBasic に次いで C++ を学び、その甲斐あってか、現職でも主に C++ でアプリケーションを作成する役を任される。

プライベートでも C++ を使い、ブログや勉強会などで情報を発信し、少しでも C++ の情報が充実すればと微力ながら努力している。

C++ を始めたきっかけは「猫でもわかる……」の Web サイトで C 言語編の次に C++ 編が並んでいたことから。

【著書】『プログラミングの魔導書 Vol.1』（ロングゲート）

【プロフィールページ】https://dev.activebasic.com/egtra2nd/about.html

● 楠田真矢 (くすだ まさや)

プログラマー。

学生の頃に C++ を使い始め、プログラミングの楽しさに熱中し、そのままプログラマーとして働き始める。

趣味では主に自分用のツールを開発している。

【プロフィールページ】https://www.nyaocat.jp

● 湯朝剛介 (ゆあさ こうすけ)

株式会社 LabBase 所属。

プログラマのアルバイトで C++ を本格的に始めた。

初めは C++ がよくわからなかったが、SNS で共著者を含む C++ 界隈の人たちと交流し、その技術に触れるうちに、より C++ らしいコードを書く喜びを知る。

Sapporo.cpp という札幌の C++ コミュニティにも参加し、C++ の面白さを広める活動もしていた。

最近は Rust や TypeScript なども触りつつ、C++ のさらなる進化を楽しみにしている。

Microsoft MVP for Visual C++ 受賞 (2015 年)。

■お問い合わせについて

本書の内容に関するご質問につきましては、下記の宛先までFAXまたは書面にてお送りいただくか、弊社ホームページの該当書籍のコーナーからお願いいたします。お電話によるご質問、および本書に記載されている内容以外のご質問には、一切お答えできません。あらかじめご了承ください。

また、ご質問の際には、「書籍名」と「該当ページ番号」、「お客様のパソコンなどの動作環境」、「お名前とご連絡先」を明記してください。

●宛先

〒 162-0846
東京都新宿区市谷左内町 21-13
株式会社技術評論社　第5編集部
「[改訂第5版] C++ ポケットリファレンス」係
FAX：03-3513-6179

●技術評論社 Web サイト
https://gihyo.jp/book/2024/978-4-297-14165-3

お送りいただきましたご質問には、できる限り迅速にお答えをするよう努力しておりますが、ご質問の内容によってはお答えするまでに、お時間をいただくこともございます。回答の期日をご指定いただいても、ご希望にお応えできかねる場合もありますので、あらかじめご了承ください。

なお、ご質問の際に記載いただいた個人情報は質問の返答以外の目的には使用いたしません。また、質問の返答後は速やかに破棄させていただきます。

●カバーデザイン
　岡崎善保
　（株式会社 志岐デザイン事務所）
●カバーイラスト
　吉澤崇晴
●紙面デザイン・DTP
　阿保裕美、和泉響子
　（株式会社トップスタジオ）
●担当
　傳智之
　秋山絵美
　山崎香
　（株式会社技術評論社）

［改訂第5版］C++ ポケットリファレンス

2013 年 6 月 25 日　初　版　第 1 刷発行
2024 年 5 月 9 日　第 5 版　第 1 刷発行

著　者　高橋晶、安藤敏彦、一戸優介、楠田真矢、湯朝剛介

発行者　片岡　巌

発行所　株式会社技術評論社
　　　　東京都新宿区市谷左内町 21-13
　　　　電話　03-3513-6150　販売促進部
　　　　　　　03-3513-6170　第 5 編集部

印刷・製本　昭和情報プロセス株式会社

定価はカバーに表示してあります

ISBN978-4-297-14165-3　C3055

Printed in Japan